普通高校"十二五"规划教材

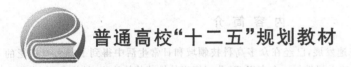

TMS320C54x DSP

结构、原理及应用

（第3版）

戴明桢　周建江　编著

北京航空航天大学出版社

内容简介

DSP经历了近30年的飞速发展，已经在众多高科技领域和日常生活中得到了越来越广泛的应用。本书是一本学习DSP的入门教材。全书以TI公司推出的性能价格比高、结构典型、应用十分广泛的TMS320C54x系列DSP芯片为例，详细介绍了DSP的结构组成、工作原理、指令系统、软件编程和集成开发环境CCS的使用方法，并且给出了TMS320C54x DSP在实现FIR和IIR滤波器、FFT等应用中的编程使用方法。

本书既可作为高等院校工科电子类专业本科生和研究生的教材，也可供从事数字信号处理技术和DSP芯片开发应用的广大工程技术人员参考。

图书在版编目(CIP)数据

TMS320C54x DSP结构、原理及应用/戴明桢，周建江编著. --3版.-- 北京 ：北京航空航天大学出版社，2015.3

ISBN 978-7-5124-1725-0

Ⅰ. ①T… Ⅱ. ①戴… ②周… Ⅲ. ①数字信号处理 Ⅳ. ①TN911.72

中国版本图书馆CIP数据核字(2015)第041958号

TMS320C54x DSP结构、原理及应用（第3版）

戴明桢　周建江　编著

责任编辑　董立娟

*

北京航空航天大学出版社出版发行

北京市海淀区学院路37号(邮编100191)　http://www.buaapress.com.cn

发行部电话：(010)82317024　传真：(010)82328026

读者信箱：emsbook@buaacm.com.cn　邮购电话：(010)82316936

北京富资园科技发展有限公司印装　各地书店经销

*

开本：710×1 000　1/16　印张：20.5　字数：437千字

2015年3月第3版　2022年8月第7次印刷　印数：15 001～15 500册

ISBN 978-7-5124-1725-0　定价：49.00元

若本书有倒页、脱页、缺页等印装质量问题，请与本社发行部联系调换。联系电话：010-82317024

第3版前言

本书作为一本学习 DSP 的入门图书，自第1版于2001年11月以及第2版于2007年8月出版以来，先后印刷20次，共97000册，受到了读者的欢迎，许多高校将其作为 DSP 教材使用，而且也对本书提出了很多宝贵意见，作者在此表示深深的谢意。

DSP 器件问世近30年来，发展十分迅速，已经广泛应用于数据通信、海量存储、语音处理、图像处理、汽车电子以及消费类音频和视频等产品，渗透到现代科技和日常生活的众多领域。自本书第1版以来，又有许多高性能、低功耗的 DSP 芯片以及新的开发工具不断出现，促使作者对本书进行修订。

在第3版中，仍以 TMS320C54x(以下简称 C54x)系列 DSP 芯片为例，介绍 DSP 结构、原理及应用。这不但因为 C54x 系列 DSP 芯片性价比高，应用十分广泛，仍是目前 DSP 市场的主流产品；更是由于 C54x 的内部结构组成比较简单和典型，以它为例学习 DSP 芯片的结构、原理和应用，可以很快入门。掌握了 C54x，就不难举一反三、触类旁通地掌握其他 DSP 芯片了；而且 C54x 系列 DSP 芯片自诞生以来也在不断地发展中，先后推出了许多高性能、低功耗的新品种。例如，VC5402、VC5410、VC5416、集成了一个 C54x 和一个 ARM7 的双内核嵌入式微处理器 VC5470 和 VC5471、集成了2个 C54x 双内核的 DSP 芯片 VC5420 和 VC5421，以及集成了4个 C54x 内核的 DSP 芯片 VC5441 等，这也是 C54x 系列 DSP 芯片问世以来经久不衰的一个重要原因。虽然 C54x 系列有各种派生器件，但是它们的 CPU 结构及指令系统是相同的。

在第3版中，作者保留了前两版通俗易懂和便于自学的特点，根据 TI 更新的 CCS 集成开发环境，由山东科技大学的黄鹤松老师重新编写了第4章的内容。

在本书的修订过程中，得到了北京航空航天大学出版社副总编辑马广云的热情支持与帮助，南京航空航天大学蔡倩、刘继美、李海林、彭昔敏等同志为本书的再版做了不少工作，在此谨向他们表示衷心的感谢。

在修订过程中，尽管作者尽了很大的努力，但书中一定会有不妥之处，恳请读者批评指正。

作　者

2015年1月

第1版前言

数字信号处理器(DSP)自从20世纪70年代末问世以来,以其独特的结构和快速实现各种数字信号处理算法的突出优点,发展十分迅速,并在通信、雷达、声纳、语音合成和识别、图像处理、影视、高速控制、仪器仪表、医疗设备、家用电器等众多领域获得了广泛的应用。随着计算机技术和超大规模集成电路工艺的不断发展,DSP芯片的性能价格比将不断提高,开发环境将更加完善。可以预计,DSP芯片将渗透到更多的领域,应用将更加广泛。

DSP技术发展很快,生产DSP芯片的厂家又多,产品更新换代的周期越来越短。每一种芯片,都有其独特的硬件结构,而且还有一套专门的指令系统和开发工具。这一切,给学习DSP技术带来了不少困难。编者认为,选择一种比较典型和先进的DSP芯片,深入了解和掌握其结构、原理和应用,对于DSP入门或者举一反三学习和掌握其他DSP芯片,不能不说是一种较为行之有效的方法。在这种想法指导下,作者配合德州仪器半导体技术(上海)有限公司DSP联合培训中心的培训计划,编写了以新一代定点DSP芯片——TMS320C54x为中心的DSP教材。本教材自1999年7月编印后,作为TI中国大学计划先后四期C54x原理与应用培训班的教材,同时,也是我校和七八所兄弟院校研究生和本科生DSP课程的选用教材。

全书共分6章。前面为绪论。第1章介绍C54x的内部结构和工作原理。第2章综述C54x的指令系统。第3章在介绍C54x软件开发过程的基础上,着重说明C54x汇编和链接的常用命令和方法。第4章简要介绍调试程序的必要工具——软件仿真器Simulator的使用方法。第5章讨论了C54x的编程方法和技巧。第6章给出了C54x软硬件应用的例子,内容包括:应用系统的硬件配置;FIR、IIR滤波器;FFT的C54x实现方法等。

本教材由戴明桢和周建江合作编写。其中,周建江教授编写了第2、4章及第6章的部分内容,戴明桢教授编写了本书的其余部分内容,并对全书进行审校。作者在编写本教材过程中,得到了上海交通大学陈健教授的大力帮助,并对全稿提出了许多宝贵的意见。陈工羽工程师为本书做了许多工作。在此,一并表示衷心的感谢。

由于作者水平有限,书中错误之处在所难免,恳请读者批评指正。

作　者
2001年6月
于南京航空航天大学

目　录

绪论

数字信号处理是 20 世纪 60 年代发展起来的一门新兴学科，只是到了 20 世纪 70 年代末 80 年代初数字信号处理器问世以来，才得到越来越广泛的应用。本章主要介绍数字信号处理器的特点、发展现状、主要应用领域，以及应用系统的设计和开发过程。

数字信号处理概述

数字信号处理(Digital Signal Processing)，或者说对信号的数字处理(包括对信号进行采集、变换、滤波、估值、增强、压缩、识别等)，是 20 世纪 60 年代前后发展起来的并广泛应用于许多领域的新兴学科。进入 20 世纪 70 年代以来，随着计算机、大规模集成电路(LSI)和超大规模集成电路(VLSI)以及微处理器技术的迅猛发展，数字信号处理无论在理论上还是在工程应用中，都是目前发展最快的学科之一，并且日趋完善和成熟。

图 1 是数字信号处理系统的简化框图。此系统先将模拟信号转换为数字信号，经数字信号处理后，再转换成模拟信号输出。其中抗混叠滤波器的作用，是将输入信号 x(t)中高于折叠频率(其值等于采样频率的一半)的分量滤除，以防止信号频谱的混叠。随后，信号经采样和 A/D 转换后，变成数字信号 x(n)。数字信号处理器对 x(n)进行处理，得到输出数字信号y(n)，经 D/A 转换器变成模拟信号。此信号经低通滤波器，滤除不需要的高频分量，最后输出平滑的模拟信号 y(t)。

图 1　数字信号处理系统简化框图

实际的数字信号处理系统，并不一定包括图 1 所示的所有方框。例如，有的系统只需输出数字信号，不需要 D/A 转换器；有的系统的输入已经是数字信号，也就不需要采样/保存器和 A/D 转换器了；对于纯数字系统，则只需要数字信号处理器这一核心部分即可。

数字信号处理技术已广泛应用于数字通信、雷达、遥感、声纳、语音合成、图像处理、测量与控制、高清晰电视、数字音响、多媒体技术、机器人、航空航天、地球物理学、生物医学工程以及振动工程等各个领域。随着科学技术的发展,其研究范围和应用领域还在不断地发展和扩大。

数字信号处理技术之所以发展得这样快,应用得这样广,是与它的突出优点分不开的。归纳起来,它有以下 4 个方面的优点:

➢ 精度高。
➢ 灵活性强。
➢ 可靠性好。
➢ 时分复用。

数字信号处理技术的实现方法,可以分为 3 类:

➢ 软件实现法。
➢ 硬件实现法。
➢ 软硬件结合实现法。

本书主要讨论数字信号处理的软硬件结合实现法,即利用数字信号处理器(Digital Signal Processor,即 DSP),通过配置硬件和编程,实现所要求的数字信号处理任务。

DSP 既可以代表数字信号处理技术,也可以代表数字信号处理器。科学技术发展到今天,二者已经密不可分。前者是数字信号处理的理论上的技术,后者是这些技术得以实现的实际产品,二者的结合就成为解决某一实际问题和实现某一方案的手段——数字信号处理解决方案(DSP Solutions,DSPS)。

DSP 芯片的特点及其应用领域

数字信号处理器,即 DSP 芯片是一种适合于进行实时数字信号处理的微处理器,它的主要特点是:

1. 哈佛结构

DSP 芯片是一种微处理器。早期的微处理器内部大多采用冯·诺依曼(Von Neumann)结构,其片内程序空间和数据空间是合在一起的,取指令和取操作数都是通过一条总线分时进行的。当高速运算时,不但不能同时取指令和取操作数,而且还会造成传输通道上的瓶颈现象。而 DSP 芯片内部采用的是程序空间和数据空间分开的哈佛(Havard)结构,允许同时取指令(来自程序存储器)和取操作数(来自数据存储器)。而且,还允许在程序空间和数据空间之间相互传送数据,即改进的哈佛结构。

2. 多总线结构

许多 DSP 芯片内部都采用多总线结构,这样可以保证在一个机器周期内可以多次访问程序空间和数据空间。例如 TMS320C54x 内部有 P、C、D、E 这 4 条总线(每条总线又包括地址总线和数据总线),可以在一个机器周期内从程序存储器取 1 条指令、从数据存储器读 2 个操作数和向数据存储器写 1 个操作数,大大提高了 DSP 的运行速度。因此,对 DSP 芯片而言,内部总线是十分重要的资源,总线越多,可以完成的功能就越复杂。

3. 流水线结构

DSP 执行一条指令,需要通过取指、译码、取操作数和执行等几个阶段。在 DSP 芯片中,采用流水线结构,在程序运行过程中这几个阶段是重叠的,如图 2 所示。这样,在执行本条指令的同时,还依次完成了后面 3 条指令的取操作数、译码和取指,大大地增强了 DSP 的处理能力。

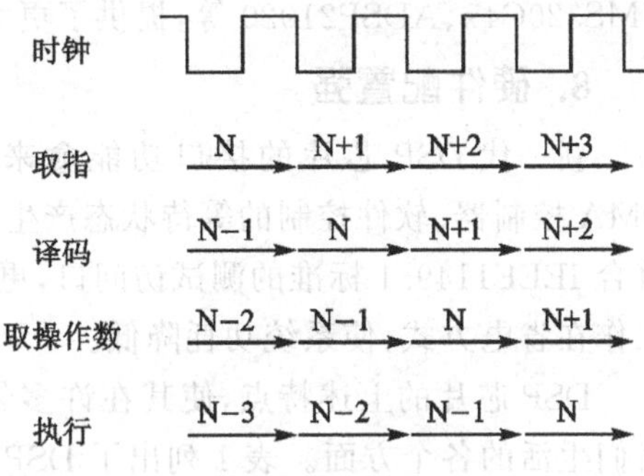

图 2 四级流水线操作

利用这种流水线结构,加上执行重复操作,就能保证数字信号处理中用得最多的乘法累加运算

$$y=\sum_{i=1}^{n} a_i x_i$$

可以在单个指令周期内完成。

4. 多处理单元

DSP 内部一般都包括有多个处理单元,如算术逻辑运算单元(ALU)、辅助寄存器运算单元(ARAU)、累加器(ACC)以及硬件乘法器(MUL)等。它们可以在一个指令周期内同时进行运算。例如,当执行一次乘法和累加的同时,辅助寄存器单元已经完成了下一个地址的寻址工作,为下一次乘法和累加运算做好了充分的准备。因此,DSP 芯片在进行连续的乘加运算时,每一次乘加运算都是单周期的。这种多处理单元结构,特别适用于 FIR 和 IIR 滤波器。此外,许多 DSP 芯片的多处理单元结构还可以将一些特殊的算法,例如 FFT 的位码倒置寻址和取模运算等,在芯片内部用硬件实现以提高运行速度。

5. 特殊的 DSP 指令

为了更好地满足数字信号处理应用的需要,在 DSP 的指令系统中,设计了一些特殊的 DSP 指令。例如,TMS320C54x 中的 MACD(乘法、累加和数据移动)指令,具有执行 LT、DMOV、MPY 和 APAC 这 4 条指令的功能;TMS320C54x 中的 FIRS 和 LMS 指令,专门用于系数对称的 FIR 滤波器和 LMS 算法。

6. 指令周期短

早期的 DSP 指令周期约 200 ns,采用 4 μm NMOS 制造工艺,其运算速度为 5 MIPS(每秒执行 5 百万条指令)。随着集成电路工艺的发展,DSP 广泛采用亚微米

CMOS 制造工艺，其运行速度越来越快。以 TMS320C54x 为例，其运行速度可达 100 MIPS 以上。

7. 运算精度高

早期 DSP 的字长为 8 位，后来逐步提高到 16 位、24 位、32 位。为防止运算过程中溢出，有的累加器达到 40 位。此外，一批浮点 DSP，例如 TMS320C3x、TMS320C4x、ADSP21020 等，提供了更大的动态范围。

8. 硬件配置强

新一代 DSP 芯片的接口功能愈来愈强，片内具有串行口、主机接口(HPI)、DMA 控制器、软件控制的等待状态产生器、锁相环时钟产生器以及能实现在片仿真符合 IEEE1149.1 标准的测试访问口，更易于完成系统设计。许多 DSP 芯片都可以工作在省电方式，使系统功耗降低。

DSP 芯片的上述特点，使其在许多领域得到越来越广泛的应用，DSP 正在改变我们生活的各个方面。表 1 列出了 DSP 芯片的一些主要应用领域，许多高科技领域都离不开 DSP 芯片。

表 1　DSP 芯片的典型应用

汽车电子	消费电子	自动控制
自适应驾驶控制	数字收音机	磁盘驱动器
防滑自动器	数字电视	发动机控制
蜂窝电话	玩具与游戏	激光打印机控制
数字收音机	小仆人	电动机控制
发动机控制	电动工具	机器人控制
导航及全球定位	雷达检测器	伺服系统控制
振动分析	固态应答机	自动驾驶
声控	可视电话	声音控制
防撞雷达	数码相机/摄像机	
信号处理	**图像处理**	**工　业**
自适应滤波	三维旋转	数字化控制
卷积	动画/数字地图	在线监控
相关	同态处理	机器人技术
数字滤波	图像压缩/传输	安全通道
快速傅里叶变换	图像增强	自动检测
希尔伯特变换	模式识别	电梯控制
波形产生	机器人视觉	智能传感控制
加窗	工作站	磁悬浮控制器

续表 1

仪 器	医 学	军 事
数字滤波	医疗诊断设备	保密通信
函数发生器	胎儿监控	图像处理
模式匹配	助听器	导弹制导
锁相环	病人监控	导航
地震信号处理	修复手术	雷达处理
频谱分析	超声设备	射频调制解调
暂态分析		声纳处理

通 信		声音/语音
调制解调器	传真	扬声器检验
自适应均衡器	个人通信系统	语音增强
代码转换器	个人数字助手	语音编码
蜂窝电话	扬声器电话	语音合成
通道多路复用	扩频通信	语音识别
数据加密	电视会议	文本转语音
数字用户变换机	分组交换开关	声音邮件
基站	可视电话	说话人辨认
编码/解码器	移动通信	说话人确认
回声对消	纠错编码	

DSP 芯片的现状和发展方向

至今,DSP 芯片走过了近 30 年的发展历程。1978 年 AMI 公司发布的 S2811,当属世界上第一个单片 DSP 芯片,1979 年美国 Intel 公司发布的商用可编程器件 2920 是 DSP 芯片的一个主要里程碑。这两种芯片,其内部都还没有现在 DSP 芯片所必须具有的单周期乘法器。1980 年,日本 NEC 公司推出的 μPD7720 是第一个具有乘法器的商用 DSP 芯片。

在这之后,美国和日本的许多厂商都投入了 DSP 芯片的研制和开发工作。

1982 年,美国德州仪器公司(以下简称 TI 公司)推出了 TMS320 系列 DSP 芯片中的第一代产品 TMS32010 及其系列产品 TMS32011、TMS32C14/C15/C16/C17 等。之后,相继推出了第二代产品 TMS32020、TMS320C25/C26/C28,第三代产品 TMS320C30/C31/C32,第四代产品 TMS320C40/C44,第五代产品 TMS320C5x/C54x,第二代产品的改进型 TMS320C2xx,集多片 DSP 芯片于一体的高性能 DSP 芯片 TMS320C8x 以及目前运行速度最快的第六代产品 TMS320C62x/C67x/C64x 等。如今,TI 公司的系列 DSP 产品已经成为世界上最有影响的 DSP 芯片,其 DSP

产品在世界市场的占有份额接近50%，TI公司已成为国际上最大的DSP芯片供应商。

与此同时，国际上的其他DSP厂商也竞相研制、推出DSP产品。1982年，日本的日立公司第一个采用CMOS工艺，推出了浮点DSP芯片；1983年，日本富士公司推出的MB8764，其指令周期为120 ns，且具有双内部总线，从而使处理吞吐量发生了一个大的飞跃；1982年，日本东芝公司推出浮点DSP芯片；1984年，美国AT&T公司推出高性能浮点DSP芯片DSP32。

与其他公司相比，美国Motorola公司推出的DSP芯片相对较晚。1986年，该公司推出定点DSP芯片MC56001。1990年，推出了与IEEE浮点格式兼容的浮点DSP芯片MC96002。在国际DSP芯片市场上也占有一定份额的美国Analog Devices公司(简称AD公司)，相继推出了一系列具有自身特点的DSP芯片。其主要产品：定点DSP芯片有ADSP2101/2103/2105、ADSP2111/2115、ADSP2161/2162/2164以及ADSP2171/2181；浮点DSP芯片有ADSP2102x/2106x，以及集多个DSP芯片于一体的ADSP14060等。

1980年以后，DSP芯片取得了飞速的发展，主要表现在以下几个方面：

1. 制造工艺

从制造工艺来看，早期的DSP芯片采用IC工艺线宽为4 μm的N沟道MOS(NMOS)工艺，而现在则普遍采用亚微米、深亚微米或超深亚微米CMOS工艺，IC工艺线宽达到0.18 μm甚至0.1 μm，集成度大大提高。DSP芯片外部引脚数量从40个左右增加到200个以上。引脚数量的增加意味着需要设计的外围电路越来越少，功能越来越增强。例如，可以很方便地扩展更大的外部存储空间以及进行处理器之间的通信等。

2. 存储器容量

20世纪80年代初，DSP芯片内部的程序存储器和数据存储器只有几百个单元，有的片内还没有ROM。目前，DSP片内的数据和程序存储器容量可达几十至几百K字。此外，对片外程序存储器和数据存储器的寻址能力也大大增强，可分别达到16M×48位和4G×40位以上。

3. 内部结构

目前，DSP芯片内部广泛采用多总线、多处理单元和多级流水线结构，加上完善的接口功能，使DSP芯片的系统功能、数据处理能力以及与外部设备的通信功能大大增强。例如，TMS320C6201 CPU中包含8个并行的处理单元，一个时钟周期可以执行8条指令，每秒最高进行16亿次的定点运算。

4. 运行速度

将近30年的发展，使DSP芯片的指令周期从400 ns缩短到10 ns以下，相应的运行速度从2.5 MIPS提高到8 000 MIPS。具有代表性的是，TI公司的TMS320C6201

DSP,执行一次1024点复数 FFT 运算的时间只有 66 μs。针对基站应用的 TMS320C6454 主频达到1 GHz,处理能力超过 8000 MIPS。

5. 运算精度和动态范围

由于输入信号动态范围以及迭代算法可能产生误差积累问题,因此,对单片 DSP 芯片的精度提出了较高的要求。DSP 芯片的字长从 8 位增加到 16 位、24 位、32 位,累加器的长度也增加到 40 位。超长字指令字(VLIW)结构和高性能的浮点 DSP 芯片的出现,扩大了数据处理的动态范围。

6. 功 耗

DSP 芯片在许多便携式产品的应用中,功耗成了主要考虑的问题。目前,DSP 芯片机器内核可在 3.3/2.5/1.8/1.5/1.2/1 V 等低电压下工作,许多 DSP 芯片还可以工作在节电方式,使系统的功耗大大降低,同时也更适用于个人通信机、便携式计算机和便携式仪器仪表。

7. 开发工具

20 世纪 90 年代以后推出的 DSP 芯片,都有较为完善的软件和硬件开发工具,即代码生成工具和代码调试工具。其中包括 Simulator 软件仿真器、Emulator 硬件仿真器、C 编译器等,加上可视化的集成开发工具,给开发应用带来很大方便。

随着通信技术、计算机技术以及超大规模集成电路工艺的不断进步,DSP 芯片今后必将会有更进一步的发展。预计其发展趋势可概括为:

① 与一般 CPU 一样,DSP 芯片也在向双核、多核演变,尤其是面向高速度、高密度数据处理应用。在 TI 公司新近公布的无线基础设施的多核 DSP 芯片中,已经有一款 6 核方案。预计未来 25 年内,DSP 芯片内部可能集成上百个处理器。

② 对于那些不属于高密度的应用,SOC(System On Chip,片上系统或称系统级芯片)将是一个发展方向。达·芬奇平台就是一个 SOC 的典型例子,它采用了 DSP(C64x)和 ARM(ARM9)双核架构,以及视频前端、视频加速器和很强继承性的软件,专门针对数字视频应用而设计。

③ 性能优、价格低、功耗小,永远是 DSP 芯片追求的目标。在这个目标的驱动下,每隔 10 年 DSP 的性能、规模、工艺、价格等就会发生一个跃迁。如表 2 所列,DSP 芯片的发展同样遵循着摩尔定律,伴随着集成度的不断提高,是性能的提升和价格的下降。

④ 提供更加完善的开发环境,特别是开发更高效率的、优化的 C 编译器和代数式指令系统,缩短开发周期等。DSP 的未来一定是提供高附加值,为厂家做特色产品、创新产品提供平台,例如 CDMA、可视电话、会议电话等都需要有多功能、多制式软件的支持。

⑤ 进一步扩大 DSP 芯片的应用领域。有关专家预测:DSP 技术在未来几年的

发展将远远大于其在问世20多年内的发展,并将使人类世界变得前所未有的安全、智能化和联网化。TI公司高级副总裁 Mike Hames 在开发商大会上描绘一系列多核应用新机遇时说:"人的衣服可以给人发出健康警报,自动交通工具可以彼此通信提醒是否会延期出发,安全系统可以识别朋友和敌人并采取相应对策,而便携式媒体设备则可以让用户远程访问属于自己的任何电子设备和数据。"

表 2 DSP芯片性能、规模、工艺、价格变化表

年 代	1980	1990	2000	2010
速度/MIPS	5	40	5000	50000
RAM/字节	256	2K	32K	1M
规模/门	50K	500K	5M	50M
工艺/μm	3	0.8	0.1	0.02
价格/(美元/MIPS)	150.00	15.00	5.00	0.15

DSP应用系统的设计和开发过程

DSP应用系统的设计和开发过程可以用图3的流程图来表示。

第1步　根据应用系统要求,明确设计任务,定义系统的技术性能指标。这些技术性能指标,包括系统的采样频率和实时处理性能、存储器容量、系统的精度、应用环境、体积、重量、功耗、可靠性、可维护性以及成本等要求。

第2步　按照应用系统所完成的信号处理(或控制)任务,确定算法,并利用高级语言(Matlab等)进行仿真,以验证算法的可行性。

第3步　根据应用场合和设计目标,选择DSP芯片。选择DSP芯片时主要考虑的因素有以下几个方面:

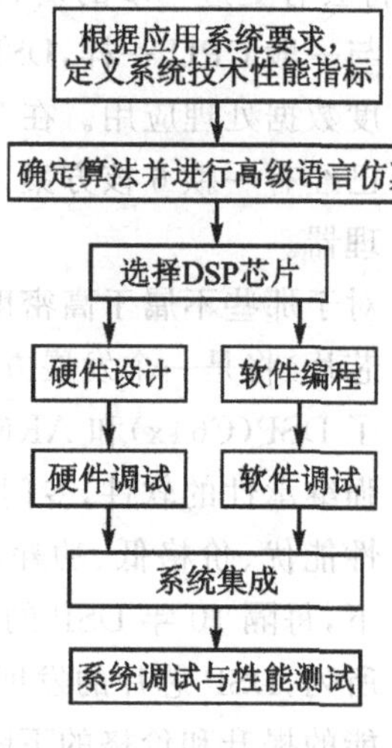

图3 DSP应用系统设计和开发流程图

- 运算速度(如CPU的MIPS数);
- 运算精度(定点或者浮点);
- 字长(16位或32位等);
- 片内存储器资源(RAM和ROM容量);

➤ 片外存储器和 I/O 空间容量；

➤ 在片外围电路(定时器、串行口、并行口、DMA、A/D、D/A 等)；

➤ 开发调试工具(软件开发工具和硬件仿真器功能是否完善，操作是否方便，是否有 C 语言支持)；

➤ 电源与功耗；

➤ 封装形式及环境要求；

➤ 价格及售后技术服务等。

第 4 步 设计 DSP 应用系统。设计分硬件设计和软件设计两个方面同时进行。硬件设计包括确定系统的硬件方案、电原理图设计(包括外围电路以及电源电路等)、印刷电路布线等；软件设计包括用汇编语言、C 语言或两种语言混合编程。

第 5 步 调试 DSP 应用系统。硬件调试可在 DSP 芯片的硬件仿真器上进行；软件调试可以利用 DSP 芯片的软件仿真器或集成仿真系统(CCS)等开发工具。

软硬件的设计和调试是同步进行的，这是为了及时发现问题，进行软硬件协调。因此，在开发过程中，通过调试发现问题，修改软硬件设计方案也是常有的事。

第 6 步 系统集成。软硬件设计、调试完成之后，即进行系统集成。所谓系统集成是先将软件程序固化，再把软硬结合起来组装成一台样机。

第 7 步 系统调试和性能测试。样机完成后，在实际系统中运行，并进行系统性能测试，评估系统的性能指标是否达到设计要求。在系统调试和性能测试过程中，要反复检查系统的实时性、精度和稳定性，如果达不到设计要求，就需要通过修改软件(甚至调整硬件)予以解决。

第 1 章

TMS320C54x 的结构原理

本章主要介绍 TMS320C54x DSP 芯片的内部结构，内容包括：中央处理单元、存储器、内部和外部总线、数据寻址方式、流水线操作以及在片外围电路等。

1.1 TMS320 系列 DSP 芯片概述

1982 年，TI 公司推出了 TMS320 系列 DSP 芯片中的第一个定点 DSP 芯片——TMS32010。至今，TMS320 系列 DSP 芯片已经发展成为一个拥有 C1x、C2x、C20x、C24x、C3x、C4x、C5x、C54x、C55x、C62x、C64x、C67x 和 C8x 等系列的 DSP 产品的大家族。其中，C3x、C4x 和 C67x 为浮点 DSP 芯片，C8x 属于多处理器 DSP 芯片，其余都是定点 DSP 芯片。这里的"x"代表该系列中的产品芯片，如 C5402、C5420、C6416。有关 TMS320 系列 DSP 型号的命名方法参见附录 A。

在 TI 公司的 DSP 产品中，同一系列、不同型号的 DSP 芯片具有相同的 CPU 结构。不过，它们的 CPU 数量、片内存储器的容量以及外部接口的配置等可能有所不同。例如，与 C5402 相比，C5420 有 2 个 CPU，C5441 有 4 个 CPU，且片内存储空间大小以及外围电路配置也不尽相同。

1.1.1 TMS320 系列 DSP 的分类及应用

为方便起见，人们将市场上的 TI 公司的 DSP 系列产品分成三大类，即 TMS320C2000 平台、TMS320C5000 平台和 TMS320C6000 平台，如图 1-1 所示。各平台内部，指令系统代码完全兼容。

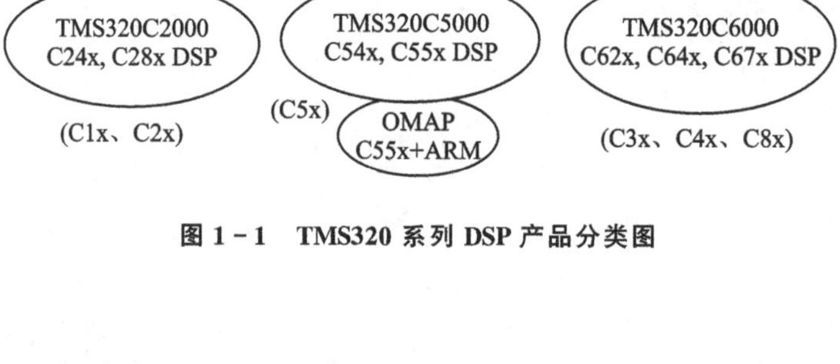

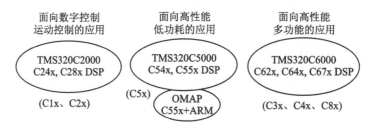

图 1-1 TMS320 系列 DSP 产品分类图

① TMS320C2000 平台。TMS320C2000 系列包括 C24x 和 C28x 系列,主要用于数字控制和运动控制。其中,LF24xx 系列比 C24x 系列价格便宜,性能更好,而且具有加密功能。C28x 系列主要用于大存储设备管理和高性能控制场合,如数字电机控制、数字电源和智能传感器等嵌入式应用。

② TMS320C5000 平台。TMS320C5000 系列包括 C54x 和 C55x 系列,主要用于高性能、低功耗的中高档应用场合,也是目前用户最多的 DSP 系列。

③ TMS320C6000 平台。TMS320C6000 系列包括 C62x、C64x 和 C67x 系列,主要应用于高性能、多功能、复杂应用场合,如移动通信基站、电信基础设施和成像应用等。其中,C62x 是定点 DSP 系列,它的芯片种类较丰富;C67x 是浮点 DSP 系列,用于需要高速浮点处理的场合;而 C64x 系列 DSP 芯片(也是定点 DSP),其性能是 C62x 的 10 倍。其中 C6414T/15T 和 C645x DSP 的运行速度高达 1 GHz,针对视频和语音代码转换以及视频收发和转换应用进行了优化。

图 1-1 中三类 DSP 系列芯片的下方小括号内的一些系列芯片,有的已经停产,有的则不推荐使用。例如,C3x 系列是 TI 浮点 DSP 的基础,不可能停产,但价格不会进一步下调;C5x 系列已不推荐使用,可以利用 C24x 或 C5000 系列替代。

1.1.2 TMS320C5000 DSP 平台

TMS320C5000 DSP 平台,是一种高性能、低功耗、16 位定点 DSP 芯片,运行速度为 40~600 MIPS,价格较低,是 TI 公司 DSP 的主流产品。对于消费数字市场来说,C5000 DSP 平台是最受欢迎的,它特别适用于个人和便携式产品,例如无线网络、VOIP(Voice Over Internet,网络电话)、数字音乐播放器、GPS 接收器、便携式医疗设备、个人数字助理、第三代移动通信终端、数码照相机摄像机等领域。

TMS320C5000 平台,包括 C54x 和 C55x 两大系列。同一平台的 DSP 芯片具有相同的 CPU 结构,但根据市场的不同需要,形成存储器、外围设备的不同组合,产生了许多派生器件。

C54x 是 TI 公司于 1996 年推出的高性能定点 DSP 芯片。10 多年过去了,C54x 以其性能价格比的优势,目前仍然是使用最广泛的 DSP 器件。本书以 C54x 为例,详细介绍 DSP 芯片的结构、原理及应用。

在 C54x 的基础上,TI 公司于 2000 年推出了业界功耗更低的定点 DSP 芯片系列——C55x,推动了 DSP 的便携式应用。与 C54x 相比,C55x 的综合性能提高了 5 倍,而功耗只有 C54x 的 1/6。表 1-1 是 C55x 与 C54x DSP 芯片的比较,表中列出了 C55x 增加的功能单元。

与 C54x 相比,C55x 硬件结构上的改进,使得数据流量增加,寻址空间扩大,更多指令得以并行执行,加上 1~6 字节变长指令增加了代码密度,有效地利用总线,以及先进的电源管理功能等,使 C55x 以高性能和低功耗的特点著称。它不但极大地提高了便携式设备的处理能力,而且又延长了电池的使用寿命,是应用前景极为看好的 DSP 芯片。

表 1-1 C55x 与 C54x DSP 的比较

比 较	C54x	C55x
乘法/加法器单元 MAC	1	2
累加器	2	4
数据读总线	2	3
数据写总线	1	2
程序取指读总线	1	1
程序总线字宽	16 位	8/16/24/32/40/48 位
数据总线字宽	16 位	16 位
辅助寄存器运算单元 ALU	2(每个 16 位)	1(16 位),1(40 位)
辅助寄存器	8	8
数据寄存器	0	4
存储器	独立的程序/数据空间	统一的存储器空间
运行速度	140～800 MIPS	30～160 MIPS
功耗	0.32 mW/MIPS	0.05 mW/MIPS
指令长度	16 位	8～48 位变长指令
流水线	6 级,完全开放不受保护	7 级,受保护

TI 公司于 2003 年以后推出了 OMAP(Open Multimedia Applications Platform,开放式多媒体应用平台)产品 OMAP2910 和 OMAP2912。这两种 DSP 芯片都属于 C55x 系列范畴,芯片内部集成了一个 C55x 和一个低功耗、增强型 ARM9 微处理器,是双内核嵌入式微处理器。OMAP 将高性能低功耗的 DSP 核与控制性能强的 ARM 微处理器结合起来,具有集成度高、硬件可靠性和稳定性好、运行速度快、数据处理能力强、功耗低以及开放性好等优点,面向优化多媒体性能,提升语音、音频、图像或视频信号处理性能的应用,包括 3G 手持终端、个人数字助理、多媒体通信、电视会议、定位服务、生物特征识别、医疗设备、互动游戏等领域具有很好的应用前景。

既然 C55x 的许多性能和功耗指标都优于 C54x,那么本书为什么不以 C55x 为例推介 DSP 呢?编者考虑的理由有如下 3 点:

① C54x DSP 芯片的性能价格比高,应用十分广泛,是目前 DSP 应用的主流产品,市场占有率高。

② DSP芯片发展到今天,就内部结构来看,C54x DSP芯片比较典型,也比较简单,以它为例学习DSP芯片的结构、原理和应用,可以很快入门。学好了C54x,就不难举一反三、触类旁通地掌握其他DSP芯片了,当然更不必说指令代码与C54x相兼容的C55x了。

③ C54x系列DSP芯片自诞生以来也在不断地发展,先后推出了许多高性能、低功耗的新品种。例如,VC5402、VC5416、集成了一个C54x和一个ARM7的双内核嵌入式微处理器VC5470和VC5471、集成了2个C54x双内核的DSP芯片VC5420和VC5421,以及集成了4个C54x内核的DSP芯片VC5441等,在网络电话和通信领域获得了众多应用。这也是C54x系列DSP芯片问世10多年来经久不衰的一个重要原因。

综上所述,本书仍以C54x为例推介DSP的结构、原理和应用。

1.2 TMS320C54x DSP

TMS320C54x DSP芯片是TI公司于1996年推出的新一代定点数字信号处理器,是TMS320C5000 DSP平台中最为成熟、应用十分广泛的芯片。C54x采用先进的修正哈佛结构,片内共有8条总线(一条程序存储器总线、3条数据存储器总线和4条地址总线)、CPU、在片存储器和在片外围电路等硬件,加上高度专业化的指令系统,使C54x具有功耗小、高度并行等优点。C54x以性能价格比高著称,可以满足众多领域的实时处理要求。

1.2.1 TMS320C54x的主要特性

(1) CPU

- 先进的多总线结构(一条程序总线、3条数据总线和4条对应的地址总线)。
- 40位算术逻辑运算单元(ALU),包括一个40位桶形移位寄存器和2个独立的40位累加器。
- 17位×17位并行乘法器,与40位专用加法器相连,可以在单周期内完成一次乘法/累加(MAC)运算。
- 比较、选择、存储单元(CSSU),用于加法、比较、选择运算。
- 指数编码器,可以在单个周期内计算40位累加器中数值的指数。
- 双地址生成器,包括8个辅助寄存器和2个辅助寄存器算术运算单元(ARAU)。

(2) 存储器

- 192K字可寻址存储空间(64K字程序存储器、64K字数据存储器以及64K字I/O空间),C548、C549、VC5402、VC5410和VC5420等带有扩展程序存储器,最大存储空间可扩展至8M字。

➢ 片内ROM,可配置为程序/数据存储器。

➢ 片内有单寻址RAM(SARAM)和双寻址RAM(DARAM)存储器。

C54x都有DARAM存储器。C54x片内的DARAM分成若干块,由于在每个机器周期内,允许对同一DARAM块寻址(访问)2次,因此CPU可以在一个机器周期内对同一DARAM块读出一次和写入一次。一般情况下,DARAM总是映像到数据存储器空间,主要用于存放数据。但是,它也可以映像到程序存储器空间,用来存放程序代码。

(3) 指令系统

➢ 单条指令重复和块指令重复操作指令。

➢ 块存储器传送指令。

➢ 32位长操作数指令。

➢ 同时读入2或3个操作数指令。

➢ 能并行存储和并行加载的算术指令。

➢ 条件存储指令。

➢ 从中断快速返回指令。

(4) 在片外围电路

➢ 软件可编程等待状态发生器。

➢ 可编程分区切换逻辑电路。

➢ 带有内部振荡器或用外部时钟源的片内锁相环(PLL)时钟发生器。

➢ 16位可编程定时器。

➢ 全双工串行口,支持8位或16位传送。

➢ 时分多路(TDM)串行口。

➢ 缓冲串行口(BSP)和多通道缓冲串行口(McBSP)。

➢ 8/16位并行主机接口(HPI)。

➢ 6通道DMA控制器。

➢ 外部总线关断控制,以断开外部的数据总线、地址总线和控制信号。

➢ 数据总线具有总线保持器特性。

(5) 电　源

➢ 可用IDLE1、IDLE2和IDLE3指令控制芯片功耗,以工作在省电方式。

➢ 时钟输出信号CLKOUT可以被关断。

(6) 在片仿真接口

具有符合IEEE 1149.1标准的在片仿真接口。

(7) 速　度

单周期定点指令的执行时间为25/20/12.5/10/8.3/7.5/6.25 ns,相应的CPU运行速度为40/50/80/100/120/133/160 MIPS。

C54x系列中的各种派生器件,具有相同的CPU结构及指令系统,而片内存储器及外围电路则不尽相同。表 1-2 列出了部分 TMS320C54x DSP 产品的主要性能。

表 1-2 部分 TMS320C54x DSP 的主要性能

芯片型号	CPU	寻址空间		片内存储器		在片外围电路				指令周期/ns	MIPS	内核电压/V	I/O电压/V
		程序(16位)	数据(16位)	RAM(16位)	ROM(16位)	串行口	主机接口	定时器	DMA通道数				
TMS320VC549-100	1	64K/8M	64K	32K	16K	BSP	8位 HPI	1	6通道	10	100	2.5	3.3
TMS320VC549-120	1	64K/8M	64K	32K	16K	BSP	8位 HPI	1	6通道	8.3	120	2.5	3.3
TMS320VC5401-50	1	64K/1M	64K	8K	4K	2个 McBSP	8位 HPI	2	6通道	20	50	1.8	3.3
TMS320UC5402-80	1	64K/1M	64K	16K	4K	2个 McBSP	8位 HPI	2	6通道	12.5	80	1.8	1.8～3.6
TMS320VC5402-100	1	64K/1M	64K	16K	4K	2个 McBSP	8位 HPI	2	6通道	10	100	1.8	3.3
TMS320VC5402A-160	1	64K/1M	64K	16K	4K	2个 McBSP	8位 HPI	2	6通道	6.25	160	1.6	3.3
TMS320VC5404-120	1	64K/8M	64K	16K	32K	3个 McBSP	8/16位 HPI	2	6通道	8.3	120	1.5	3.3
TMS320UC5409-80	1	64K/8M	64K	32K	16K	3个 McBSP	8位 HPI	1	6通道	12.5	80	1.8	1.8～3.6
TMS320VC5409-80	1	64K/8M	64K	32K	16K	3个 McBSP	8/16位 HPI	1	6通道	12.5	80	1.8	3.3
TMS320VC5409-100	1	64K/8M	64K	32K	16K	3个 McBSP	8/16位 HPI	1	6通道	10	100	1.8	3.3
TMS320VC5409A-120	1	64K/8M	64K	32K	16K	3个 McBSP	8位 HPI	1	6通道	8.3	120	1.5	3.3
TMS320VC5409A-160	1	64K/8M	64K	32K	16K	3个 McBSP	8位 HPI	1	6通道	6.25	160	1.6	3.3
TMS320VC5410-100	1	64K/8M	64K	64K	16K	3个 McBSP	8位 HPI	1	6通道	10	100	2.5	3.3
TMS320VC5410A-120	1	64K/8M	64K	64K	16K	3个 McBSP	8位 HPI	1	6通道	8.3	120	1.5	3.3
TMS320VC5410A-160	1	64K/8M	64K	64K	16K	3个 McBSP	8位 HPI	1	6通道	6.25	160	1.6	3.3
TMS320VC5416-120	1	64K/8M	64K	128K	16K	3个 McBSP	8/16位 HPI	1	6通道	8.3	120	1.5	3.3
TMS320VC5416-160	1	64K/8M	64K	128K	16K	3个 McBSP	8/16位 HPI	1	6通道	6.25	160	1.6	3.3
TMA320C54CST	1	64K/8M	64K	40K	128K	2个 McBSP 1个 UART	8位 HPI	2	6通道	8.3	120	1.5	3.3
TMS320VC5420-200	2	64K/256K	64K	192K	—	6个 McBSP	16位 HPI	2	2组 6通道	10	200	1.8	3.3
TMS320VC5421-200	2	64K/256K	64K	256K	4K	6个 McBSP	16位 HPI	2	2组 6通道	10	200	1.8	3.3
TMS320VC5441-532	4	64K/256K	64K	640K	—	12个 McBSP	16位 HPI	4	4组 6通道	7.52	532	1.6	3.3

1.2.2 TMS320C54x的组成框图

图1-2为TMS320C54x DSP的内部组成框图,图1-3为TMS320C54x DSP的内部硬件结构图。

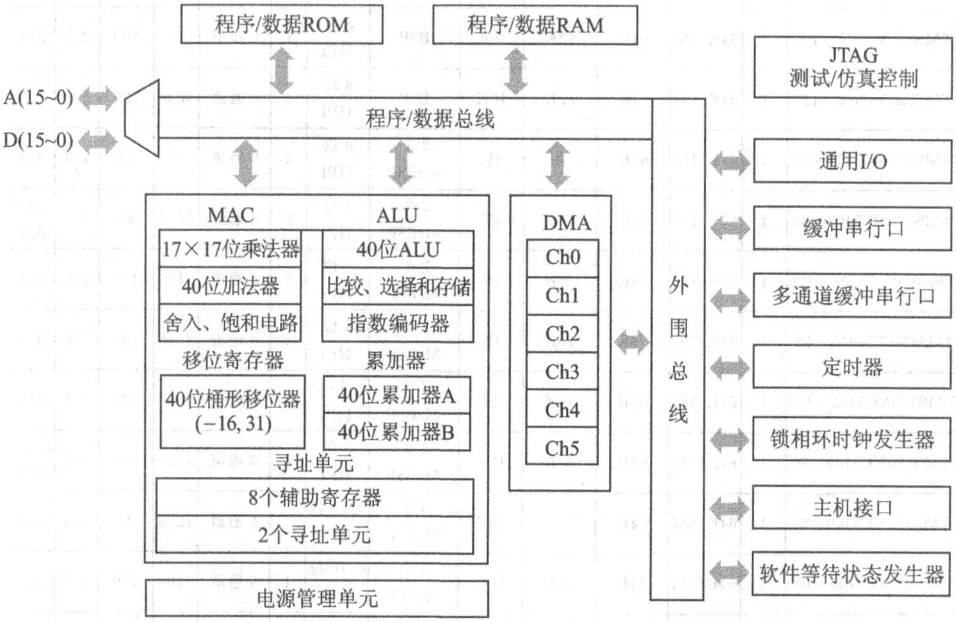

图1-2 TMS320C54x DSP内部组成框图

TMS320C54x DSP采用先进的修正哈佛结构和8总线结构,使处理器的性能大大提高。其独立的程序和数据总线,允许同时访问程序存储器和数据存储器,实现高度并行操作。例如,可以在一条指令中,同时执行3次读操作和一次写操作。此外,还可以在数据总线与程序总线之间相互传送数据,从而使处理器具有在单个周期内执行算术运算、逻辑运算、移位操作、乘法累加运算以及访问程序和数据存储器的强大功能。

在TMS320C54x DSP系列芯片中,TMS320VC5402是目前广为流行、成本低廉的DSP芯片。除芯片内部CPU结构与其他C54x芯片相同外,VC5402片内存储器及外围电路的主要性能如下:

(1) 储存空间

- 多总线结构。片内有3条16位数据总线(CB、DB和EB)、一条16位的程序总线(PB),以及4条对应的地址总线。
- 地址线20根,可寻址程序空间1M字,数据和I/O空间各64K字。
- 片内ROM容量为4K×16位。

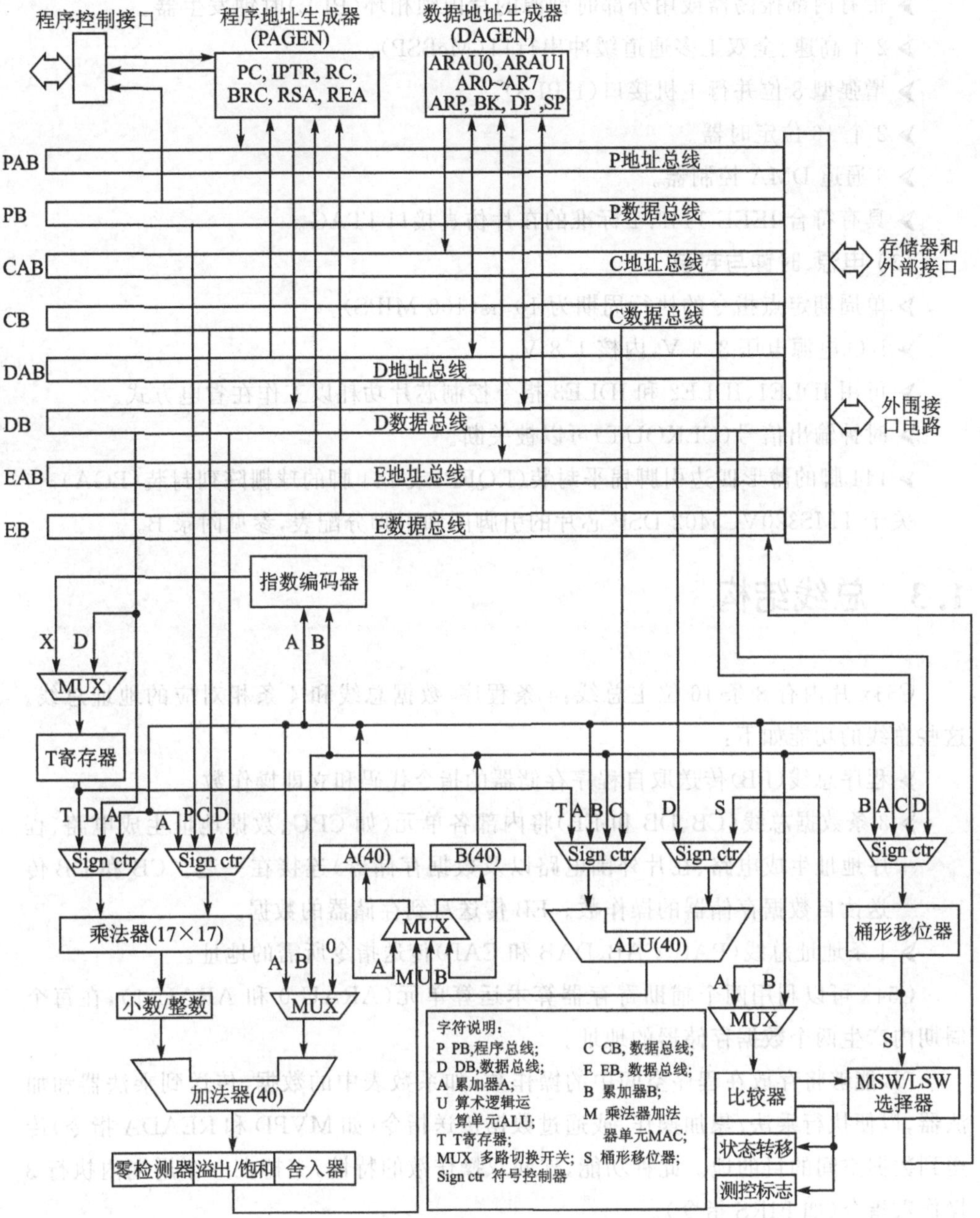

图 1-3　TMS320C54x DSP 的内部硬件结构框图

➤ 片内双寻址 RAM(DARAM)容量为 16K×16 位。

(2) 在片内外围电路

➤ 软件可编程等待状态发生器和可编程分区切换逻辑电路。

- 带有内部振荡器或用外部时钟源的片内锁相环(PLL)时钟发生器。
- 2 个高速、全双工多通道缓冲串行口(McBSP)。
- 增强型 8 位并行主机接口(HPI 8)。
- 2 个 16 位定时器。
- 6 通道 DMA 控制器。
- 具有符合 IEEE 1149.1 标准的在片仿真接口 JTAG。

(3) 电源、时钟与封装

- 单周期定点指令的执行周期为 10 ns(100 MIPS)。
- I/O 电源电压 3.3 V,内核 1.8 V。
- 可用 IDLE1、IDLE2 和 IDLE3 指令控制芯片功耗以工作在省电方式。
- 时钟输出信号(CLKOUT)可以被关断。
- 144 脚的薄形四边引脚扁平封装(LQFP)或 144 脚的球栅阵列封装(BGA)。

关于 TMS320VC5402 DSP 芯片的引脚图和引脚分配表,参见附录 B。

1.3 总线结构

C54x 片内有 8 条 16 位主总线:4 条程序/数据总线和 4 条相对应的地址总线。这些总线的功能如下:

- 程序总线(PB)传送取自程序存储器的指令代码和立即操作数。
- 3 条数据总线(CB、DB 和 EB)将内部各单元(如 CPU、数据地址生成电路、程序地址生成电路、在片外围电路以及数据存储器)连接在一起。CB 和 DB 传送读自数据存储器的操作数。EB 传送写到存储器的数据。
- 4 条地址总线(PAB、CAB、DAB 和 EAB)传送指令所需的地址。

C54x 可以利用两个辅助寄存器算术运算单元(ARAU 0 和 ARAU 1),在每个周期内产生两个数据存储器的地址。

PB 能够将存放在程序空间中的操作数,如系数表中的数据,传送到乘法器和加法器,以便执行乘法/累加操作,或通过数据传送指令(如 MVPD 和 READA 指令)传送到数据空间的目的地。此种功能,连同双操作数的特性,支持在一个周期内执行 3 操作数指令(如 FIRS 指令)。

C54x 还有一条在片双向总线,用于寻址在片外围电路。这条总线通过 CPU 接口中的总线交换器连到 DB 和 EB。利用这个总线读/写,需要 2 个或 2 个以上指令周期,具体时间取决于外围电路的结构。

表 1-3 列出了各种读/写方式用到的总线。

表1-3 各种读/写方式用到的总线

读/写方式	地址总线				程序总线	数据总线		
	PAB	CAB	DAB	EAB	PB	CB	DB	EB
程序读	√				√			
程序写	√							√
单数据读			√				√	
双数据读		√	√			√	√	
长数据(32位)读		√(hw)	√(lw)			√(hw)	√(lw)	
单数据写				√				√
数据读/数据写			√	√			√	√
双数据读/系数读	√	√	√		√	√	√	
外设读			√				√	
外设写				√				√

注：hw=高16位字；lw=低16位字。

1.4 存储器

C54x的总存储空间为192K字，分成3个可选择的存储空间：64K字的程序存储空间、64K字的数据存储空间和64K字的I/O空间。通常，C54x片内都有随机存储器(RAM)和只读存储器(ROM)。RAM有两种形式：单寻址RAM(SARAM)和双寻址RAM(DARAM)。表1-4列出了部分C54x片内各种存储器的容量。C54x片内还有26～27个映像到数据存储空间的CPU寄存器以及一批映像到数据存储空间的外围电路寄存器。C54x结构上的并行性以及在片RAM的双寻址能力，使它能够在任何一个给定的机器周期内执行4次存储器操作：1次取指、2次读操作数和1次写操作数。

表1-4 TMS320C54x部分芯片片内程序和数据存储器资源

存储量类型	C541	C549	VC5401	VC5402	VC5409	VC5410	VC5616	VC5420
ROM：	(28K)	(16K)	(4K)	(4K)	(16K)	(16K)	(16K)	(0)
程序ROM	20K	—	—	—	16K	16K	16K	—
程序/数据ROM	8K	16K	4K	4K	—	—	—	—
RAM：	(5K)	(32K)	(8K)	(16K)	(32K)	(64K)	(128K)	(192K)
DARAM	5K	8K	8K	16K	32K	8K	64K	32K
SARAM	—	24K	—	—	—	56K	64K	160K

注：用户可以将双寻址RAM(DARAM)和单寻址RAM(SARAM)配置为数据存储器或数据/程序存储器。

与片外存储器相比,片内存储器具有不需要插入等待状态、成本低和功耗小等优点。当然,片外存储器具有较大的扩展寻址能力,这是片内存储器无法比拟的。

1.4.1 存储器空间分配

C54x 的存储器空间可以分成 3 个可单独选择的空间,即程序、数据和 I/O 空间。这 3 个空间的总地址范围为 192K 字(有的器件外部程序存储空间可扩展到 8M 字)。

程序存储器空间存放要执行的指令和执行中所用的系数表。数据存储器空间存放执行指令所要用的数据。I/O 存储器空间可与存储器映像外围设备相接口,也可以作为附加的数据存储空间使用。

在 C54x 中,片内存储器的型式有 DARAM、SARAM 和 ROM 三种,取决于芯片的型号。RAM 总是安排到数据存储空间,但也可以设置成程序存储空间;ROM 一般构成程序存储空间,也可以部分地设置为数据存储空间。

C54x 通过 3 个状态位,可以很方便地"使能"或者"禁止"程序和数据空间中的片内存储器。这 3 个状态是:

➤ MP/$\overline{\text{MC}}$位(微处理器/微型计算机工作方式位)

若 MP/$\overline{\text{MC}}$=0,则片内 ROM 配置到程序空间;

若 MP/$\overline{\text{MC}}$=1,则片内 ROM 不配置到程序空间。

➤ OVLY 位(片内 RAM 占位位)

若 OVLY=1,则片内 RAM 配置到程序和数据空间;

若 OVLY=0,则片内 RAM 只配置到数据存储空间。

➤ DROM 位(数据 ROM 位)

若 DROM=1,则部分片内 ROM 配置到数据空间;

若 DROM=0,则片内 ROM 不配置到数据空间。

DROM 的用法与 MP/$\overline{\text{MC}}$的用法无关。

上述 3 个状态位包含在处理器工作方式状态寄存器(PMST)中。

图 1-4 和图 1-5 给出了两个 C54x DSP 芯片——VC5402 和 VC5416 的存储器空间分配图,图中说明了存储器空间分配与 MP/$\overline{\text{MC}}$、OVLY 以及 DROM 这 3 个状态位的关系。

下面举例介绍 C54x 的扩展程序存储器空间。图 1-6 和图 1-7 给出了 VC5402 和 VC5416 的程序存储器扩展图,它们都采用分页扩展的方法,分别使其程序空间扩展到 1M 字和8M 字。为此,它们分别有 20 根和 23 根地址线,增加了一个额外的存储器映像寄存器——扩展程序存储器页寄存器(XPC),以及 6 条寻址扩展程序空间的指令。VC5402 和 VC5416 中的扩展程序空间分别为 16 页和 128 页,每页 64K 存储空间。

由图 1-6 和图 1-7 可见,当 OVLY=1,片内 RAM 安排到程序空间时。每页

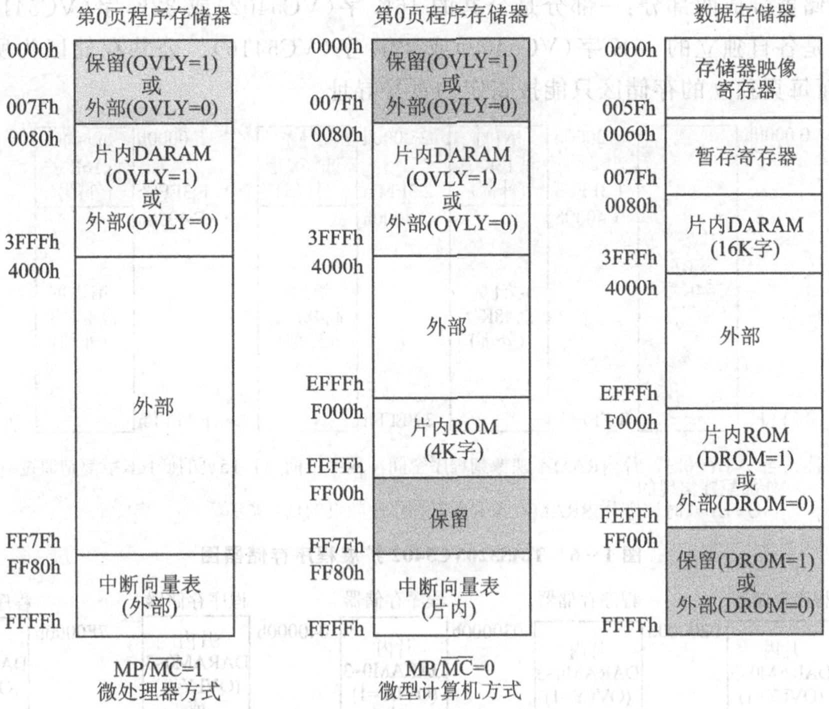

图 1-4　TMS320VC5402 存储器空间分配图

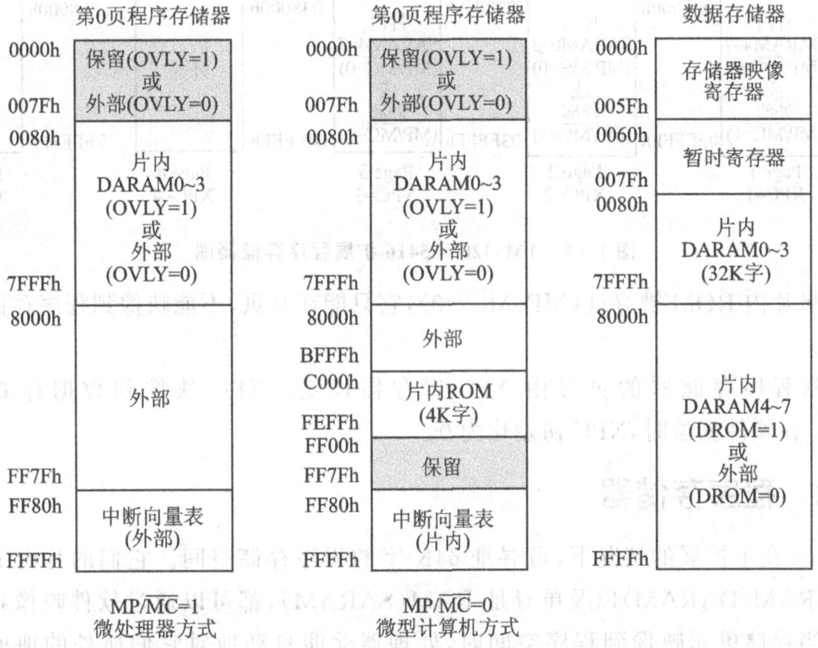

图 1-5　TMS320VC5416 存储器空间分配图

程序存储器分成两部分：一部分是公共的 16K 字(VC5402)或 32K 字(VC5416)，另一部分是各自独立的 48K 字(VC5402)或 32K 字(VC5416)。公共存储区为所有页共享，而每页独立的存储区只能按指定的页号寻址。

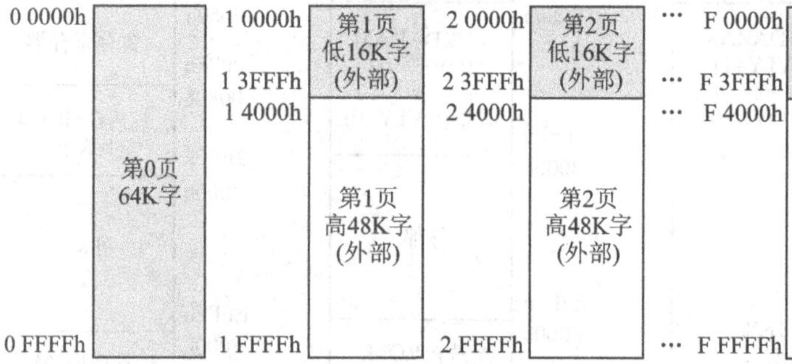

注：当OVLY=0时，片内RAM不映像到程序空间，程序空间第1~15页的低16K字都是通过外部配置实现的；
当OVLY=1时，则片内RAM映像到所有程序空间页的低16K字。

图 1-6　TMS320VC5402 扩展程序存储器图

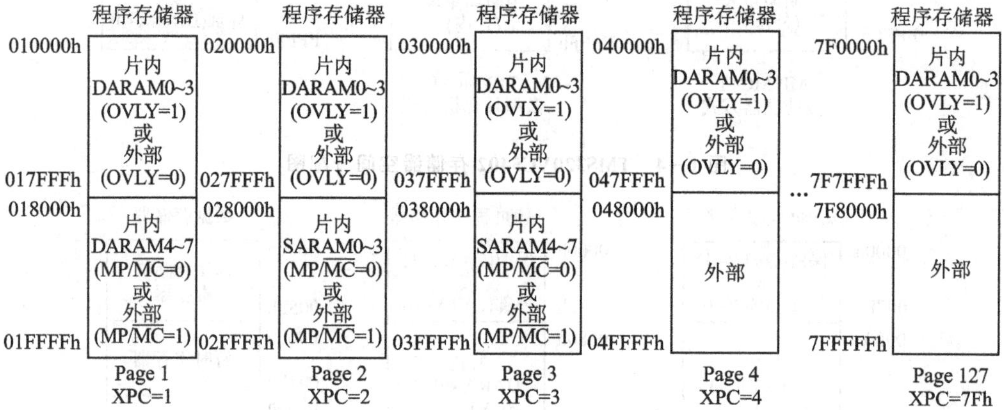

图 1-7　TMS320VC5416 扩展程序存储器图

如果片内 ROM 被寻址($MP/\overline{MC}=0$)，它只能在 0 页，不能映像到程序存储器的其他页。

扩展程序存储器的页号由 XPC 寄存器设定。XPC 映像到数据存储单元 001Eh。在硬件复位时，XPC 初始化为 0。

1.4.2　程序存储器

C54x 在不扩展的情况下，可寻址 64K 字的程序存储空间。它们的片内 ROM、双寻址 RAM(DARAM)以及单寻址 RAM(SARAM)，都可以通过软件映像到程序空间。当存储单元映像到程序空间时，处理器就能自动地对它们所处的地址范围寻址。

如果程序地址生成器(PAGEN)发出的地址处在片内存储器地址范围以外,处理器就能自动地对外部寻址。

表1-5列出了C54x可用的片内程序存储器的容量。由表可见,这些片内存储器是否作为程序存储器,取决于软件对处理器工作方式状态寄存器PMST的状态位MP/$\overline{MC}$和OVLY位的编程。

表1-5 TMS320C54x部分芯片片内程序存储容量

存储器及设置	C541	C549	VC5401	VC5402	VC5409	VC5410	VC5416	VC5420
ROM (MP/$\overline{MC}$=0)	28K	16K	4K	4K	16K	16K	4K	—
DARAM (OVLY=1)	5K	8K	8K	16K	32K	8K	64K	32K
SARAM (OVLY=1)	—	24K	—	—	—	56K	64K	160K

比较表1-4和表1-5可见,只有当MP/$\overline{MC}$=0时,即设置为微型计算机状态时,片内ROM才是程序存储器的一部分;也只有当OVLY=1时,片内数据存储器才能配置为程序存储器空间或扩展存储器空间。

当处理器复位时,复位和中断向量都映像到程序空间的FF80h。复位后,这些向量可以被重新映像到程序空间中任何一个128字页的开头。这就很容易将中断向量表从自举ROM中移出来,然后再根据存储器图安排。

C54x的片内ROM容量有大有小,容量大的片内ROM可以把用户的程序代码编写进去。注意,片内高2K字(F800h~FFFFh)ROM中的内容是由TI公司定义的。这2K字程序空间中包含如下内容:

- 自举加载程序。从串行口、外部存储器、I/O口或者主机接口自举加载。
- 256字μ律压扩表。
- 256字A律压扩表。
- 256字正弦函数值查找表。
- 中断向量表。

有些C54x DSP片内有一个4K字的掩膜式ROM,用户可以将应用程序或者自举加载程序安排在这个存储器空间。表1-6给出了C54x片内高4K字ROM中的内容安排和地址范围。

表1-6 C54x片内ROM高4K地址范围列表

程序存储器地址范围	存储器内容
F000h~F7FFh	保留
F800h~FBFFh	自举加载程序
FC00h~FCFFh	256字μ律压扩表
FD00h~FDFFh	256字A律压扩表
FE00h~FEFFh	256字正弦函数值查找表
FF00h~FF7Fh	机内自检程序
FF80h~FFFFh	中断向量表

当电源接通后，或者在硬件复位期间，MP/$\overline{MC}$引脚处在低电平时，DSP 就从程序存储器的 FF80h 处开始执行程序。通常，在 FF80h 处安放一条分支转移指令，以便让程序计数器(PC)跳转到自举加载程序的起始地址，执行自举加载程序。自举加载程序将会按照不同的系统要求，提供不同的方法加载程序代码，即把外部的用户程序代码自动地传送到所要求的程序空间位置上。

1.4.3　数据存储器

C54x 的数据存储器的容量最多可达 64K 字。

除了单寻址和双寻址 RAM(SARAM 和 DARAM)外，C54x 还可以通过软件将片内 ROM 映像为数据存储空间。

表 1－7 列出了部分 C54x 可用的片内数据存储器的容量。

表 1－7　TMS320C54x 部分芯片片内数据存储器容量

存储器及设置	C541	C549	VC5401	VC5402	VC5409	VC5410	VC5416	VC5420
DARAM	5K	8K	8K	16K	32K	8K	64K	32K
SARAM	—	24K	—	—	—	56K	—	96K
程序/数据 ROM (DROM＝1)	8K	16K	4K	4K	16K	—	—	—

当 CPU 的数据存储器地址生成器发出的地址处在片内存储器的范围内时，就对片内的 RAM 和数据 ROM(当 ROM 配置为数据存储器时)寻址；当发出的地址不在片内存储器的范围内时，处理器就会自动地对外部数据存储器寻址。

数据存储器可以驻留在片内或者片外。片内 DARAM 都是数据存储空间。对于某些 C54x，用户可以通过设置 PMST 寄存器的 DROM 为，将部分片内 ROM 映像到数据存储空间。这一部分片内 ROM 既可以在数据空间使能(DROM 位＝1)，也可以在程序空间使能(MP/$\overline{MC}$位＝0)。复位时，处理器将 DROM 位清 0。

对数据 ROM 的单操作数寻址，包括 32 位长字操作数寻址，单个周期就可完成。而在双操作数寻址时，如果操作数驻留在同一块内，则要 2 个周期。为了增强处理器的性能，C54x 片的 ROM 分成若干块(每 2K 或 4K 空间为一块)。这样，就可以在片内 ROM 的一个块内取指的同时，又在别的块中读取数据，由于操作数驻留在不同块内，则只需一个周期就可以了。

同样，片内 RAM 也细分成若干块(每 2K 或 4K 空间为一块)。分块以后，用户可以在同一个周期内从同一块 DARAM 中取出两个操作数，并将数据写入到另一块 DARAM 中。

图 1－8 是 C54x 中 DARAM 前 1K 数据存储器的配置图。这一部分包括存储器映像 CPU 寄存器（000h～001Fh）、存储器映像外围电路寄存器（0020h～005Fh）、32 字暂存器（即 SPRAM 便笺式存储器）（0060h～007Fh）以及 896 字 DARAM（0080h～03FFh）。

表 1－8 列出了 C54x 存储器映像 CPU 寄存器的地址和名称。访问存储器映像 CPU 寄存器，不需要插入等待周期。用户在软件或硬件仿真时，可以通过查看相应的数据存储单元的内容，了解这些寄存器的状态。

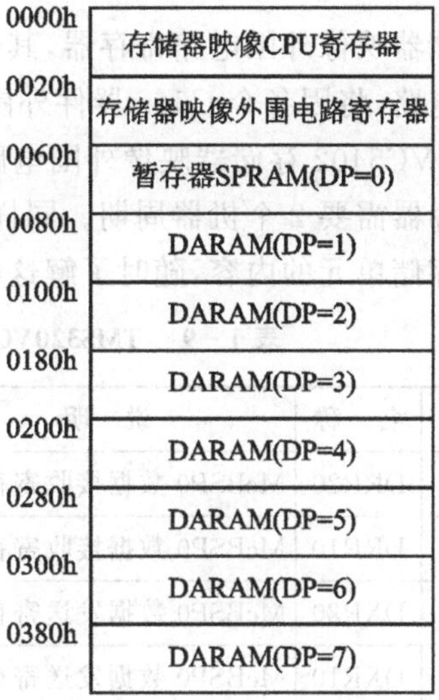

图 1－8　片内 DARAM 前 1K (0000h～03FFh)存储空间配置图

表 1－8　TMS320C54x 存储器映像 CPU 寄存器地址名称列表

地　址	CPU 寄存器名称	地　址	CPU 寄存器名称
00h	IMR（中断屏蔽寄存器）	12h	AR2（辅助寄存器 2）
01h	IFR（中断标志寄存器）	13h	AR3（辅助寄存器 3）
02～05h	保留（用于测试）	14h	AR4（辅助寄存器 4）
06h	ST0（状态寄存器 0）	15h	AR5（辅助寄存器 5）
07h	ST1（状态寄存器 1）	16h	AR6（辅助寄存器 6）
08h	AL（累加器 A 低字，15～0 位）	17h	AR7（辅助寄存器 7）
09h	AH（累加器 A 高字，15～0 位）	18h	SP（堆栈寄存器）
0Ah	AG（累加器 A 保护位，39～32 位）	19h	BK（循环缓冲区长度寄存器）
0Bh	BL（累加器 B 低字，15～0 位）	1Ah	BRC（块重复计数器）
0Ch	BH（累加器 B 高字，31～16 位）	1Bh	RSA（块重复起始地址寄存器）
0Dh	BG（累加器 B 保护位，39～32 位）	1Ch	REA（块结束地址寄存器）
0Eh	T（暂存寄存器）	1Dh	PMST（处理器工作方式状态寄存器）
0Fh	TRN（状态转移寄存器）		
10h	AR0（辅助寄存器 0）	1Eh	XPC（扩展程序存储器页寄存器）
11h	AR1（辅助寄存器 1）	1E～1Fh	保留（扩展程序存储器页寄存器）

存储器映像外围电路寄存器,其数据存储器的地址是0020h～005Fh。其中映像的外围电路,将因各个C54x器件外围电路结构的不同而有所差异。表1-9列出了TMS320VC5402存储器映像外围电路寄存器的地址和名称。访问存储器映像外围电路寄存器需要2个机器周期。同样,用户在软件或硬件仿真时,可以通过查看相应的数据存储单元的内容,随时了解这些寄存器的状态。

表1-9 TMS320VC5402存储器映像外围电路寄存器

地 址	名 称	说 明	地 址	名 称	说 明
20h	DRR20	McBSP0数据接收寄存器2	25h	PRD	定时器0周期计数器
21h	DRR10	McBSP0数据接收寄存器1	26h	TCR	定时器0控制寄存器
22h	DXR20	McBSP0数据发送寄存器2	27h	—	保留
23h	DXR10	McBSP0数据发送寄存器1	28h	SWWER	软件等待状态寄存器
24h	TIM	定时器0寄存器	29h	BSCR	分区切换控制寄存器
2Ah	—	保留	42h	DXR21	McBSP1数据发送寄存器2
2Bh	SWCR	软件等待状态控制寄存器	43h	DXR11	McBSP1数据发送寄存器1
2Ch	HPIC	主机接口控制寄存器	44h～47h	—	保留
2Dh～2Fh	—	保留	48h	SPSA1	McBSP1子库地址寄存器
30h	TIM1	定时器1寄存器	49h	SPSD1	McBSP1子库数据寄存器
31h	PRD1	定时器1周期计数器	4Ah～53h	—	保留
32h	TCR1	定时器1控制寄存器	54h	DMPREC	DMA通道优先权和使能控制寄存器
33h～37h	—	保留			
38h	SPSA0	McBSP0子库地址寄存器	55h	DMSA	DMA子库地址寄存器
39h	SPSD0	McBSP0子库数据寄存器	56h	DMSDI	带自动增量的DMA子库数据寄存器
3Ah～3Bh	—	保留			
3Ch	GPIOCR	通用I/O引脚控制寄存器	57h	DMSDN	不带自动增量的DMA子库数据寄存器
3Dh	GPIOSR	通用I/O引脚状态寄存器			
3Eh～3Fh	—	保留	58h	CLKMD	时钟方式寄存器
40h	DRR21	McBSP1数据接收寄存器2	59h～5Fh	—	保留
41h	DRR11	McBSP1数据接收寄存器1			

注:McBSP——多通道缓冲串行口;DMA——直接存储器访问。

C54x除了程序和数据存储器空间外,还有一个总量为64K字的I/O口地址空间(0000h～FFFFh),且都在片外。可以用两条指令(输入指令PORTR和输出指令

PORTW)对 I/O 空间寻址。通过这些 I/O 口,CPU 很容易与外围设备接口。

1.5 中央处理单元

对所有的 C54x 器件而言,如图 1-3 下半部所示处理单元(CPU)是相同的。C54x 的并行结构设计特点,使其能在一条指令周期内,高速地完成多项算术运算。CPU 的基本组成如下:

- 40 位算术逻辑运算单元(ALU)。
- 2 个 40 位累加器。
- 移位-16~31 位的桶形移位寄存器。
- 乘法器/加法器单元。
- 比较、选择和存储单元(CSSU)。
- 指数编码器。
- CPU 状态和控制寄存器。

本节主要介绍 C54x CPU 各组成部分的原理和特点,最后讨论 CPU 的状态和控制寄存器。

1.5.1 算术逻辑运算单元

40 位 ALU 功能框图如图 1-9 所示。C54x 的大多数算术逻辑运算指令都是单周期指令。除存储操作指令(ADDM、ANDM、ORM 和 XORM)外,ALU 的运算结果通常都被传送到目的累加器(累加器 A 或 B)。

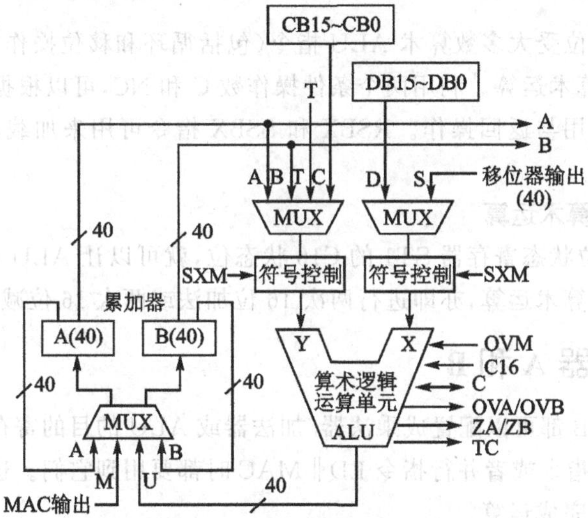

图 1-9 ALU 功能框图

(1) ALU的输入

如图1-9所示,ALU的X输入端的数据为以下2个数据中的任何一个,即:

- 移位寄存器的输出(32位或16位数据存储器操作数以及累加器中的数值,经移位寄存器移位后输出)。
- 来自数据总线DB的数据存储器操作数。

加到ALU的Y输入端的数据,是以下4个数据中的任何一个,即

- 累加器中A的数据。
- 累加器中B的数据。
- 来自数据总线CB的数据存储器操作数。
- T寄存器中的数据。

当一个16位数据存储器操作数加到40位ALU的输入端时,若状态寄存器ST1的SXM=0,则高位添0;若SXM=1,则符号位扩展。

(2) ALU的输出

ALU的输出为40位,被送往累加器A或B。

(3) 溢出处理

ALU的饱和逻辑可以处理溢出。当发生溢出且状态寄存器ST1的OVM=1时,则用32位最大正数007FFFFFFFh(正向溢出)或最大负数FF80000000h(负向溢出)加载累加器。溢出发生后,相应的溢出标志位(OVA或OVB)置1,直到复位或执行溢出条件指令。

注意: 用户可以用SAT指令对累加器进行饱和处理,而不必考虑OVM值。

(4) 进位位

ALU的进位位受大多数算术ALU指令(包括循环和移位操作)影响,可以用来支持扩展精度的算术运算。利用两个条件操作数C和NC,可以根据进位位的状态,进行分支转移、调用与返回操作。RSBX和SSBX指令可用来加载进位位。硬件复位时,进位位置1。

(5) 双16位算术运算

用户只要置位状态寄存器ST1的C16状态位,就可以让ALU在单个周期内进行特殊的双16位算术运算,亦即进行两次16位加法或两次16位减法运算。

1.5.2 累加器A和B

累加器A和B都可以配置成乘法器/加法器或ALU的目的寄存器。此外,在执行MIN和MAX指令或者并行指令LD‖MAC时都要用到它们。这时,一个累加器加载数据,另一个完成运算。

累加器A和B都可分为3部分,如下所示:

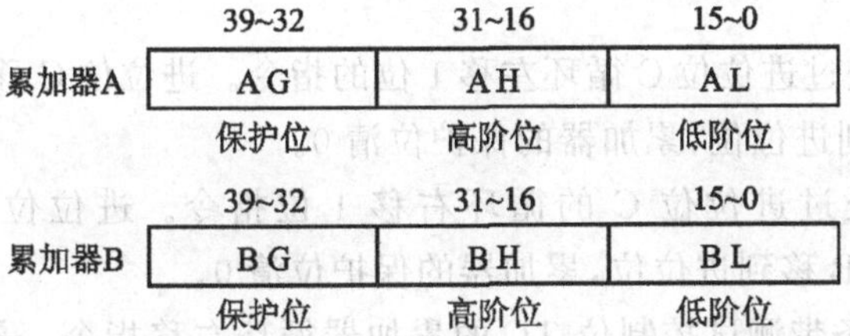

其中,保护位用作计算时的数据余量位,以防止诸如自相关那样的迭代运算时溢出。

AG、BG、AH、BH、AL 和 BL 都是存储器映像寄存器。在保存或恢复文本时,可以用 PSHM 或 POPM 指令将它们压入堆栈或者从堆栈弹出。用户可以通过其他指令,寻址 0 页数据存储器(存储器映像寄存器),访问累加器的这些寄存器。累加器 A 和 B 的唯一差别在于,累加器 A 的 31～16 位可以用作乘法器的一个输入。

(1) 保存累加器的内容

用户可以利用 STH、STL、STLM 和 SACCD 等指令,或者用并行存储指令,将累加器的内容保存到数据存储器中。在存储前,有时需要对累加器的内容进行移位操作。右移时,AG 和 BG 中的各数据位分别移至 AH 和 BH;左移时,AL 和 BL 中的各数据分别移至 AH 和 BH,低位添 0。假设累加器 A＝FF 4321 1234h,执行带移位的 STH 和 STL 指令操作后,数据存储单元 TEMP 中的结果如下:

```
STH    A,8,TEMP      ; TEMP＝2112h
STH    A,－8,TEMP    ; TEMP＝FF43h
STL    A,8,TEMP      ; TEMP＝3400h
STL    A,－8,TEMP    ; TEMP＝2112h
```

(2) 累加器移位和循环移位

累加器移位或循环移位的指令共有 6 条:

SFTA 算术移位。

SFTL 逻辑移位。

SFTC 条件移位。

ROL 累加器循环左移。

ROR 累加器循环右移。

ROLTC 累加器带 TC 位循环左移。

在执行 SFTA 和 SFTL 指令时,移位数定义为－16≤SHIFT≤15。SFTA 指令受 SXM 位(符号位扩展方式位)影响。当 SHIFT 为一负数时,SFTA 进行算术右移。这时,如果 SXM＝1,算术右移时将保持累加器的符号位;若 SXM＝0 时,累加器的最高位添 0。SFTL 指令不受 SXM 位影响,它只对累加器的 31～0 位进行移位操作,移位时将 0 移到最高有效位 MSB 或最低有效位 LSB(取决于移位的方向)。

SFTC 是一条条件移位指令。当累加器的第 31 位和 30 位都为 1 或者都为 0 时,累加器左移 1 位。这条指令可以用来对累加器的 32 位数归一化,以消去多余的符号位。

ROL 是一条经过进位位 C 循环左移 1 位的指令。进位位 C 移到累加器的 LSB，累加器的 MSB 移到进位位，累加器的保护位清 0。

ROR 是一条经过进位位 C 的循环右移 1 位指令。进位位 C 移到累加器的 MSB，累加器的 LSB 移到进位位，累加器的保护位清 0。

ROLTC 是一条带测试控制位 TC 的累加器循环左移指令。累加器的 30～0 位左移 1 位，累加器的 MSB 移到进位位 C，测试控制位 TC 移到累加器的 LSB，累加器的保护位清 0。

(3) 专用指令

C54x 有一些专用的并行操作指令，有了它们，累加器可以实现一些特殊的运算。其中包括利用 FIRS 指令，实现对称有限冲激响应(FIR)滤波器算法；利用 LMS 指令实现自适应滤波器算法；利用 SQDST 指令计算欧几里德距离以及其他的并行操作指令。

1.5.3 桶形移位器

图 1-10 是桶形移位器的功能框图。

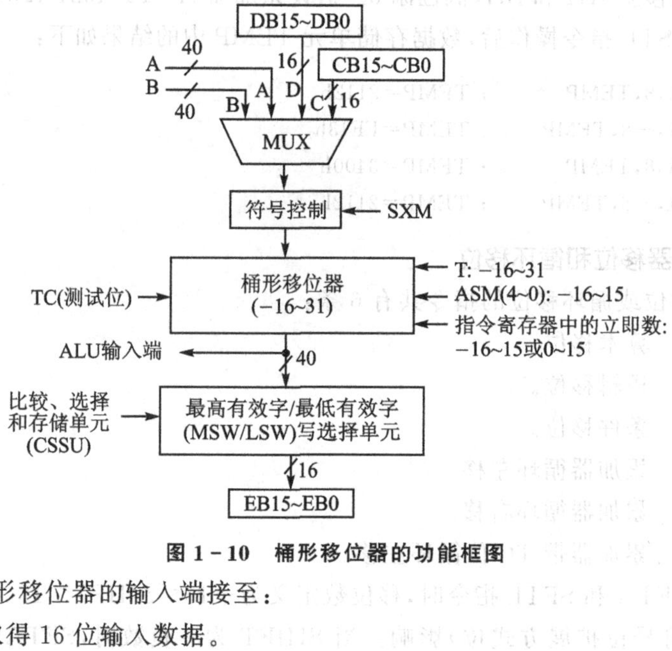

图 1-10　桶形移位器的功能框图

40 位桶形移位器的输入端接至：

➤ DB，取得 16 位输入数据。

➤ DB 和 CB，取得 32 位输入数据。

➤ 40 位累加器 A 和 B。

其输出端接至：

➤ ALU 的一个输入端。

➤ 经过 MSW/LSW(最高有效字/最低有效字)写选择单元至 EB 总线。

桶形移位器的任务是为输入的数据定标：

- 在 ALU 运算前，对来自数据存储器的操作数或者累加器的值进行定标。
- 对累加器中的值进行算术或逻辑移位。
- 对累加器中的值进行归一化处理。
- 在累加器中的值存储到数据存储器之前进行定标。

SXM 位控制操作数进行带符号位或不带符号位扩展。当 SXM＝1 时，执行符号位扩展。有些指令，如 LDU、ADDS 和 SUBS，认为存储器中的操作数是无符号数，不执行符号位扩展，也就可以不必考虑 SXM 状态位的数值。

指令中的移位数就是移位的位数。移位数都是用 2 的补码表示，正值表示左移，负值表示右移。移位数可以用一个立即数(－16～15)、状态寄存器 ST1 的累加器移位方式位 ASM(共 5 位，移位数为－16～15)或者 T 寄存器中最低 6 位的数值(移位数为－16～31)来定义，例如：

```
ADD     A,-4,B      ;累加器 A 右移 4 位后加到累加器 B
ADD     A,ASM,B     ;累加器 A 按 ASM 规定的移位数移位后加到累加器 B
NORM    A,          ;按 T 寄存器中的数值对累加器归一化
```

最后一条指令对累加器中的数归一化是很有用的。假设 40 位累加器 A 中的定点数为 FF FFFF F001。先用“EXP　A”指令，求得它的指数为 13h，存放在 T 寄存器中。再执行 NORM 指令，就可以在单个周期内将原来的定点数分成尾数 FF 80080000 和指数 13h 两部分了，具体编程方法参见 5.10 节。

1.5.4　乘法器/加法器单元

C54x CPU 有一个 17 位×17 位硬件乘法器，它与一个 40 位专用加法器相连。乘法器/加法器单元可以在一个流水线状态周期内完成一次乘法累加(MAC)运算。图 1-11 是它的功能框图。

乘法器能够执行无符号数乘法(每个 16 位操作数前加一个 0)、有符号数乘法(每个 16 位操作数都将符号位扩展成 17 位有符号数)以及无符号数(16 位操作数前面加一个 0)与有符号数(16 位操作数符号位扩展成 17 位有符号数)相乘运算。

乘法器工作在小数相乘方式(状态寄存器 ST1 中的 FRCT 位＝1)时，乘法结果左移 1 位，以消去多余的符号位。

乘法器/加法器单元中的加法器，还包含一个零检测器、舍入器(2 的补码)以及溢出/饱和逻辑电路。有的乘法指令，如 MAC、MAS 等指令，如果指令后面带 R(如 MACR、MASR)，就对结果进行舍入处理，即加 2^{15} 至结果，并将目的累加器的低 16 位清 0。当执行 LMS 指令时，为了修正系数的量化误差最小，也要进行舍入处理。

乘法器的一个输入端 XM 的数据来自 T 寄存器、累加器 A 的位 32～16，以及由 DB 总线传送过来的数据存储器操作数；另一个输入端 YM 的数据来自累加器 A 的位 32～16，由 DB 总线和 CB 总线传送过来的数据存储器操作数，以及由 PB 总线传

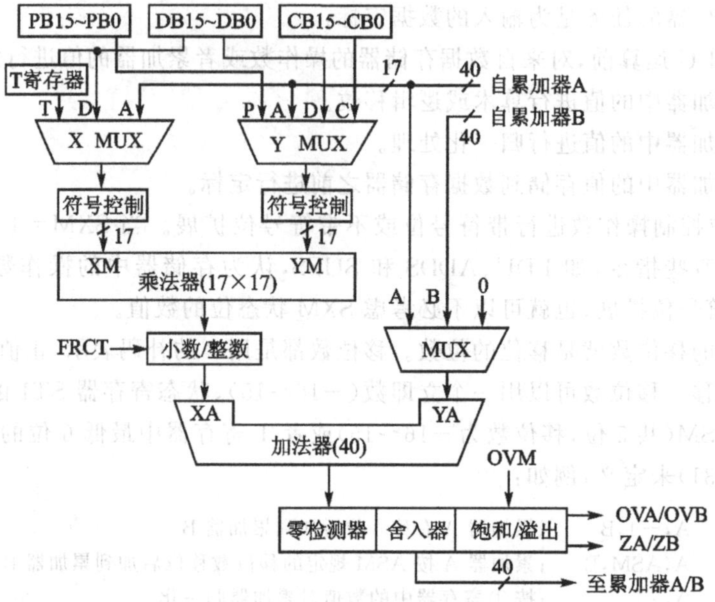

图1-11　乘法器/加法器单元功能框图

送过来的程序存储器操作数。

乘法器的输出加到加法器的输入端XA，累加器A或B则是加法器的另一个输入。相加后的最后结果送往目的累加器A或B。

1.5.5　比较、选择和存储单元

在数据通信、模式识别等领域，往往要用到Viterbi蝶形算法。C54x中的比较、选择和存储单元(CSSU)就是专门为Viterbi蝶形算法设计的，进行加法/比较/选择(ACS)运算的硬件单元。图1-12是CSSU的功能框图，它和ALU一道执行快速ACS运算。CSSU支持均衡器和通道译码器所用的各种Viterbi蝶形算法。

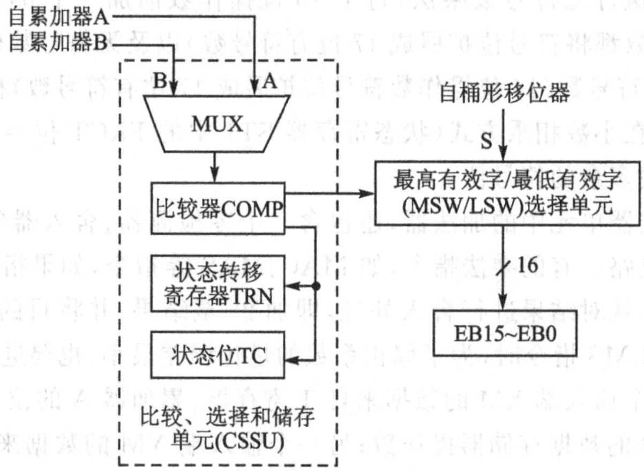

图1-12　比较、选择和存储单元功能框图

1.5.6　指数编码器

指数编码器也是CPU的一个专用硬件。有了它,可以在单个周期内执行EXP指令,求得累加器中数据的指数值,并以2的补码形式(−8～31)存放到T寄存器中。

累加器的指数值=冗余符号位数−8,也就是为消去多余符号位,应将累加器中的数值左移的位数。当累加器数值超过32位时,指数是负值。

有了指数编码器,就可以用EXP和NORM指令对累加器的内容进行归一化处理了。

例如:

```
EXP     A               ;(冗余符号位数-8)→寄存器
ST      T,EXPONET       ;将指数值存放到名为 EXPONET 的数据存储器单元中
NORM    A               ;对累加器归一化(累加器按 T 寄存器中的数值进行移位)
```

1.5.7　CPU 状态和控制寄存器

C54x CPU 有3个状态和控制寄存器:

- 状态寄存器0(ST0)。
- 状态寄存器1(ST1)。
- 处理器工作方式状态寄存器(PMST)。

ST0和ST1中包含CPU各种工作条件和工作方式的状态;PMST中包含存储器的设置状态及其他控制信息。由于这些寄存器都是存储器映像寄存器,所以都可以快速地存放到数据存储器,或者通过数据存储器对它们加载,或者用子程序或者用中断服务程序保存和恢复处理器的状态。

状态寄存器0(ST0)的结构如下:

15～13	12	11	10	9	8～0
ARP	TC	C	OVA	OVB	DP

状态寄存器ST0各状态位的解释见表1-10。

表1-10　状态寄存器ST0各状态位的功能

位	名　称	复位值	功　能
15～13	ARP	0	辅助寄存器指针。这3位字段是在间接寻址单操作数时,用来选择辅助寄存器的。当DSP处在标准方式时(状态寄存器ST1的CMPT=0),ARP必定置为0

续表 1－10

位	名　称	复位值	功　能
12	TC	1	测试/控制标志位。TC 保存 ALU 测试位操作的结果。TC 受 BIT、BITF、BITT、CMPM、CMPR、CMPS 以及 SFTC 等指令影响。可以由 TC 的状态(1 或 0)决定条件分支转移指令、子程序调用以及返回指令是否执行；如果下列条件成立，则 TC＝1。 • 由 BIT 或 BITT 指令所测试的位等于 1 • 当执行 CMPM、CMPR 或 CMPS 比较指令时，比较一个数据存储单元中的值与一个立即操作数、AR0 与另一个辅助寄存器，或者一个累加器的高字与低字的条件成立 • 用 SFTC 指令测试某个累加器的第 31 位和第 30 位彼此是否相同
11	C	1	进位位。如果执行加法产生进位，则置 1；如果执行减法产生借位，则清 0。否则，加法后它被复位，减法后被置位，带 16 位移位的加法或减法除外。在后一种情况下，加法只能对进位位置位，减法对其复位，它们都不能影响进位位。所谓进位和借位都只是 ALU 上的运算结果，且定义在第 32 位的位置上。移位和循环指令(ROR、ROL、SFTA 和 SFTL)以及 MIN、MAX、ABS 和 NEG 指令也影响进位位
10	OVA	0	累加器 A 的溢出标志位。当 ALU 或者乘法器后面的加法器发生溢出且运算结果在累加器 A 中时，OVA 位置 1。一旦发生溢出，OVA 一直保持置位状态，直到复位或者利用 AOV 和 ANOV 条件执行 BC[D]、CC[D]、RC[D]、XC 指令为止。RSBX 指令也能清 OVA 位
9	OVB	0	累加器 B 的溢出标志位。当 ALU 或者乘法器后面的加法器发生溢出且运算结果在累加器 B 中时，OVB 置 1。一旦发生溢出，OVB 一直保持置位状态，直到复位或者利用 BOV 和 BNOV 条件执行 BC[D]、CC[D]、RC[D]、XC 指令为止。RSBX 指令也能清 OVB 位
8～0	DP	0	数据存储器页指针。这 9 位字段与指令字中的低 7 位结合在一起，形成一个 16 位直接寻址存储器的地址，对数据存储器的一个操作数寻址。如果 ST1 中的编辑方式位 CPL＝0，上述操作就可执行。DP 字段可用 LD 指令加载一个短立即数或者从数据存储器对它加载

状态寄存器 1(ST1)的结构如下：

15	14	13	12	11	10	9	8	7	6	5	4～0
BRAF	CPL	XF	HM	INTM	0	OVM	SXM	C16	FRCT	CMPT	ASM

状态寄存器 ST1 各状态位的解释见表 1－11。

表 1－11　状态寄存器 ST1 各状态位的功能

位	名　称	复位值	功　能
15	BRAF	0	块重复操作标志位。BRAF 指示当前是否在执行块重复操作。 BRAF＝0　表示当前不在进行块重复操作。当块重复计数器(BRC)减到低于 0 时，BRAF 被清 0 BRAF＝1　表示当前正在进行块重复操作。当执行 RPTB 指令时，BRAF 被自动置 1
14	CPL	0	直接寻址编辑方式位。CPL 指示直接寻址时采用何种指针。 CPL＝0　选用数据页指针(DP)的直接寻址方式 CPL＝1　选用堆栈指针(SP)的直接寻址方式
13	XF	1	XF 引脚状态位。XF 表示外部标志(XF)引脚的状态。XF 引脚是一个通用输出引脚。用 RSBX 或 SSBX 指令，可对 XF 复位或置位
12	HM	0	保持方式位。当处理器响应 $\overline{\text{HOLD}}$ 信号时，HM 指示处理器是否继续执行内部操作。 HM＝0　处理器从内部程序存储器取指，继续执行内部操作，而将外部接口置成高阻状态 HM＝1　处理器暂停内部操作
11	INTM	1	中断方式位。INTM 从整体上屏蔽或开放中断。 INTM＝0　开放全部可屏蔽中断 INTM＝1　关闭所有可屏蔽中断 SSBX 指令可以置 INTM 为 1，RSBX 指令可以将 INTM 清 0。当复位或者执行可屏蔽中断(INTR 指令或外部中断)时，INTM 置 1。当执行一条 RETE 或 RETF 指令(从中断返回)时，INTM 清 0。INTM 不影响不可屏蔽的中断($\overline{\text{RS}}$ 和 $\overline{\text{NMI}}$)。INTM 位不能用存储器写操作来设置
10		0	此位总是读为 0
9	OVM	0	溢出方式位。OVM 确定发生溢出时以什么样的数加载目的累加器。 OVM＝0　ALU 或乘法器后面的加法器中的溢出结果值，像正常情况一样加到目的累加器 OVM＝1　当发生溢出时，目的累加器置成正的最大值(00 7FFFFFFFh)或负的最大值(FF 80000000h) OVM 可分别由 SSBX 和 RSBX 指令置位和复位

续表 1-11

位	名　称	复位值	功　能
8	SXM	1	符号位扩展方式位。SXM 确定符号位是否扩展。 SXM＝0　　禁止符号位扩展 SXM＝1　　数据进入 ALU 之前进行符号位扩展 SXM 不影响某些指令的定义：ADDS、LDU 和 SUBS 指令不管 SXM 值，都禁止符号位扩展。SXM 可分别由 SSBX 和 RSBX 指令置位和复位
7	C16	0	双 16 位/双精度算术运算方式位。C16 决定 ALU 的算术运算方式： C16＝0　　ALU 工作在双精度算术运算方式 C16＝1　　ALU 工作在双 16 位算术运算方式
6	FRCT	0	小数方式位。当 FRCT＝1，乘法器输出左移 1 位，以消去多余的符号位
5	CMPT	0	修正方式位，CMPT 决定 ARP 是否可以修正。 CMPT＝0　在间接寻址单个数据存储器操作数时，不能修正 ARP。当 DSP 工作在这种方式时，ARP 必须置 0 CMPT＝1　在间接寻址单个数据存储器操作数时，可修正 ARP，当指令正在选择辅助寄存器 0(AR0)时除外
4～0	ASM	0	累加器移位方式位。5 位字段的 ASM 规定一个从－16～15 的移位值(2 的补码值)。凡带并行存储的指令以及 STH、STL、ADD、SUB、LD 指令都能利用这种移位功能；可以从数据存储器或者用 LD 指令(短立即数)对 ASM 加载

处理器工作方式状态寄存器(PMST)的结构如下：

15～7	6	5	4	3	2	1	0
IPTR	MP/$\overline{\text{MC}}$	OVLY	AVIS	DROM	CLKOFF	SMUL	SST

PMST 寄存器各状态位的解释见表 1-12。

表 1-12　处理器工作方式状态寄存器 PMST 各状态位的功能

位	名　称	复位值	功　能
15～7	IPTR	1FFh	中断向量指针。9 位字段的 IPTR 指示中断向量所驻留的 128 字程序存储器的位置。在自举-加载操作情况下，用户可以将中断向量重新映像到 RAM。复位时，这 9 位全都置 1；复位向量总是驻留在程序存储器空间的地址 FF80h。RESET 指令不影响这个字段

续表 1-12

位	名 称	复位值	功 能
6	MP/$\overline{MC}$	MP/$\overline{MC}$引脚状态	微处理器/微型计算机工作方式位。 MP/$\overline{MC}$=0 允许使能并寻址片内 ROM MP/$\overline{MC}$=1 不能利用片内 ROM 复位时,采样 MP/$\overline{MC}$引脚上的逻辑电平,并且将 MP/$\overline{MC}$位置成此值。直到下一次复位,不再对 MP/$\overline{MC}$引脚再采样。RESET 指令不影响此位。MP/$\overline{MC}$位也可以用软件的办法置位或复位
5	OVLY	0	片内 RAM 占位位。OVLY 可以允许片内双寻址数据 RAM 块映像到程序空间。OVLY 位的值为: OVLY=0 只能在数据空间而不能在程序空间寻址在片 RAM OVLY=1 片内 RAM 可以映像到程序空间和数据空间,但是数据页 0(0h~7Fh)不能映像到程序空间
4	AVIS	0	地址可见位。AVIS 允许/禁止在地址引脚上看到内部程序空间的地址线。 AVIS=0 外部地址线不能随内部程序地址一起变化。控制线和数据线不受影响,地址总线受总线上的最后一个地址驱动 AVIS=1 让内部程序存储空间地址线出现在 C54x 的引脚上,从而可以跟踪内部程序地址。而且,当中断向量驻留在片内存储器时,可以连同$\overline{IACK}$一起对中断向量译码
3	DROM	0	数据 ROM 位。DROM 可以让片内 ROM 映像到数据空间。DROM 位的值为: DROM=0 片内 ROM 不能映像到数据空间 DROM=1 片内 ROM 的一部分映像到数据空间
2	CLKOFF	0	CLKOUT 时钟输出关断位。当 CLKOFF=1 时,CLKOUT 的输出被禁止,且保持为高电平
1	SMUL	N/A	乘法饱和方式位。当 SMUL=1 时,在用 MAC 或 MAS 指令进行累加以前,对乘法结果作饱和处理。仅当 OVM=1 和 FRCT=1 时,SMUL 位才起作用
0	SST	N/A	存储饱和位。当 SST=1 时,对存储前的累加器值进行饱和处理。饱和操作是在移位操作执行完之后进行的。 执行下列指令时可以进行存储前的饱和处理: STH、STL、STLM、DST、ST ‖ ADD、ST ‖ LT、ST ‖ MACR[R]、ST ‖ MAS[R]、ST ‖ MPY 以及 ST ‖ SUB 存储前的饱和处理按以下步骤进行: ① 根据指令要求对累加器的 40 位数据进行移位(左移或右移) ② 将 40 位数据饱和处理成 32 位数;饱和操作与 SXM 位有关(饱和处理时,总是假设数为正数) 如果 SXM=0,生成以下 32 位数: • 如果数值大于 7FFF FFFFh,则生成 7FFF FFFFh

续表 1-12

位	名　称	复位值	功　能
0	SST	N/A	如果 SXM=1,生成以下 32 位数: · 如果数值大于 7FFF FFFFh,则生成 7FFF FFFFh · 如果数值小于 8000 0000h,则生成 8000 0000h ③ 按指令要求存放数据 ④ 在整个操作期间,累加器中的内容保持不变

1.6 数据寻址方式

C54x 共有 7 种有效的数据寻址方式,如表 1-13 所列。

表 1-13　TMS320C54x 的数据寻址方式

寻址方式	用　途	举　例	指令含义
立即寻址	主要用于初始化	LD　#10,A	将立即数 10 传送至累加器 A
绝对寻址	利用 16 位地址寻址存储单元	STL　A,*(y)	将累加器的低 16 位存放到变量 y 所在的存储单元中
累加器寻址	把累加器的内容作为地址	READA　x	按累加器 A 作为地址读程序存储器,并存入变量 x 所在的数据存储器单元
直接寻址	利用数据页指针和堆栈指针寻址	LD　@x,A	(DP+x 的低 7 位地址)→A
间接寻址	利用辅助寄存器作为地址指针	LD　*AR1,A	((AR1))→A
存储器映像寄存器寻址	快速寻址存储器映像寄存器	LDM　ST1,B	(ST1)→B
堆栈寻址	压入/弹出数据存储器和 MMR(存储器映像寄存器)	PSHM　AG	(SP)−1→SP,(AG)→TOS

C54x 寻址存储器有两种基本的数据形式:16 位数和 32 位数。大多数指令能够寻址16 位数,但是,只有双精度和长字指令才能寻址 32 位数。

在 32 位数寻址时,先处理高有效字,然后处理低有效字。如果寻址的第 1 个字处在偶地址,那么第 2 个字就处在下一个(较高的)地址;如果第 1 个字处在奇地址,那么第 2 个字就处在前一个(较低的)地址。下面的两条指令都是长操作数(32 位)指令,故指令执行后,AR3 分别加 2 或减 2。

【例 1-1】DST　B,*AR3+

	指令执行前		指令执行后
B	00 6CAC BD90	B	00 6CAC BD90
AR3	0100	AR3	0102
数据存储器			
0100h	0000	0100h	6CAC
0101h	0000	0101h	BD90

【例 1-2】 DST B, * AR3－

	指令执行前		指令执行后
B	00 6CAC BD90	B	00 6CAC BD90
AR3	0101	AR3	00FF
数据存储器			
0100h	0000	0100h	BD90
0101h	0000	0101h	6CAC

在讨论寻址方式时，往往要用到一些缩写语。表 1-14 给出了部分缩写语的名称及其含义。

表 1-14 部分寻址缩写语

缩写语	含 义
Smem	16 位单寻址操作数
Xmem	16 位双寻址操作数，用于双操作数指令及某些单操作数指令。从 DB 数据总线上读出
Ymem	16 位双寻址操作数，用于双操作数指令。从 CB 数据总线上读出
dmad	16 位立即数——数据存储器地址(0～65535)
pmad	16 位立即数——程序存储器地址(0～65535)
PA	16 位立即数—— I/O 口地址(0～65535)
src	源累加器(A 或 B)
dst	目的累加器(A 或 B)
lk	16 位长立即数

1.6.1　立即寻址

立即寻址,就是在指令中已经包含有执行指令所需的操作数。在立即寻址方式的指令中,数字前面加一个“#”号,表示一个立即数。例如,用一个十六进制数 80h,加载累加器 A,可以写成指令:

```
LD   #80h,A
```

立即寻址方式中的立即数,有两种数值形式:短立即数(3、5、8 或 9 位)和长立即数(16 位)。它们在指令中分别编码为单字和双字指令。

1.6.2　绝对寻址

绝对寻址,就是在指令中包含有所要寻址的存储单元的 16 位地址。在绝对寻址指令句法中,存储单元的 16 位地址,可以用其所在单元的地址标号或者 16 位符号常数来表示。例如:

```
MVKD   SAMPLE, * AR5    ;将数据存储器 SAMPLE 地址单元中的数据传送到由AR5寄
                        ;存器所指向的数据存储器单元中,这里的SAMPLE是一个符
                        ;号常数,代表一个数据;存储单元的地址
MVPD   TABLE, * AR7-    ;将程序存储器标号为 TABLE 地址单元中的数据传送到由
                        ;AR7 寄存器所指向的数据存储器单元中,这里的 TABLE 是
                        ;一个地址标号,代表一个程序存储单元的地址
PORTR   FIFO, * AR5     ;从 FIFO 端口读入一个数据,将其存放到由 AR5 寄存器所指
                        ;向的数据存储器单元中。这里的 FIFO 是一个I/O端口地址
                        ;的标号
LD    *(BUFFER),A       ;将 BUFFER 符号所指向的数据存储单元中的数传送到累加
                        ;器 A。这里的 BUFFER 是一个 16 位符号常数
```

由于指令中的绝对地址总是 16 位,所以绝对寻址指令的长度至少为 2 个字。

1.6.3　累加器寻址

累加器寻址,就是利用累加器的数值作为地址来读/写程序存储器。有两条指令用的是累加器寻址方式:

```
READA   Smem   ;以累加器 A 中的数为地址,从程序存储器中读入一个数,并传送到由
               ;Smem 所指定的数据存储器单元之中
WRITA   Smem   ;将 Smem 所指定的数据存储单元中的一个数,传送到由累加器 A 所指
               ;定的程序存储器单元中
```

上述两条指令，在重复方式下执行，能够对累加器 A 中的地址值自动增量。

对大多数 C54x，可用累加器的低 16 位作为程序存储器的地址；而对于 C549 等外部存储器可扩展器件而言，则可用累加器的低 23 位作为程序存储器的地址。

1.6.4 直接寻址

直接寻址，就是在指令中包含有数据存储器地址(dma)的低 7 位。由这 7 位 dma 作为偏移地址值，与基地址值(数据页指针 DP 或堆栈指针 SP)一道构成 16 位数据存储器地址。利用这种寻址方式，可以在不改变 DP 或 SP 的情况下，随机地寻址 128 个存储单元中的任何一个单元。直接寻址的优点是每条指令只需要一个字。

如图 1-13 所示，当状态寄存器 ST1 中 CPL=0 时，选择 DP 的 9 位地址与指令中的 7 位地址，组成 16 位的数据存储器存储单元的地址；当 CPL=1 时，选择 SP 的 16 位地址加指令中的 7 位地址，形成 16 位的数据存储器存储单元的地址。

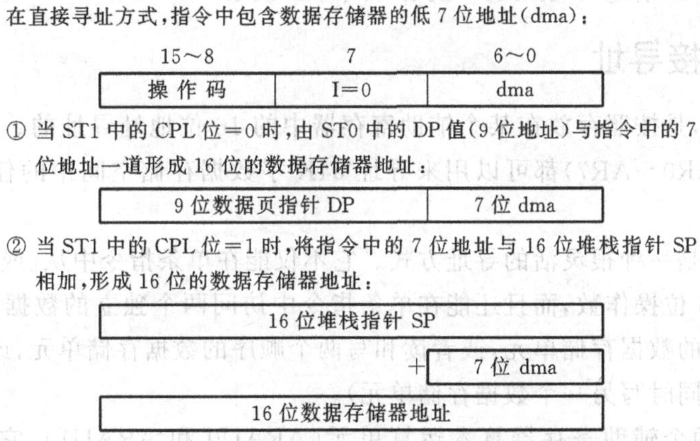

在直接寻址方式，指令中包含数据存储器的低 7 位地址(dma)：
15~8
7
6~0
操 作 码
I=0
dma
① 当 ST1 中的 CPL 位=0 时，由 ST0 中的 DP 值(9 位地址)与指令中的 7 位地址一道形成 16 位的数据存储器地址：
9 位数据页指针 DP
7 位 dma
② 当 ST1 中的 CPL 位=1 时，将指令中的 7 位地址与 16 位堆栈指针 SP 相加，形成 16 位的数据存储器地址：
16 位堆栈指针 SP
+
7 位 dma
16 位数据存储器地址

图 1-13 直接寻址方式下数据存储器地址的形成

直接寻址的句法是利用一个符号“@”(加在变量的前面)或者一个数来设定偏移地址值。下面分别举例说明。

【例 1-3】 数据页指针直接寻址举例：

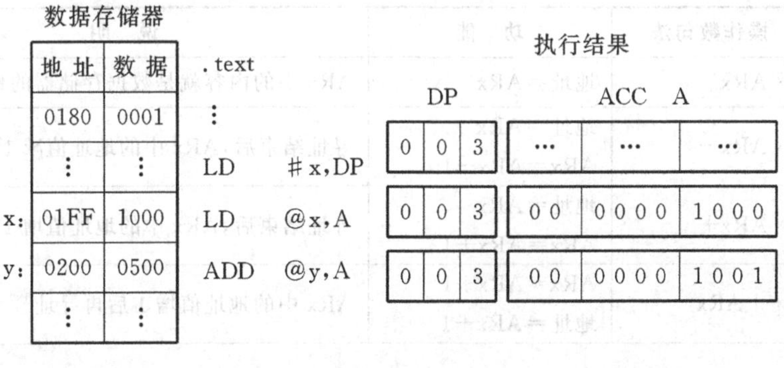

由结果可以发现,程序的执行没有达到预期的结果(A=x+y=1500h)。其原因是 x 和 y 存放在不同的页面,执行“ADD @y,A”指令时,DP=3,结果变成将 0180h 单元中的数(0001)加至累加器 A。所以,虽然直接寻址具有单字单周期执行指令的优点,但是,要特别注意数据所在的页面指针。

【例 1-4】堆栈指针直接寻址举例:

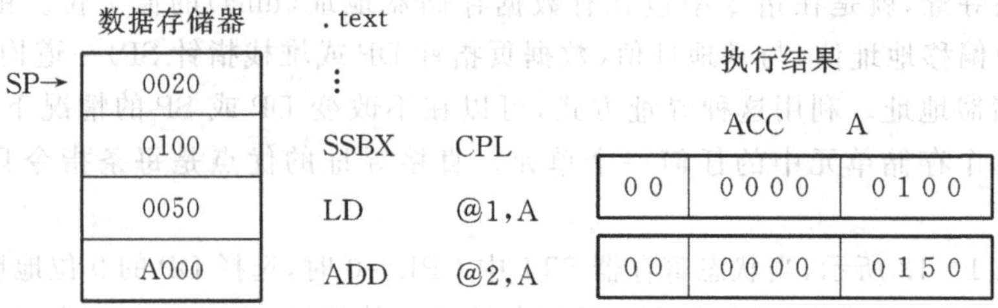

注意: 上述两种直接寻址方式是相互排斥的,当采用 SP 直接寻址后,再次用 DP 直接寻址之前,必须先用“RSBX CPL”指令,让 CPL=0。

1.6.5 间接寻址

间接寻址,是按照存放在某个辅助寄存器中的 16 位地址寻址的。C54x 的 8 个辅助寄存器(AR0~AR7)都可以用来寻址 64K 字数据存储空间中的任何一个存储单元。

间接寻址是一种很灵活的寻址方式。它不仅能在单条指令中从(或往)存储器读(或写)一个 16 位操作数,而且还能在单条指令中访问两个独立的数据存储单元(包括读两个独立的数据存储单元,或者读和写两个顺序的数据存储单元,或者读一个数据存储单元的同时写另一个数据存储单元)。

C54x 有两个辅助寄存器算术运算单元(ARAU0 和 ARAU1),它们与 8 个辅助寄存器(AR0~AR7)一道,可以进行 16 位无符号数算术运算。表 1-15 列出了 16 种单操作数间寻址的功能及其说明,图 1-14 给出了单操作数间接寻址的硬件框图。

表 1-15 单操作数间接寻址形式

序 号	操作数句法	功 能	说 明
0	* ARx	地址=ARx	ARx 中的内容就是数据存储器的地址
1	* ARx-	地址=ARx ARx=ARx-1	寻址结束后,ARx 中的地址值减 1②
2	* ARx+	地址=ARx ARx=ARx+1	寻址结束后,ARx 中的地址值增 1①
3	* +ARx	ARx=ARx+1 地址=ARx+1	ARx 中的地址值增 1 后再寻址①②③

续表 1-15

序号	操作数句法	功能	说明
4	*ARx−0B	地址=ARx ARx=B(ARx−AR0)	寻址结束后,用反向传送借位的方法从ARx中减去AR0的值
5	*ARx−0	地址=ARx ARx=ARx−AR0	寻址结束后,从ARx中减去AR0的值
6	*ARx+0	地址=ARx ARx=ARx+AR0	寻址结束后,将AR0中的值加至ARx
7	*ARx+0B	地址=ARx ARx=B(ARx+AR0)	寻址结束后,用反向传送进位的方法将AR0加至ARx
8	*ARx−%	地址=ARx ARx=Circ(ARx−1)	寻址结束后,ARx中的地址值按循环减的方法减1①
9	*ARx−0%	地址=ARx ARx=Circ(ARx−AR0)	寻址结束后,按循环减的方法从ARx中减去AR0中的值
10	*ARx+%	地址=ARx ARx=Circ(ARx+1)	寻址结束后,ARx中的地址值按循环加的方法增1①
11	*ARx+0%	地址=ARx ARx=Circ(ARx+AR0)	寻址结束后,按循环加的方法,将AR0中的值加至ARx
12	*ARx(lk)	地址=ARx+lk ARx=ARx	以ARx与16位数之和作为数据存储器的地址,寻址结束后,ARx中的值不变
13	*+ARx(lk)	地址=ARx+lk ARx=ARx+lk	将一个16位带符号数加至ARx后进行寻址③
14	*+ARx(lk)%	地址=Circ(ARx+lk) ARx=Circ(ARx+lk)	将一个16位带符号数按循环加的方法加至ARx,然后再寻址③
15	*(lk)	地址=lk	利用16位无符号数作为地址寻址数据存储器(相当于绝对寻址方式)③

注:① 寻址16位字时增量/减量为1,32位字时增量/减量为2。

② 这种方式只能用写操作指令。

③ 这种方式不允许对存储器映像寄存器寻址。

由表1-15可见,在C54x间接寻址方式中,除了常见的增量、减量和变址寻址功能外,还增加了一些特殊的间接寻址功能,现说明如下:

1. 位码倒序寻址功能

在FFT等算法中,经常要用到位码倒序寻址功能。以16点FFT为例,其运算结果的次序为X(0)、X(8)、X(4)、…、X(15),如表1-16所列。

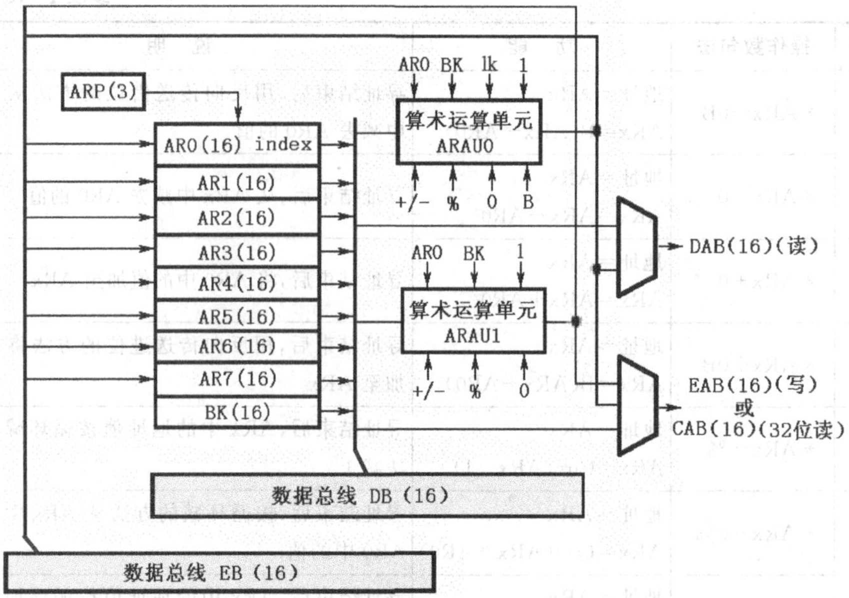

图 1-14　单操作数间接寻址的硬件框图

表 1-16　位码倒序寻址

存储单元地址	变换结果	位码倒序	位码倒序寻址结果	存储单元地址	变换结果	位码倒序	位码倒序寻址结果
0000	X(0)	0000	X(0)	1000	X(1)	0001	X(8)
0001	X(8)	1000	X(1)	1001	X(9)	1001	X(9)
0010	X(4)	0100	X(2)	1010	X(5)	0101	X(10)
0011	X(12)	1100	X(3)	1011	X(13)	1101	X(11)
0100	X(2)	0010	X(4)	1100	X(3)	0011	X(12)
0101	X(10)	1010	X(5)	1101	X(11)	1011	X(13)
0110	X(6)	0110	X(6)	1110	X(7)	0111	X(14)
0111	X(14)	1110	X(7)	1111	X(15)	1111	X(15)

由表 1-16 可见，如果按照位码倒序的方式寻址，就可以将乱序的结果整序。要达到这一目的，在 C54x 中是非常方便的。为简化起见，假设辅助寄存器都是 8 位字长，AR2 中存放数据存储器的基地址(01100000_2)，指向 X(0)的存储单元。设定 AR0 中的值为 00001000_2(是 FFT 长度的一半)，再利用以下两条指令就可以向外设口(口地址为 PA)输出整序后的 FFT 变换结果了：

```
RPT      #15
PORTW    *AR2+0B,PA
```

2. 循环寻址功能

在卷积、相关和 FIR 滤波算法中，都要求在存储器中设置一个循环缓冲区，它是一个滑窗，保存着最新的一批数据。在循环寻址计算的过程中，新的数据进来，最老的数据被覆盖。循环寻址是实现循环缓冲区的关键。

循环缓冲区的长度值存放在 BK 寄存器(循环缓冲区长度寄存器)中。BK 中的数值由指令

```
STM  #lk,BK
```

设定。不过，长度为 R 的缓冲区必须从 N 位地址的边界开始(即循环缓冲区基地址的 N 个最低有效位必须为 0)，N 是满足 $2^N > R$ 的最小的整数。例如，长度 R=31 的循环缓冲区必须从地址 XXXX XXXX XXX0 0000_2 ($N=5, 2^5 > 31$，该地址的最低 5 位为 0)开始，同时必须将 R 值加载到 BK 寄存器中。

在循环寻址时，首先要指定一个辅助寄存器 ARx 指向循环缓冲区，根据 ARx 的低 N 位作为循环缓冲区的偏移量进行所规定的寻址操作。寻址操作完成后，再根据以下循环寻址算法修正这个偏移量，并返回 ARx 的低 N 位：

```
If   0≤index+step<BK:
     index=index+step.
Else  if index+step≥BK:
      index=index+step-BK.
Else  if index+step<0:
      index=index+step+BK.
```

上述循环寻址算法，实际上是以 BK 寄存器中的值为模的取模运算。不同指令，其步长的大小(必须小于 BK)和正负不一样，后者就是循环加和循环减寻址。如果 BK 等于 0，那就是不作修正的辅助寄存器间接寻址。

1.6.6 存储器映像寄存器寻址

存储器映像寄存器(MMR)寻址，有两种产生 MMR 地址的方法：

- 当采用直接寻址方式时，高 9 位数据存储器地址被置 0(不管当前的 DP 或 SP 为何值)，利用指令中的低 7 位地址访问 MMR。
- 当采用间接寻址方式时，高 9 位数据存储器地址被置 0，按照当前辅助寄存器中的低7 位地址访问 MMR。(注意，用此种方式访问 MMR，寻址操作完成后辅助寄存器的高9 位被强迫置 0。)

存储器映像寻址，可以用来修改 MMR 中的数值，而不需改变当前的 DP 或 SP。

因此，在这种寻址方式下对MMR执行写操作开销最小。

仅有8条指令可以进行存储器映像寻址操作，即

```
LDM     MMR,dst
MVDM    dmad,MMR
MVMD    MMR,dmad
MVMM    MMRx,MMRy
POPM    MMR
PSHM    MMR
STLM    src,MMR
STM     #lk,MMR
```

1.6.7 堆栈寻址

当发生中断或子程序调用时，堆栈用来自动地保存程序计数器(PC)中的数值。它也可以用来保护现场或传送参数。C54x的堆栈是从高地址向低地址方向生长，并用一个16位存储器映像寄存器——堆栈指针(SP)来管理堆栈。所谓堆栈寻址，就是利用堆栈指针来寻址。SP始终指向堆栈中所存放的最后一个数据。

有4条指令采用堆栈寻址方式：

PSHD　将数据存储器中的一个数压入堆栈。

PSHM　将一个MMR中的值压入堆栈。

POPD　从堆栈弹出一个数至数据存储单元。

POPM　从堆栈弹出一个数至MMR。

在压入操作时，先减小SP后将数据压入堆栈；在弹出操作时，先从堆栈弹出数据后增加SP值。

下面对C54x的寻址方式作一个小结，如表1-17所列。

表1-17　C54x寻址方式小结

寻址方式	特　点	应用场合
立即寻址	操作数就在指令中，运行比较慢，并要求较多的存储空间	表示常数，对寄存器初始化
绝对寻址	允许寻址任何一个数据存储器单元中的操作数，运行速度较慢，并要求较多的存储空间	用于对寻址速度无苛刻要求的地方
累加器寻址	利用累加器指向程序存储单元的地址	利用累加器，在程序空间和数据空间之间传送数据
间接寻址	通过辅助寄存器和辅助寄存器指针，寻址数据存储空间的任何一个单元，并自动地增量、减量、变址寻址和循环寻址	共有16种修正地址的方式，用于需要按固定步长步进寻址的场合

续表1-17

寻址方式	特 点	应用场合
直接寻址	指令中包含的数据存储器低7位地址，与DP的9位数拼接或与SP中的16位数相加形成16位地址，可单周期寻址128个单元	寻址速度快，用于速度关键的场合
堆栈寻址	有4条指令执行压入/弹出堆栈操作	将数据保存至堆栈或从堆栈中弹出
MMR寻址	是一种基地址为0(不考虑DP、SP和CPL)的直接寻址，寻址速度快	直接用MMR的名字快速访问数据存储器的0页资源

1.7 程序存储器地址生成方式

本节主要介绍C54x程序存储器地址是如何生成并加载到程序计数器(PC)的，以及影响PC的各种程序控制操作：分支转移、调用与返回、条件操作、单条指令或块指令重复操作、硬件复位和中断。这些操作都会造成把一个不是顺序增加的地址加载到PC，而省电方式则是暂停执行程序。

程序存储器中存放着应用程序的代码、系数表以及立即操作数。C54x通过程序地址总线(PAB)寻址64K字的程序空间；C549等芯片多了7根地址线，可寻址外部128个64K字页，即8 192K字的程序空间。由程序地址生成器(PAGEN)生成的地址，加到PAB，寻址存放在程序存储器中的指令、系数表、16位立即操作数或其他信息。程序地址生成器PAGEN共有5个寄存器(见图1-15)：

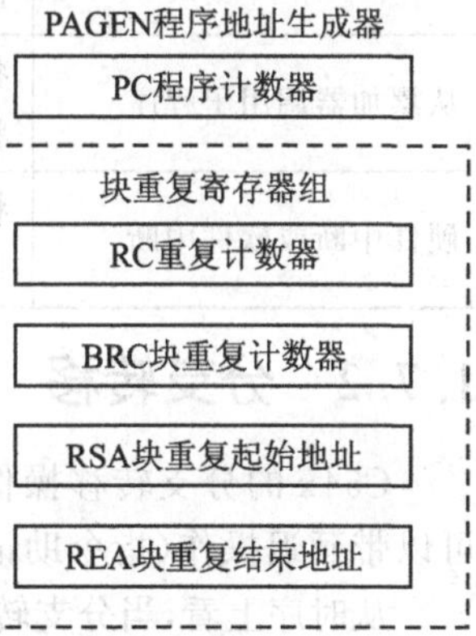

图1-15 程序地址生成器(PAGEN)的组成

- 程序计数器(PC)；
- 重复计数器(RC)；
- 块重复计数器(BRC)；
- 块重复起始地址寄存器(RSA)；
- 块重复结束地址寄存器(REA)。

C549等芯片中还有一个扩展的程序计数器(XPC)，以寻址扩展的程序存储空间。

1.7.1 程序计数器

程序计数器(PC)是一个16位计数器，PC中保存的某个内部或外部程序存储器的地址,就是即将取指的某条指令、即将访问的某个16位立即操作数或系数表在程序存储器中的地址。

表1-18列出了加载PC的几种途径。

表1-18 加载地址到PC的几种途径

操　作	加载到PC的地址
复位	PC=FF80h
顺序执行指令	PC=PC+1
分支转移	用紧跟在分支转移指令后面的16位立即数加载PC
由累加器分支转移	用累加器A或B的低16位加载PC
块重复循环	假如BRAF=1(块重复有效),当PC+1等于块重复结束地址(REA)+1时,将块重复起始地址(RSA)加载PC
子程序调用	将PC+2压入堆栈,并用紧跟在调用指令后面的16位立即数加载PC。返回指令将栈顶弹出至PC,回到原先的程序处继续执行
从累加器调用子程序	将PC+1压入堆栈,用累加器A或B的低16位加载PC。返回指令将栈顶弹出至PC,回到原先的程序处继续执行
硬件中断或软件中断	将PC压入堆栈,用适当的中断向量地址加载PC。中断返回时,将栈顶弹出至PC,继续执行被中断了的程序

1.7.2 分支转移

C54x的分支转移操作有两种形式:有条件分支转移和无条件分支转移,两者都可以带延迟操作(指令助记符后带D)和不带延迟操作。

从时序上看,当分支转移指令到达流水线的执行阶段时,其后面两个指令字则已经被取指了。这两个指令字如何处置,则部分地取决于此分支转移指令是带延迟的还是不带延迟的。如果是带延迟分支转移,则紧跟在分支转移指令后面的一条双字指令或两条单字指令被执行后再进行分支转移;如果是不带延迟分支转移,就先要将已被读入的一条双字指令或两条单字指令从流水线中清除(没有被执行),然后再进行分支转移。因此,合理地设计好延迟转移指令,可以提高程序的效率。应当注意,紧跟在延迟指令后面的两个字,不能是造成PC不连续的指令,如分支转移、调用、返回或软件中断指令。表1-19列出了C54x无条件分支转移指令及其执行所需的周期数。

表1-19 无条件分支转移指令

指　令	说　明	周期数(不延迟/延迟)
B[D]	用指令中所给出的地址加载PC	4/2
BACC[D]	用所指定的累加器的低16位作为地址加载PC	6/4

条件分支转移操作与无条件分支转移操作类似，但仅当用户规定的一个或多个条件得到满足时才执行。如果条件满足，就用分支转移指令的第2个字(分支转移地址)加载PC，并从这个地址继续执行程序。表1-20列出了条件分支转移指令及其执行所需的周期数。

表1-20 条件分支转移指令

指　令	说　明	周期数(条件满足/不满足)	
		不延迟	延　迟
BC[D]	如果指令中所规定的条件得到满足，就用指令中所给出的地址加载PC	5/3	3/3
BANZ[D]	如果当前辅助寄存器不等于0，就用指令中所规定的地址加载PC(用于循环)	4/2	2/2

1.7.3 调用与返回

与分支转移类似，当调用子程序或函数时，DSP就会中断原先的程序，转移到程序存储器的其他地址继续运行。调用时，下条指令的地址被压入堆栈，以便返回时将这个地址弹出至PC，使中断的程序继续执行。C54x的调用和返回都有两种形式：无条件调用与返回、有条件调用与返回。两者都可能带延迟和不带延迟操作。表1-21和表1-22分别列出了无条件和有条件调用与返回指令以及它们的执行时间。

表1-21 无条件调用与返回指令

指　令	说　明	周期数(不延迟/延迟)
CALL[D]	将返回地址压入堆栈，用指令所规定的地址加载PC	4/2
CALA[D]	将返回地址压入堆栈，用指定累加器的低16位加载PC	6/4
RET[D]	用栈顶的返回地址加载PC	5/3
RETE[D]	用栈顶的返回地址加载PC，并开放中断	5/3
RETF[D]	用RTN寄存器中的返回地址加载PC，并开放中断	3/1

表1-22 有条件调用与返回指令

指　令	说　明	周期数(条件满足/不满足)	
		不延迟	延　迟
CC[D]	如果指令中所规定的条件得到满足，则先将返回地址压入堆栈，然后用所指定的地址加载PC	5/3	3/3
RC[D]	如果指令中所规定的条件得到满足，则将堆栈顶部的返回地址加载PC	5/3	3/3

对于C549和VC5402等具有外部扩展程序存储器的芯片来说,有一个7位程序计数器扩展寄存器(XPC),用来选择当前的64K字页程序存储器。相应地,有远分支转移、远调用和远返回指令,这里就不一一介绍了。

1.7.4 条件操作

C54x有一些指令只有当一个条件或多个条件得到满足时才能执行。表1-23列出了条件指令中的各种条件以及相应的操作数符号。

表1-23 条件指令中的各种条件

操作数符号	条 件	说 明	操作数符号	条 件	说 明
AEQ	A=0	累加器A等于0	AOV	AOV=1	累加器A溢出
BEQ	B=0	累加器B等于0	BOV	BOV=1	累加器B溢出
ANEQ	A≠0	累加器A不等于0	ANOV	AOV=0	累加器A不溢出
BNEQ	B≠0	累加器B不等于0	BNOV	BOV=0	累加器B不溢出
ALT	A<0	累加器A小于0	C	C=1	ALU进位位置1
BLT	B<0	累加器B小于0	NC	C=0	ALU进位位清0
ALEQ	A≤0	累加器A小于等于0	TC	TC=1	测试/控制标志置1
BLEQ	B≤0	累加器B小于等于0	NTC	TC=0	测试/控制标志清0
AGT	A>0	累加器A大于0	BIO	$\overline{BIO}$低	$\overline{BIO}$信号为低电平
BGT	B>0	累加器B大于0	NBIO	$\overline{BIO}$高	$\overline{BIO}$信号为高电平
AGEQ	A≥0	累加器A大于等于0	UNC	无	无条件操作
BGEQ	B≥0	累加器B大于等于0			

有时,条件指令中会出现多重条件,例如:

```
BC   pmad,cond [,cond [,cond]]
```

当这条指令的所有条件得到满足时,程序才能转移到pmad。不是所有的条件都能构成多重条件,构成多重条件指令的某些条件的组合如表1-24所列。

表1-24 多重条件指令中的条件组合

第1组		第2组		
A 类	B 类	A 类	B 类	C 类
EQ,NEQ,LT	OV	TC	C	BIO
LEQ,GT,GEQ	NOV	NTC	NC	NBIO

由表 1-24 可见,可以从第 1 组或第 2 组中来选多重条件组合,即

第 1 组　可以从 A 类中选一个条件,同时可以从 B 类中选择一个条件。但是,不能从同一类中选择两个条件。另外,两种条件测试的累加器必须是同一个。例如,可以同时测试 AGT 和 AOV,但不能同时测试 AGT 和 BOV。

第 2 组　可以在 A、B、C 三类中各选择一个条件,但不能从同一类中选择两个条件。例如,能够同时测试 TC、C 和 BIO,但是不能同时测试 NTC、C 和 NC。

第 1 组与第 2 组之间的条件只能"或"不能"与"。

如果条件分支转移出去的地方只有 1～2 字的程序段,那么可以用一条单周期条件执行指令(XC)来代替分支转移指令:

```
XC   n,cond[,cond[,cond ] ]
```

其中,n=1 或 2。此条指令的执行取决于 n 值和所选择的条件:

如果 n=1,且条件得到满足,就执行紧随此条指令后的 1 条单字指令。

如果 n=2,且条件得到满足,就执行紧随此条指令后的 1 条双字指令或者 2 条单字指令。

如果条件不满足,就执行 1 条或 2 条 NOP 指令(取决于 n 值)。

还有一种条件存储指令,它有条件地将某些 CPU 寄存器的内容存放到数据存储单元,如表 1-25 所列。这些指令可以采用表 1-23 所列的前 12 种条件。

表 1-25　条件存储指令

条件存储指令	说　明
SACCD　src,Xmem,cond	如果条件满足,(src)<<(ASM-16)→Xmem,否则(Xmem)→Xmem
STRCD　Xmem,cond	如果条件满足,(T)→Xmem,否则(Xmem)→Xmem
SRCCD　Xmem,cond	如果条件满足,(BRC)→Xmem,否则(Xmem)→Xmem

1.7.5　重复操作

C54x 具有重复执行下一条指令和重复执行下一个程序块若干条指令的功能。

1. 重复执行单条指令

C54x 有一个 16 位的重复计数器(RC)和两条能对其下条指令进行重复操作的指令 RPT 和 RPTZ。重复执行的次数等于(RC)+1。RC 中的内容,不能编程设置,只能由重复指令(RPT 和 RPTZ)中的操作数加载。操作数 n 的最大值为 65 535,即重复执行单条指令的最大次数为 65 536。

重复操作功能,可以使乘法/累加和数据块传送那样的多周期指令(参见表 1-26)在执行一次之后变成单周期指令,大大地提高了这些指令的执行速度。

表 1-26 重复操作时变成单周期的多周期指令

指 令	说 明	周 期
FIRS	对称 FIR 滤波器	3
MACD	带延迟的乘法，并将乘法结果加到累加器	3
MACP	乘法，并将结果加到累加器	3
MVDK	在数据存储器之间传送数据	2
MVDM	将数据存储器中的数据传送至 MMR	2
MVDP	将数据存储器中的数据传送至程序存储器	4
MVKD	在数据存储器之间传送数据	2
MVMD	将 MMR 中的数据传送至数据存储器	2
MVPD	将程序存储器中的数据传送至数据存储器	3
READA	以累加器 A 中的数作地址读程序存储器，并将读出的数据传至数据存储器	5
WRITA	将数据存储器中的数据，按累加器 A 为地址传送至程序存储器	5

注：表中给出的周期数，均为该指令不重复操作时的周期数。

注意：有一些指令是不能与 RPT/RPTZ 指令一道使用的，如 B、CC、INTR、RET 指令等。

一旦重复指令被取指、译码，直到重复循环完成以前，对所有的中断(包括$\overline{\text{NMI}}$，但不包括$\overline{\text{RS}}$)均不响应。但是，在执行重复操作期间，若 C54x 响应$\overline{\text{HOLD}}$信号，重复操作是否执行则取决于状态寄存器 ST1 中的 HM 位。若 HM=0，则继续操作，否则暂停操作。

2. 程序块重复操作

C54x 内部的块重复计数器(BRC)、块重复起始地址寄存器(RSA)、块重复结束地址寄存器(REA)与程序块重复指令 RPTB 一道，对紧随 RPTB、由若干条指令构成的程序块进行重复操作。例如：

```
        STM     #99,BRC         ;99→BRC
        RPTB    NEXT-1          ;下条指令至标号 NEXT 前一条指令是需重复执行的
                                 程序块
          ⋮
NEXT: …                         ;重复程序块以外的指令
```

执行上述程序时，首先将 99 加载到 BRC(BRC 的加载值可为 0～65 535)，意味着对程序块重复执行 99+1=100 次。执行 RPTB 指令时将(PC)+2→RSA，将 NEXT-1→REA，同时将 1→BRAF(状态寄存器 ST1 中的块重复操作标志位)，表示正在进行块重复操作。每执行一次程序块重复操作，BRC 减 1，直到 BRC 减到 0，将 0→BRAF，块重复操作全部完成。

利用块重复操作进行循环，是一种零开销循环。由于只有一套块重复寄存器，因此块重复操作是不能嵌套的。要使重复操作嵌套，最简单的办法是：只能在最里层的循环中采用块重复指令，而外层的那些循环则利用 BANZ 指令。

与单条指令重复操作不同的是，在程序块重复操作过程中是可以响应中断的。

1.7.6 复位操作

复位是一个不可屏蔽的外部中断，它可以在任何时候使 C54x 进入已知状态。正常操作是上电后 $\overline{\text{RS}}$ 信号应至少保持 5 个时钟周期的低电平，以确保数据、地址和控制线的正确配置。复位后($\overline{\text{RS}}$ 信号变高电平)，处理器从 FF80h 处取指，并开始执行程序。

复位期间，处理器进行如下操作：

- 将处理器工作方式寄存器 PMST 中的中断向量指针 IPTR 置成 1FFh。
- 将处理器工作方式寄存器 PMST 中的 MP/$\overline{\text{MC}}$ 位置成与引脚 MP/$\overline{\text{MC}}$ 相同的数值。
- 将 PC 置成 FF80h。
- 扩展的程序计数器 XPC 寄存器清 0(仅 C549 和 VC5402 等具有外部扩展程序存储器的芯片)。
- 无论 MP/$\overline{\text{MC}}$ 状态如何，将 FF80h 加到地址总线。
- 数据总线变成高阻状态。
- 控制线均处于无效状态。
- 产生 $\overline{\text{IACK}}$ 信号。
- 状态寄存器 ST1 中的中断方式位 INTM 置 1，关闭所有的可屏蔽中断。
- 中断标志寄存器 IFR 清 0。
- 产生同步复位信号($\overline{\text{SRESET}}$)，对外围电路初始化。
- 将下列状态位置成初始值：

ARP=0	CLKOFF=0	HM=0	SXM=1
ASM=0	CMPT=0	INTM=1	TC=1
AVIS=0	CPL=0	OVA=0	XF=1
BRAF=0	DP=0	OVB=0	
C=1	DROM=0	OVLY=0	
C16=0	FRCT=0	OVM=0	

注意：复位期间对其余的状态位以及堆栈指针(SP)没有初始化。因此，用户在程序中必须对它们适当地进行初始化。如果 MP/$\overline{\text{MC}}$=0，则处理器从片内 ROM 开始执行程序；否则，它将从片外程序存储器开始执行程序。

1.7.7 中 断

1. 中断类型

中断是由硬件驱动或者软件驱动的信号。中断信号使 C54x 暂停正在执行的程序，并进入中断服务程序(ISR)。通常，当外部需要送一个数至 C54x(如 A/D 转换)，或者从 C54x 取走一个数(如 D/A 转换)，就可以通过硬件向 C54x 发出中断请求信号。中断也可以是发出特殊事件的信号，如定时器已经完成计数。

C54x 既支持软件中断，也支持硬件中断：

① 由程序指令(INTR、TRAP 或 RESET)要求的软件中断。

② 由外围设备信号要求的硬件中断。这种硬件中断有两种形式：

➤ 受外部中断口信号触发的外部硬件中断。

➤ 受片内外围电路信号触发的内部硬件中断。

当同时有多个硬件中断出现时，C54x 按照中断优先级别的高低(1，优先权最高)对它们进行服务。作为举例，附录 C 列出了 C541 和 VC5402 的中断向量表和硬件中断优先权。

C54x 中断可以分成两大类：

第一类：可屏蔽中断。这些都是可以用软件来屏蔽或开放的硬件和软件中断。C54x 最多可以支持 16 个用户可屏蔽中断(SINT15～SINT0)，但有的处理器只用了其中的一部分，如 C541 只有 9 个可屏蔽中断。有些中断有两个名称，那是因为可以通过软件或硬件对它们初始化。对 C541 而言，这 9 个中断的硬件名称为 $\overline{\text{INT3}}$～$\overline{\text{INT0}}$(外部中断)；RINT0、XINT0、RINT1、XINT1(串行口中断)；TINT(定时器中断)。

第二类：非屏蔽中断。这些中断是不能够屏蔽的。C54x 对这一类中断总是响应的，并从主程序转移到中断服务程序。C54x 的非屏蔽中断包括所有的软件中断，以及两个外部硬件中断：$\overline{\text{RS}}$(复位)和$\overline{\text{NMI}}$(也可以用软件进行$\overline{\text{RS}}$和$\overline{\text{NMI}}$中断)。$\overline{\text{RS}}$是一个对 C54x 所有操作方式产生影响的非屏蔽中断，而$\overline{\text{NMI}}$中断不会对 C54x 的任何操作方式发生影响。$\overline{\text{NMI}}$中断响应时，所有其他的中断将被禁止。

2. 中断标志寄存器(IFR)和中断屏蔽寄存器(IMR)

在讨论中断响应过程以前，先介绍 C54x 内部的两个寄存器：中断标志寄存器(IFR)和中断屏蔽寄存器(IMR)。作为例子，图 1-16 给出了 TMS320VC5402 的中断标志寄存器(IFR)/中断屏蔽寄存器(IMR)图。两个寄存器的每一位所代表的中断是一样的，但是它们的作用是不同的。表 1-27 是对这两个寄存器每一位所代表的中断功能的说明。

15 14	13	12	11	10	9	8	7	6	5	4	3	2	1	0
保留	DMAC5	DMAC4	BXINT1 或 DMAC3	BRINT1 或 DMAC2	HPINT	INT3	TINT1 或 DMAC1	保留 或 DMAC0	BXINT0	BRINT0	TINT0	INT2	INT1	INT0

图 1-16 TMS320VC5402 IFR/IMR 寄存器图

表 1-27 TMS320VC5402 IFR/IMR 寄存器位域功能说明

位域		功能说明
位 号	名 称	
15、14	—	保留,用于将来扩展
13	DMAC5	DMA 通道 5 中断标志/屏蔽位
12	DMAC4	DMA 通道 4 中断标志/屏蔽位
11	BXINT1/DMAC3	此位可以配置为多路缓冲串行口 McBSP1 发送中断标志/屏蔽位,或者 DMA 通道 3 中断标志/屏蔽位。由 DMPREC(DMA 通道优先权和使能控制)寄存器进行选择
10	BRINT1/DMAC2	此位可以配置为多路缓冲串行口 McBSP1 接收中断标志/屏蔽位或者 DMA 通道 2 中断标志/屏蔽位。由 DMPREC 寄存器进行选择
9	HPINT	主机中断标志/屏蔽位
8	INT3	外部中断 3 标志/屏蔽位
7	TINT1/DMAC1	此位可以配置为定时器中断 1 标志/屏蔽位,或者 DMA 通道 1 中断标志/屏蔽位。由 DMPRDC 寄存器进行选择
6	DMAC0	此位可以配置为保留,或者 DMA 通道 0 中断标志/屏蔽位。由 DMPREC 寄存器进行选择
5	BXINT0	多路缓冲串行口 McBSP0 发送中断标志/屏蔽位
4	BRINT0	多路缓冲串行口 McBSP0 接收中断标志/屏蔽位
3	TINT0	定时器中断 0 标志/屏蔽位
2	INT2	外部中断 2 标志/屏蔽位
1	INT1	外部中断 1 标志/屏蔽位
0	INT0	外部中断 0 标志/屏蔽位

中断标志寄存器是一个存储器映像的 CPU 寄存器。当一个中断出现的时候,IFR 中的相应的中断标志位置 1,直到中断得到处理为止。以下 4 种情况都会将中断标志清 0:

➤ C54x 复位($\overline{RS}$为低电平)。

➤ 中断得到处理。

➤ 将 1 写到 IFR 中的适当位(相应位变成 0),相应的尚未处理完的中断被清除。

➤ 利用适当的中断号执行 INTR 指令,相应的中断标志位清 0。

中断屏蔽寄存器(IMR)也是一个存储器映像的 CPU 寄存器,主要用来屏蔽外部和内部中断。如果状态寄存器 ST1 中的 INTM 位=0,IMR 寄存器中的某一位为 1,

就开放相应的中断。$\overline{\text{NMI}}$和$\overline{\text{RS}}$都不包括在 IMR 中,IMR 不能屏蔽这两个中断。

3. 中断处理过程

C54x 处理中断分三个阶段:

(1) 第一阶段——接受中断请求

当硬件装置或软件指令请求中断时,CPU 的 IFR 中的相应标志位置 1。

硬件中断有外部和内部两种。以 C541 为例,来自外部中断口的中断有$\overline{\text{RS}}$、$\overline{\text{NMI}}$、$\overline{\text{INT0}}$～$\overline{\text{INT3}}$这 6 个,来自在片外围电路的中断有串行口中断(RINT0、XINT0、RINT1 和 XINT1)以及定时器中断(TINT)。

软件中断都是由程序中的指令—— INTR、TRAP 和 RESET 产生的。软件中断指令"INTR　K"可以用来执行任何一个中断服务程序。这条指令中的操作数 K,表示 CPU 转移到那个中断向量的位置。表 C－1 和表 C－2 中给出了 C541 和 VC5402 操作数 K 与中断向量位置的对应关系。INTR软件中断是不可屏蔽的中断,即不受状态寄存器 ST1 的中断屏蔽位 INTM 的影响。当 CPU 响应 INTR 中断时,INTM 位置 1,关闭其他可屏蔽中断。

软件中断指令 TRAP K,其功能与 INTR 指令相同,也是不可屏蔽的中断,二者的区别在于执行 TRAP 软件中断时,不影响 INTM 位。这条指令的操作数 K 与中断向量位置的对应关系参见附录 C。

软件复位指令 RESET 执行的是一种不可屏蔽的软件复位操作,它可以在任何时候将C54x转到一个已知的状态(复位状态)。RESET 指令影响状态寄存器 ST0 和 ST1,但不影响处理器工作方式状态寄存器 PMST,因此,RESET 指令复位与硬件$\overline{\text{RS}}$复位对 PMST 寄存器中的 IPTR 位以及外围电路初始化的影响是有区别的。

(2) 第二阶段——响应中断

对于软件中断和非屏蔽中断,CPU 是立即响应的。而对于可屏蔽中断,只有满足以下条件才能响应:

① 优先级别最高(当同时出现一个以上中断时)。

② 状态寄存器 ST1 中的 INTM 位为 0。

③ 中断屏蔽寄存器 IMR 中的相应位为 1。

CPU 响应中断时,让 PC 转到适当的地址取出中断向量,并发出中断响应信号$\overline{\text{IACK}}$,清除相应的中断标志位。

(3) 第三阶段——执行中断服务程序

响应中断之后,CPU 执行如下操作:

① 将 PC 值(返回地址)存到数据存储器堆栈的栈顶。

② 将中断向量的地址加载到 PC。

③ 在中断向量地址上取指(如果是延迟分支转移指令,则可以在它后面安排一条双字指令或者两条单字指令,CPU 也对这两个字取指)。

④ 执行分支转移指令,转至中断服务程序。(如果延迟分支转移,则在转移前先

执行附加的指令。)

⑤ 执行中断服务程序。

⑥ 中断返回,从堆栈弹出返回地址加到PC。

⑦ 继续执行被中断了的程序。

整个中断操作的流程如图1-17所示。

在执行中断服务程序前,必须将某些寄存器保存到堆栈(保护现场);当中断服务程序执行完毕、准备返回时,应当以相反的次序恢复这些寄存器(恢复现场)。要注意的是,BRC寄存器应该比ST1中BRAF位先恢复。如果不是按这样的次序恢复,又若BRC恢复前中断服务程序中的BRC=0,那么先恢复的BRAF位将被清0。

最后说一个重新安排中断向量地址的问题。CPU复位后,中断向量地址是可以更改的。

在C54x中,中断向量地址是由PMST寄存器中的IPTR(中断向量指针,9位)和左移2位后的中断向量序号(中断向量序号为0~31,左移2位后变成7位)所组成。例如,$\overline{\text{INT0}}$的序号为16(10h),左移2位后变成40h,若IPTR=0001h,那么中断向量地址为00C0h,如图1-18所示。

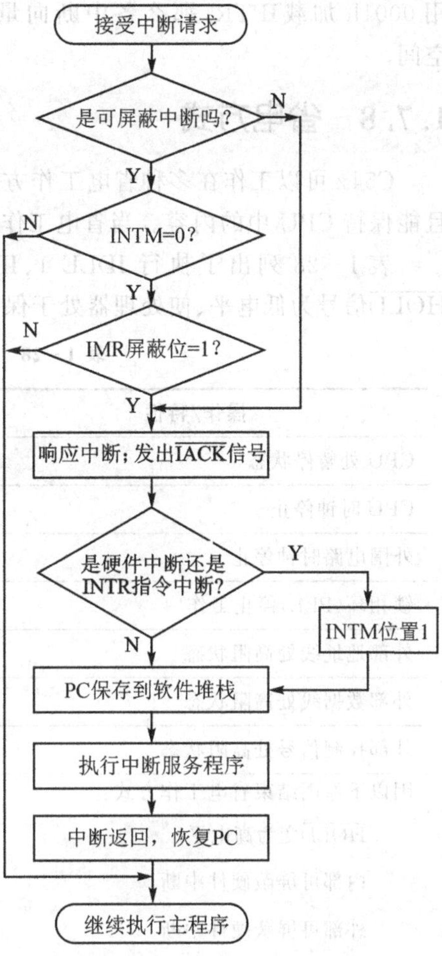

图1-17 中断操作的流程图

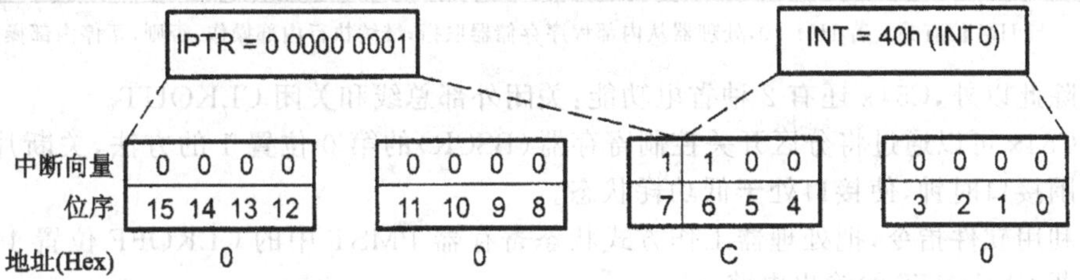

图1-18 中断向量地址的形成

复位时,IPTR位全置1(IPTR=1FFh),并按此值将复位向量映像到程序存储器的511页空间。因此,硬件复位后总是从0FF80h开始执行程序。除硬件复位向量外,其他的中断向量,只要改变IPTR位的值,都可以重新安排它们的地址。例如,用 0001h 加载IPTR,那么各中断向量都被移到从 0080h 单元开始的程序存储器空间。

1.7.8 省电方式

C54x 可以工作在多种省电工作方式,此时,器件进入暂停工作状态,功耗减小,且能保持 CPU 中的内容。当省电工作方式结束时,CPU 可以连续工作下去。

表 1-28 列出了执行 IDLE 1、IDLE 2 和 IDLE 3 三条空转指令,以及外部 $\overline{\text{HOLD}}$信号为低电平、使处理器处于保持状态 4 种省电工作方式。

表 1-28 4 种省电工作方式

操作/特性	IDLE 1	IDLE 2	IDLE 3	$\overline{\text{HOLD}}$
CPU 处暂停状态	√	√	√	√†
CPU 时钟停止	√	√	√	
外围电路时钟停止		√	√	
锁相环(PLL)停止工作			√	
外部地址线处高阻状态				√
外部数据线处高阻状态				√
外部控制信号处高阻状态				√
因以下原因结束省电工作方式:				
$\overline{\text{HOLD}}$变为高电平				√
内部可屏蔽硬件中断	√			
外部可屏蔽硬件中断	√	√	√	
$\overline{\text{NMI}}$	√	√	√	
$\overline{\text{RS}}$	√	√	√	

† 与 HM 位有关。若 HM=0,处理器从内部程序存储器取指,继续执行内部操作;否则,暂停内部操作。

除此以外,C54x 还有 2 种省电功能:关闭外部总线和关闭 CLKOUT。

C54x 可以通过将分区开关控制寄存器(BSCR)的第 0 位置 1 的方法,关断片内的外围接口时钟,使接口处于低功耗状态。

利用软件指令,把处理器工作方式状态寄存器 PMST 中的 CLKOFF 位置 1,从而关断 CLKOUT 的输出电路。

1.8 流水线

在调试程序过程中,有时候 DSP 程序跑飞了,还不知道是怎么飞走的。本节主要介绍 C54x 的各种流水线作业，以及各种寄存器工作时的流水线等待周期，将有助于避免流水线冲突，保证程序正常而有效地运行。

1.8.1 流水线操作

DSP 芯片都采用流水线作业，从而使处理器的能力大大提高。C54x 有一个 6 级深度的指令流水线。这 6 级流水线彼此是独立的。在任何一个机器周期内，可以有 1～6 条不同的指令在同时工作，每条指令工作在不同级的流水线上。这 6 级流水线的功能如下：

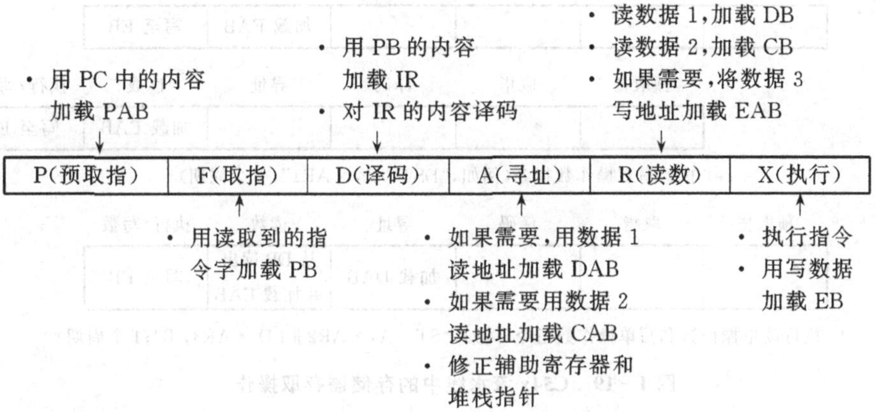

流水线的前两级——预取指和取指，都是指令的取指顺序。前面一个机器周期，是加载一条新指令的地址；紧接着的一个机器周期，是读出这条指令。如果是多字指令，就需要几个机器周期才能将一条指令读出来。第 3 级是对指令进行译码，产生执行指令所需要的一系列控制信号。接着的两级是寻址并读出操作数。如果指令需要，就在寻址级加载一个或两个操作数的地址，紧接着读出一个或两个操作数。在读数时，还可以加载一个写操作数的地址，以便在流水线的最后一级将数据送到数据存储空间。

由上可见，C54x 流水线中的存储器存取操作都分成两个阶段：第一个阶段，用存储单元的地址加载地址总线；第 2 个阶段，对存储单元进行读/写操作。图 1-19 给出了 C54x 流水线存储器操作的各种情况。

预取指	取指	译码	寻址	读数	执行/写数
加载 PAB	从 PB 读出				

(a) 取指令字(1 个周期)

预取指	取指	译码	寻址	读数	执行/写数
			加载 DAB	从 DB 读出	

(b) 执行读单操作数指令(例如，"LD *AR1,A"；1 个周期)

执行/写数	预取指	取指	译码	寻址	读数
			加载 DAB 和 CAB	从 DB 和 CB 读出	

(c) 执行读双操作数指令(例如,"MAC ＊AR2＋, ＊AR3,A"或"DLD ＊AR2,A";1 个周期)

执行/写数	预取指	取指	译码	寻址	读数
				加载 EAB	写至 EB

(d) 执行写单操作数指令(例如,"STH A,＊AR1",1 个周期)

预取指	取指	译码	寻址	读数	执行/写数
				加载 EAB	写至 EB

预取指	取指	译码	寻址	读数	执行/写数
				加载 EAB	写至 EB

(e) 执行写双操作数指令(例如,"DST A,＊AR1"; 2 个周期)

预取指	取指	译码	寻址	读数	执行/写数
			加载 DAB	从 DB 读出并加载 EAB	写至 EB

(f) 执行读单操作数和写单操作数指令(例如,"ST A,＊AR2 ∥ LD ＊AR3, B";1 个周期)

图 1-19 C54x 流水线中的存储器存取操作

图 1-20 是流水线图的一个例子。为分析方便起见,将流水线图画成一组交错行,每一行代表一个指令字通过流水线的每一级。例中每一行的左边都标有一条指令助记符、一个操作数、一条多周期指令或者是流水线的一次嵌平。执行级所跨过的顶端数字,就是执行该条指令所需的周期数目。为简明起见,没有将流水线所有各级的信息都标出来。阴影部分表示一条指令的全部操作。

图 1-20 中给出的是一条分支转移指令的流水线图,由图可知:

周期 1　用分支转移指令的地址 a1 加载 PAB。

周期 2 和 3　取得双字分支转移指令(取指)。

周期 4 和 5　i3 和 i4 指令取指。由于这两条指令处在分支转移指令的后面,虽然已经取指,但不能进入译码级,且最终被丢弃。分支转移指令进入译码级,用新的值(b1)加载 PAB。指令 i3 和 i4 只是起到嵌平流水线的作用。

周期 6 和 7　双字分支转移指令进入流水线的执行级。在周期 6,j1 指令取指。

周期 8 和 9　由于 i3 和 i4 指令是不允许执行的,所以这两个周期均花在分支转移指令的执行上。这就是为什么执行分支转移指令要花 4 个周期的原因。

周期 10　执行 j1 指令。

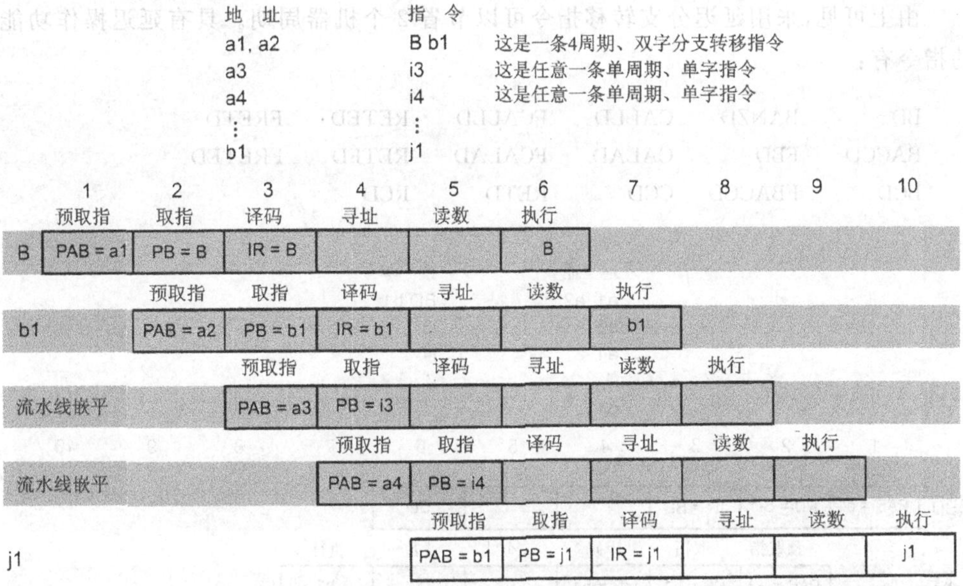

图 1-20 分支转移指令流水线图

1.8.2 延迟分支转移

从通常的分支转移指令的流水线图(见图 1-20)上不难发现,实际上流水执行分支转移指令只需要 2 个周期。但是,在周期 4 和 5 时它还未被执行,不可能到 b1 地址去取指,只能无效地对 i3 和 i4 指令取指,这样一来总共花了 4 个周期。能不能把浪费掉的 2 个周期利用起来呢? 回答是肯定的,这就是延迟分支转移操作。

如图 1-21 所示,C54x 允许紧跟延迟分支转移指令后面的 2 条单字、单周期指令 i3 和 i4 执行完毕。这样,只有周期 6 和 7 花在延迟分支转移指令上,从而使延迟分支转移指令变成一条 2 周期指令。

下面举例说明延迟分支转移指令的用法。若要在完成 R=(x+y)*z 操作后转至 next,可以分别编出如下两段程序:

利用普通分支转移指令 B

```
LD      @x,A
ADD     @y,A
STL     A,@s
LD      @s,T
MPY     @z,A
STL     A,@r
B       next
```

(共 8 个字,10 个 T)

利用延迟分支转移指令 BD

```
LD      @x,A
ADD     @y,A
STL     A,@s
LD      @s,T
BD      next
MPY     @z,A
STL     A,@r
```

(共 8 个字,8 个 T)

由上可见,采用延迟分支转移指令可以节省 2 个机器周期。具有延迟操作功能的指令有:

BD	BANZD	CALLD	FCALLD	RETED	FRETD
BACCD	FBD	CALAD	FCALAD	RETFD	FRETED
BCD	FBACCD	CCD	RETD	RCD	

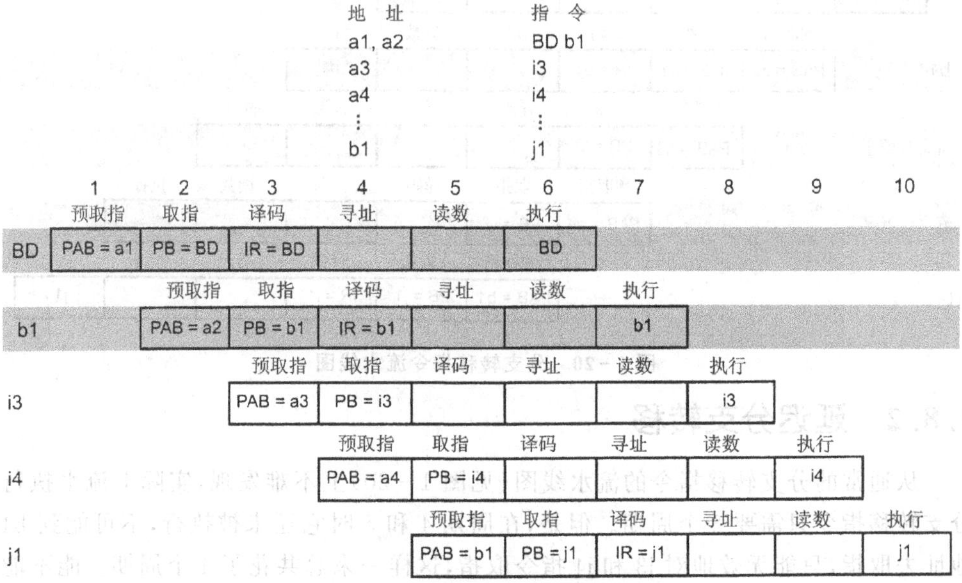

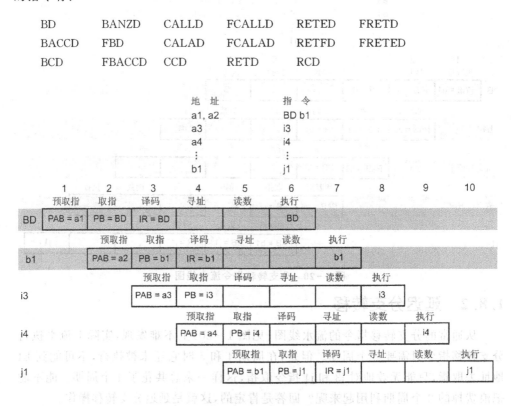

图 1-21 延迟分支转移指令的流水线图

延迟操作指令比它们的非延迟型指令都要快。当然,在调试延迟型指令时,直观性稍差一些,因此希望在大多数情况下还是采用非延迟型指令。

延迟操作指令后面只有 2 个字的空隙,因此,可以在延迟型指令后面安排 2 条单字指令或者一条双字指令。但是,不能在此空隙中安排任何一类分支转移指令或重复指令。在 CALLD 或 RETD 的空隙中还不能安排 PUSH 或 POP 指令。

1.8.3 条件执行

C54x 有一条件执行指令:

```
XC      n,cnd[,cnd[,cnd]]
```

如果条件满足,当 n=1 时,执行其后的 1 条单字指令;当 n=2 时,执行其后的 2 条单字指令或 1 条双字指令;否则执行 n 条 NOP 指令。它的流水线图如图 1-22 所示。

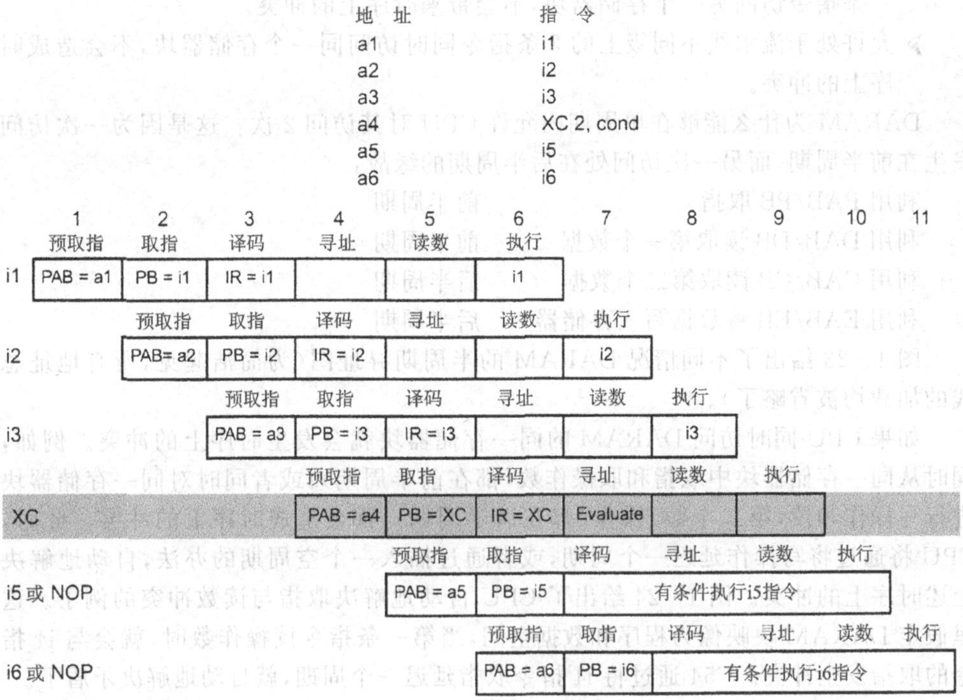

图 1-22　条件执行指令的流水线图

由图 1-22 可见：

周期 4　XC 指令的地址 a4 加载到 PAB。

周期 5　取 XC 指令的操作码。

周期 7　当 XC 指令在流水线中进行到寻址级时，求解 XC 指令所规定的条件。如果条件满足，则后面的两条指令 i5 和 i6 进入译码级并执行；如果条件不满足，则不对 i5 和 i6 指令译码。

需要注意的是，在求解 XC 指令的条件时，它前面的两条指令还没有执行完，因此，这两条指令对 XC 的操作是不会产生影响的。

条件执行指令 XC，是一条单字单周期指令，与条件跳转指令相比，具有快速确定其后 1 或 2 条指令是否执行的优点。XC 指令在执行前 2 个周期就已经求出条件，如果在这之后到执行前改变条件(例如，发生中断)，将会造成无法期望的结果。所以，要尽力避免在 XC 指令执行前 2 个周期改变指令所规定的条件。

1.8.4　双寻址存储器与流水线

C54x 片内的双寻址存储器(DARAM)分成若干独立的存储器块，允许 CPU 在单个周期内对其访问 2 次：

➢ 在单周期内允许同时访问 DARAM 的不同块，不会带来时序上的冲突。

➢ 当流水线中的一条指令访问某一存储器块时，允许流水线中处于同一级的另一条指令访问另一个存储器块,不会带来时序上的冲突。

➤ 允许处于流水线不同级上的 2 条指令同时访问同一个存储器块,不会造成时序上的冲突。

DARAM 为什么能够在单周期内允许 CPU 对其访问 2 次?这是因为一次访问发生在前半周期,而另一次访问处在后半周期的缘故:

利用 PAB/PB 取指	前半周期
利用 DAB/DB 读取第一个数据	前半周期
利用 CAB/CB 读取第二个数据	后半周期
利用 EAB/EB 将数据写入存储器	后半周期

图 1-23 给出了不同情况 DARAM 的半周期寻址图(为简洁起见,所有地址总线的加载均被省略了)。

如果 CPU 同时访问 DARAM 的同一存储器块就会发生时序上的冲突。例如,同时从同一存储器块中取指和取操作数(都在前半周期);或者同时对同一存储器块进行写操作和读(第二个数)操作(都在后半周期),都会造成时序上的冲突。此时,CPU 将通过将写操作延迟一个周期,或者通过插入一个空周期的办法,自动地解决上述时序上的冲突。图 1-24 给出了 CPU 自动地解决取指与读数冲突的例子。这里假定 DARAM 块映像为程序和数据空间,当第一条指令读操作数时,就会与 i4 指令的取指发生冲突。C54 通过将 i4 指令取指延迟一个周期,就自动地解决矛盾了。

对于图 1-24,还假定 i2 和 i3 指令不寻址 DARAM 块中的数据。

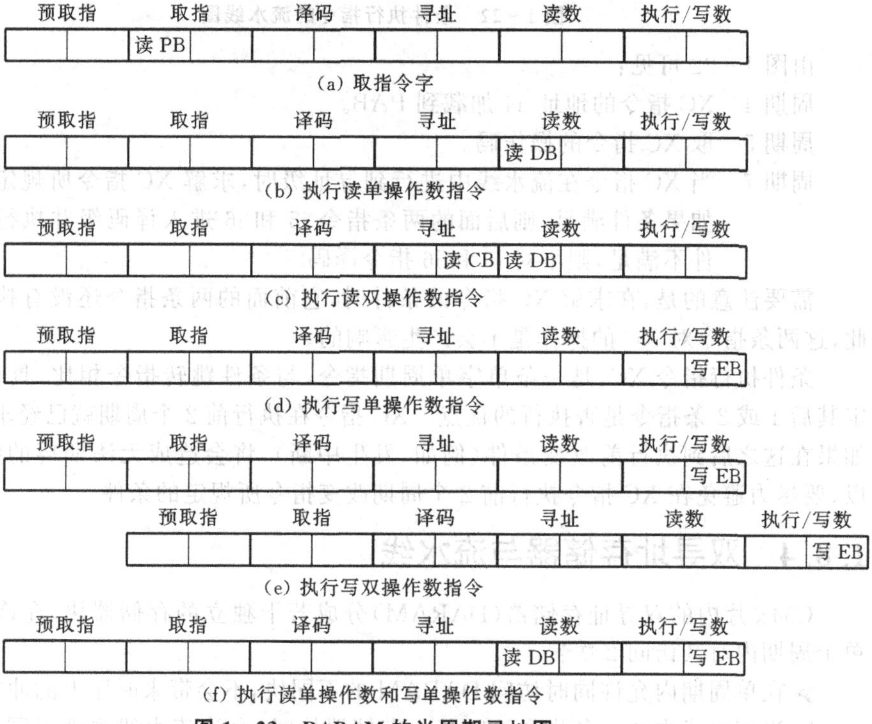

图 1-23 DARAM 的半周期寻址图

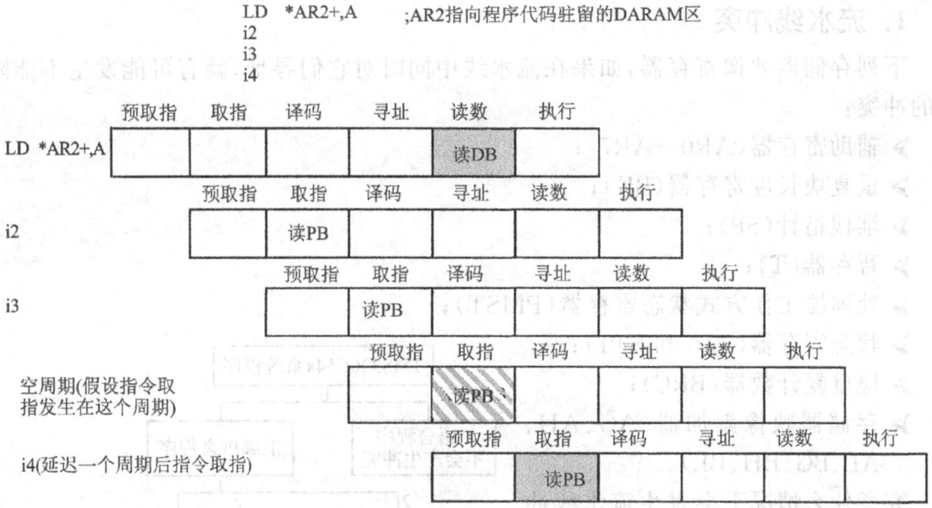

图 1－24 从 DARAM 块中同时取指和取操作数

1.8.5 单寻址存储器与流水线

1.8.4 小节已经介绍 C54x 在单周期内访问 2 次片内双寻址存储器 DARAM,一般不会发生时序上的冲突,即使有冲突也能自动解决。那么 C54x 片内单寻址存储器又会是怎么样呢?

C54x 片内有 2 种形式的单寻址存储器:

➤ 单寻址读/写存储器(SARAM);

➤ 单寻址只读存储器(ROM 或 DROM)。

上述单寻址存储器也是分块的,CPU 可以在单个周期内对每个存储器块访问一次。只要同时寻址的是不同的存储器块,或者说,在流水线的某一级,一条指令访问某一存储器块,另一条指令访问另一个存储器块,那么,即使同时访问单寻址存储器,也不会产生时序上的冲突。

然而,对于单寻址存储器来说,当同时访问同一存储器块时,就会出现时序上的冲突。此时,先在原来的周期上执行一次寻址操作,并将另一次寻址操作自动地延迟到下一个周期。这样,就导致流水线等待一个周期。

1.8.6 流水线冲突和插入等待周期

C54x 流水线允许多条指令同时寻址 CPU 资源。由于 CPU 的资源是有限的,当一个 CPU 资源(如 AR0 辅助寄存器)同时被一个以上流水线级访问时,就有可能发生时序上的冲突。这当中,有些冲突可以由 CPU 通过延迟寻址的方法自动缓解,但另外一些冲突是不能防止的,需要由程序重新安排指令或者插入 NOP(空操作)指令加以解决。

1. 流水线冲突

下列存储器映像寄存器,如果在流水线中同时对它们寻址,就有可能发生不能防止的冲突:

- 辅助寄存器(AR0～AR7);
- 重复块长度寄存器(BK);
- 堆栈指针(SP);
- 暂存器(T);
- 处理器工作方式状态寄存器(PMST);
- 状态寄存器(ST0 和 ST1);
- 块重复计数器(BRC);
- 存储器映像累加器(AG、AH、AL、BG、BH、BL)。

究竟什么情况下会发生流水线冲突呢?先看示意图 1-25。

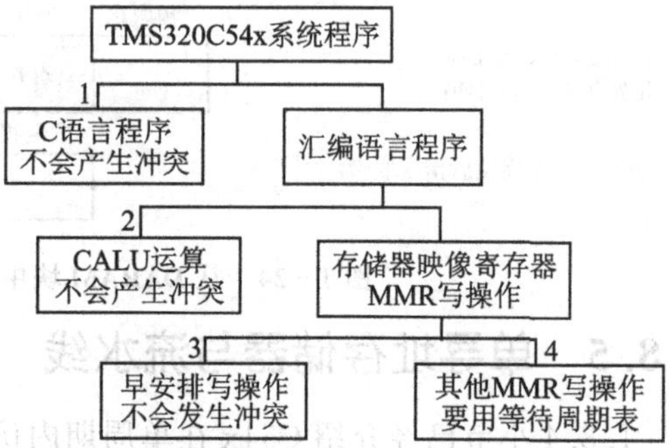

图 1-25 流水线冲突情况分析

由图 1-25 可以看出,如果 C54x 系统的源程序是用 C 语言编写的,经过编译生成的代码是没有流水线冲突问题的。如果是汇编语言程序,凡是 CALU 操作,或者早在初始化期间就对 MMR 进行设置,也不会发生流水线冲突。因此,大多数 C54x 程序是不需要对其流水线冲突问题特别关注的,只有某些 MMR 写操作才需要注意。如果发生冲突,就需要采取措施,包括利用等待周期表加以解决,下面举例说明。

第一个例子是对辅助寄存器执行标准的写操作引起的等待时间问题:

```
STLM  A,AR1
LD    *AR1,B
```

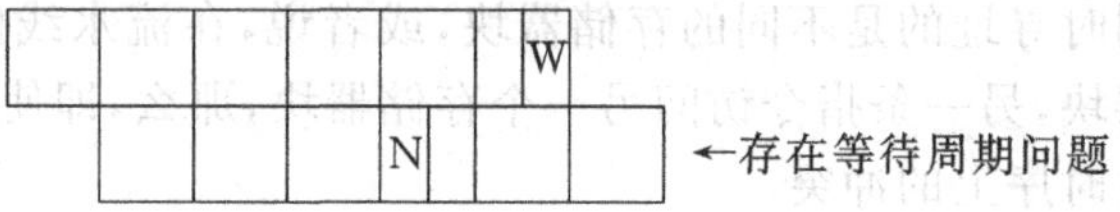

上述两条指令的流水线图画在指令的右侧。其中,W 表示写到 AR1;N 表示指令需要 AR1 中的值。像 STLM 那样的指令,是在流水线的执行阶段进行写操作的;而 LD 指令又是在寻址阶段生成地址。显然,第 2 条指令需要根据 AR1 进行间接寻址读数时,第 1 条指令还没有为 AR1 准备好数据。这样,就存在一个等待周期问题。如果不采取措施,程序执行结果必定是错误的。

若把上述第 1 条指令改用 STM 指令,则情况就会发生变化:

```
STM   #lk,AR1
LD    *AR1,B
```

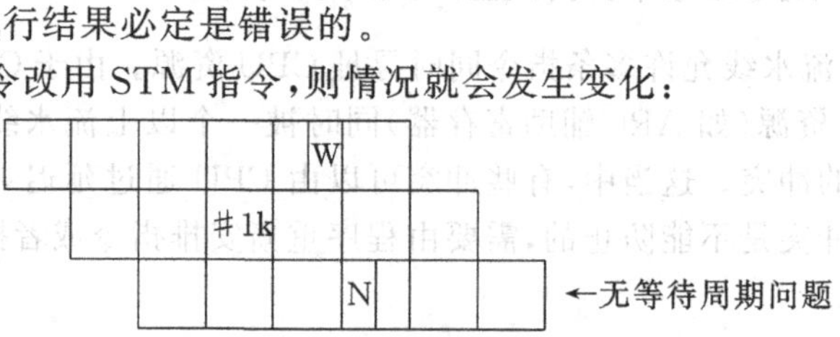

上述 STM 指令是一种保护性操作。一旦常数译码后,马上就写到 AR1。接下

来的 LD 指令就能顺利地形成正确的地址,并取得操作数后加载累加器 B。除 STM 指令外,还有一些指令,如 MVDK、MVMM、MVMD 等指令也有类似的作用。

第二个例子是通过插入 NOP 指令的方法解决等待周期问题。先看流水线图:

```
STLM    A,AR0
STM     #10,AR1

LD      *AR1,B
```

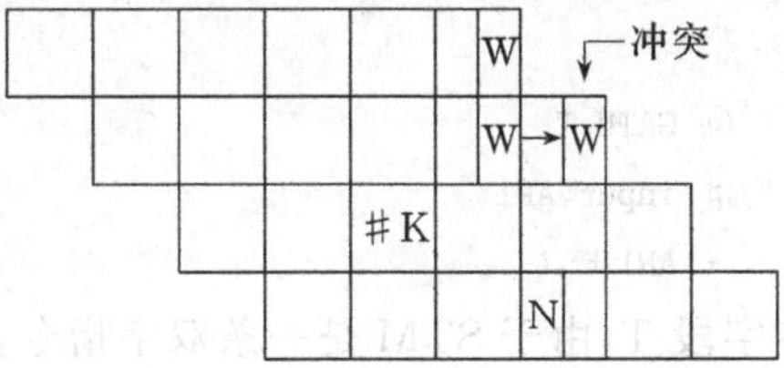

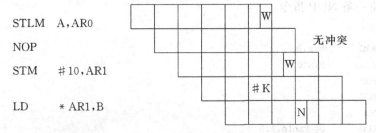

其中,STLM 指令是在执行阶段将累加器 A 中的内容写到 AR0,而 STM 原来是在读数阶段将常数 10 写到 AR1,与第一条指令发生冲突(二者同时利用 E 总线进行写操作)。此时,C54x 内部自动地将 STM 的写操作延迟一个周期,缓解了这一冲突。然而,在继续执行 LD 指令时,需要根据 AR1 间接寻址操作数,由于 AR1 还没有修改好,从而发生新的时序上的冲突。

解决这一冲突的最简单的办法是,在 STLM 指令后面插入一条 NOP 指令或者任何一条与程序无关的单字指令,即

```
STLM    A,AR0
NOP
STM     #10,AR1

LD      *AR1,B
```

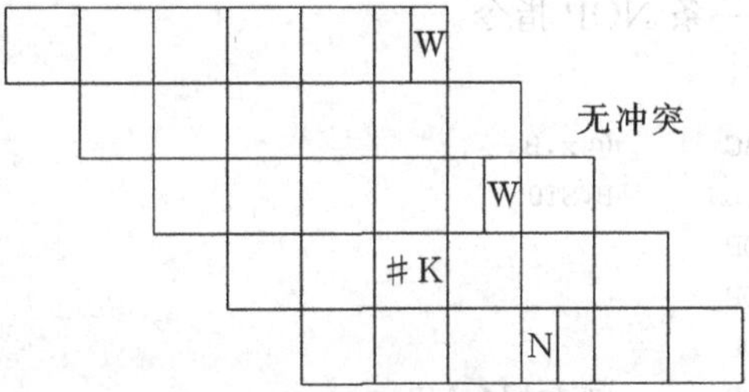

2. 等待周期表

通过讨论可以看出,对存储器映像寄存器(包括 ST0、ST1、PMST)的控制字段进行写操作时,有可能与后续指令造成时序上的冲突。解决冲突的办法就是在这些写操作指令的后面插入若干条 NOP 指令。附录 D 列出了等待周期表,此表给出了对存储器映像寄存器以及控制字段进行写操作的各种指令所需插入的等待周期数。

在具体举例说明等待周期表用法之前,先交代一个情况:双字或三字指令都会提供隐含的保护周期。这样一来,有时可以不插 NOP 指令了。例如,程序段

```
SSBX    SXM
NOP
LD      @x,B
```

由于“LD　@x,B”是一条单字指令,不提供隐含的保护周期。根据表 D-1,应当在“SSBX　SXM”指令后插一条 NOP 指令;而程序段

```
SSBX    SXM
LD      *(x),B
```

则由于“LD　*(x),B”是一条双字的绝对寻址指令，隐含 1 个等待周期，故 SSBX 指令后就不必再插 NOP 指令了。

下面举例说明等待周期表的用法。

【例 1-5】

```
        LD      @GAIN,T
        STM     #input,AR1
        MPY     *AR1+,A
```

查表 D-1 的控制字段 T，由于 STM 是一条双字指令，隐含一个等待周期，故对于 AR1 来说，不必插入等待周期。

【例 1-6】

```
        STLM    B,AR2
        NOP
        STM     #input,AR3
        MPY     *AR2+,*AR3+,A
```

查表 D-3，STLM 指令后应插入 2 个 NOP，但由于下条指令 STM 隐含 1 个等待周期，故只需插一条 NOP 指令。

【例 1-7】

```
        MAC     @x,B
        STLM    B,ST0
        NOP
        NOP
        NOP
        ADD     @table,A,B
```

最后一条指令“ADD　@table,A,B”是一条直接寻址指令，如果 CPL=0，则需要用到 ST0 中的 DP 值，由表 D-1 可查出应在 STLM 指令后插 3 条 NOP 指令；如果 CPL=1，则不需要 DP 值，也就不需要插入等待周期了。

【例 1-8】

```
        RPTB    ENDLOOP-1
        ⋮
        RSBX    BRAF
        NOP
        NOP
        NOP
        NOP
        NOP
        NOP
        ⋮
ENDLOOP
```

查表 D-2 以及注③，应在 RSBX 指令的后面插入 6 条 NOP 指令。也就是说在 RSBX指令后面应当有 6 个字，但不包括 RPTB 循环中的最末一条指令。

综上所述，流水线冲突是 C54x 中的一个重要问题，如果解决得不好，发生了时序上的冲突将会影响程序的执行结果。一般说来：

- CALU 操作不存在等待周期问题；
- 早一点在初始化时设置好 MMR，可以避免读 MMR 时发生冲突；
- 尽可能利用保护性 MMR 写指令，也可以避免发生冲突；
- 利用等待周期表，可以处理好对 MMR 的写入操作；
- 在调试中，应当关注未被保护的 MMR 写操作。

最后顺便说一句，在新版汇编程序(ASM 500 3.1 版)对源程序进行汇编时，如果对 MMR 写操作发生时序上的冲突，将会自动发出警告，帮助程序员修正错误。

1.9 在片外围电路

所有的 C54x DSP 芯片的 CPU 都是相同的，但是连到 CPU 的在片外围电路就不一定相同了。一般C54x的在片外围电路如下：

- 通用 I/O 引脚：XF 和$\overline{\text{BIO}}$；
- 定时器；
- 带锁相环(PLL)的时钟发生器；
- 主机接口(HPI8)；
- 软件可编程等待状态发生器；
- 可编程分区开关；
- 多通道缓冲串行口(McBSP)；
- DMA 控制器。

C54x 在片外围电路有一组控制寄存器和数据寄存器，它们与 CPU 寄存器一样，也映像到数据存储器 0 页(20h～5Fh)，参见表 1-9。外围电路的工作，受这些存储器映像寄存器控制，它们也可以用来传送数据。需要注意的是，所有寻址存储器映像外围电路寄存器均需 2 个机器周期。

本节介绍 C54x 片内的一般外围电路，有关串行口和 DMA 将在 1.10 和 1.11 节中单独介绍。

1.9.1 并行 I/O 口及通用 I/O 引脚

C54x 有 64K 字并行 I/O 口。所以，通过指令 PORTR 或 PORTW 可以访问这些端口。$\overline{\text{IS}}$信号是 I/O 空间选择信号，该信号有效时表明对 I/O 端口进行读/写操作。通过这些端口，能够很方便地与外部器件接口，而片外的地址译码电路也最少。

C54x 除了 64K 字 I/O 存储空间外，还有 2 个受软件控制的专用引脚$\overline{\text{BIO}}$和 XF。

分支转移控制输入引脚$\overline{BIO}$用来监控外围设备。在时间要求苛刻的循环中,不允许受干扰,此时可以根据$\overline{BIO}$引脚的状态(即外围设备的状态)决定分支转移的去向,以替代中断。例如:

```
XC  2,BIO
```

如果$\overline{BIO}$引脚为低电平(条件满足),则执行后面的1条双字或2条单字指令;否则,执行2条NOP指令。

外部标志输出引脚XF可以用来向外部器件发信号。例如:

```
SSBX  XF
RSBX  XF
```

分别将外部标志引脚置1和复位,亦即CPU向外部发出1和0信号。

1.9.2 定时器

片内定时器是一个软件可编程定时器,可以用来周期地产生中断,它的组成框图如图1-26所示。

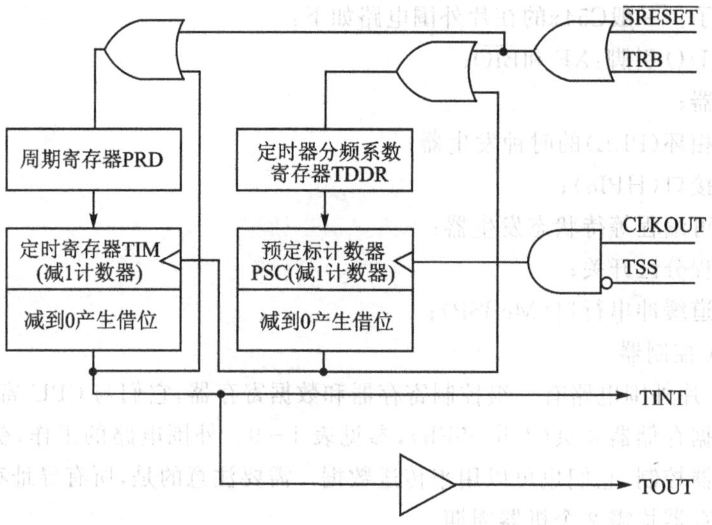

图1-26 定时器组成框图

定时器主要由3个寄存器所组成:定时器寄存器(TIM)、定时器周期寄存器(PRD)和定时器控制寄存器(TCR,未在图中列出)。这3个寄存器都是存储器映像寄存器,它们在数据存储器中的地址分别为0024h、0025h和0026h。TIM是一个减1计数器。PRD中存放时间常数。TCR中包含有定时器的控制位和状态位:

15~12	11	10	9~6	5	4	3~0
保 留	Soft	Free	PSC	TRB	TSS	TDDR

表1-29说明了TCR各控制位和状态位的功能。

表 1-29 定时器控制寄存器(TCR)的功能

位	名 称	复位值	功 能
15～12	保留	—	保留;读成 0
11 10	Soft Free	0 0	Soft 和 Free 位结合起来使用,以决定在用高级编程语言调试程序遇到断点时定时器的工作状态: Free / Soft / 定时器状态 0 / 0 / 定时器立即停止工作 0 / 1 / 当计数器减到 0 时停止工作 1 / X / 定时器继续运行
9～6	PSC	—	定时器预先定标计数器。这是一个减 1 计数器,当 PSC 减到 0 后,TDDR 位域中的数加载到 PSC,TIM 减 1
5	TRB		定时器重新加载位,用来复位片内定时器。当 TRB 置 1 时,以 PRD 中的数加载 TIM,以及以 TDDR 中的值加载 PSC。TRB 总是读成 0
4	TSS	0	定时器停止状态位,用于停止或启动定时器。复位时,TSS 位清 0,定时器立即开始定时。 TSS=0 定时器启动工作 TSS=1 定时器停止工作
3～0	TDDR	0000	定时器分频系数。按此分频系数对 CLKOUT 进行分频,以改变定时周期。当 PSC 减到 0 后,以 TDDR 中的数加载 PSC

在正常工作情况下,当 TIM 减到 0 后,PRD 中的时间常数自动地加载到 TIM。当系统复位(图 1-26 中的$\overline{\text{SRESET}}$置 1)或者定时器单独复位(TRB 置 1)时,PRD 中的时间常数重新加载到 TIM。

复位后,定时器控制寄存器(TCR)的停止状态位 TSS=0,定时器启动工作,时钟信号 CLKOUT 加到预定标计数器 PSC。PSC 也是一个减 1 计数器,每当复位或其减到 0 后,自动地将定时器分频系数 TDDR 加载到 PSC。PSC 在 CLKOUT 作用下,作减 1 计数。当 PSC 减到 0,产生一个借位信号,令 TIM 作减 1 计数。TIM 减到 0 后,产生定时中断信号 TINT,传送至 CPU 和定时器输出引脚 TOUT。

由上可见,定时中断的周期为:

$$\text{CLKOUT}\times(\text{TDDR}+1)\times(\text{PRD}+1)$$

其中,CLKOUT 为时钟周期;TDDR 和 PRD 分别为定时器的分频系数和时间常数。

若要关闭定时器,只要将 TCR 的 TSS 位置 1,就能切断时钟输入,定时器停止工作。当不需要定时器时,关闭定时器可以减小器件的功耗。

读 TIM 和 TCR 寄存器,可以知道定时器中的当前值和预定标计数器中的当前值。由于读这两个寄存器要用两条指令,就有可能在两次读之间发生读数变化。因此,如果需要精确的定时测量,就应当在读这两值之前先关闭定时器。

用定时器可以产生外围电路(如模拟接口电路)所需的采样时钟信号。一种方法是直接利用 TOUT 信号;另一种方法是利用中断,周期地读一个寄存器。

对定时器初始化的步骤如下:

① 先将 TCR 中的 TSS 位置 1,关闭定时器。

② 加载 PRD。

③ 重新加载 TCR(使 TDDR 初始化;令 TSS 位为 0,以接通 CLKOUT;TRB 位置 1,以便 TIM 减到 0 后重新加载定时器时间常数),启动定时器。

要开放定时中断,必须(假定 INTM=1):

① 将 IFR 中的 TINT 位置 1,清除尚未处理完的定时器中断。

② 将 IMR 中的 TINT 位置 1,开放定时中断。

③ 将 ST1 中的 INTM 位清 0,从整体上开放中断。

复位时,TIM 和 PRD 都置成最大值 FFFFh,定时器的分频系数(TCR 的 TDDR 位)清 0,定时器开始工作。下面举例说明定时器初始化和开放定时中断的编程方法。

【例 1-9】 定时器初始化举例。假设时间常数 PRD = 0100h,分频系数 TDDR =0.

```
STM   #0000h,SWWSR     ;不插等待周期
STM   #0010h, TCR      ;TSS = 1 关定时器
STM   #0100h, PRD      ;加载周期寄存器(PRD)
                       ;定时中断周期 = CLKOUT × (TDDR + 1) × (PRD + 1)
STM   #0C20h, TCR      ;定时分频系数 TDDR 初始化为 0
                       ;TSS = 0,启动定时器工作
                       ;TRB = 1,当 TIM 减到 0 后,重新加载 PRD
                       ;Soft = 1,Free = 1,定时器遇到断点后继续运行
STM   #0008h, IFR      ;清除尚未处理完的定时器中断
STM   #0008h, IMR      ;开放定时器中断
RSBX  INTM             ;开放中断
 ⋮
```

1.9.3 时钟发生器

时钟发生器为 C54x 提供时钟信号。时钟发生器由内部振荡器和锁相环(PLL)电路两部分组成。时钟发生器要求有一个参考时钟输入,可以由两种方式提供:

- 将一个晶体跨接到 X1 和 X2/CLKIN 引脚两端,使内部振荡器工作,如图 1-27所示。图中的电路工作在基波方式,建议 C1 和 C2 用 10 pF。如果工作在谐波方式,则还要加一些元件。

➤ 将一个外部时钟信号直接加到 X2/CLKIN 引脚(X1 空着不接)。

C54x 内部的 PLL 兼有频率放大和信号提纯的功能。用高稳定的参考振荡器锁定,可以提供高稳定的频率源。因此,C54x的外部频率源的频率可以比 CPU 的机器周期CLKOUT的速率低,这样就能降低因高速开关时钟所造成的高频噪声。

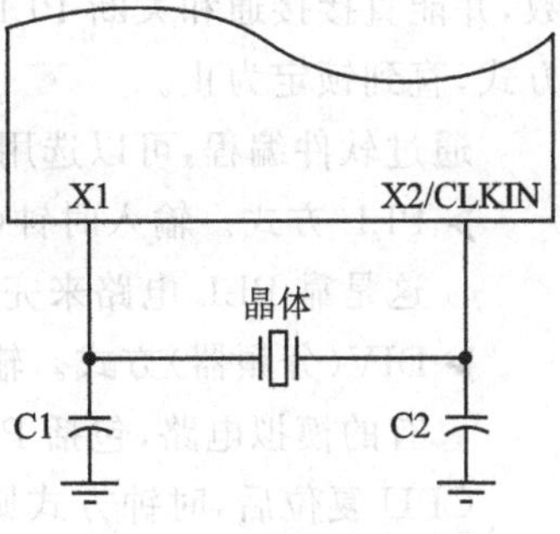

图 1-27　用外接晶体的方法产生时钟信号

C54x 有两种形式的 PLL:

➤ 硬件配置的 PLL

➤ 软件可编程 PLL

下面分别进行讨论。

1. 硬件配置的 PLL

所谓硬件配置的 PLL,就是通过设定 C54x 的 3 个引脚 CLKMD1、CLKMD2 和 CLKMD3的状态,选定时钟方式,如表 1-30 所列。

表 1-30　时钟方式的配置方法

引脚状态			时钟方式 †	
CLKMD1	CLKMD2	CLKMD3	选择方案 1	选择方案 2
0	0	0	用外部时钟源,PLL×3	用外部时钟源,PLL×5
1	1	0	用外部时钟源,PLL×2	用外部时钟源,PLL×4
1	0	0	用内部振荡器,PLL×3	用内部振荡器,PLL×5
0	1	0	用外部时钟源,PLL×1.5	用外部时钟源,PLL×4.5
0	0	1	用外部时钟源,频率除以 2	用外部时钟源,频率除以 2
1	1	1	用内部振荡器,频率除以 2	用内部振荡器,频率除以 2
1	0	1	用外部时钟源,PLL×1	用外部时钟源,PLL×1
0	1	1	停止方式※	停止方式※

† 根据不同器件,选择方案 1 或者方案 2。

※ 停止方式:其功能等效于 IDLE3 省电方式;但是,要省电还是推荐用 IDLE3 指令而不用停止方式,因为IDLE3使 PLL 停止工作,而复位或外部中断到来时可以恢复工作。

由表 1-30 可见,不用 PLL 时,CPU 的时钟频率等于晶体振荡频率或外部时钟频率的一半;如果用 PLL,CPU 的时钟频率等于外部时钟源或内部振荡器频率乘以系数 N(即 PLL×N)。

2. 软件可编程 PLL

软件可编程 PLL 具有高度的灵活性。它的时钟定标器提供各种时钟乘法器系数,并能直接接通和关断 PLL。PLL 的锁定定时器可以用于延迟转换 PLL 的时钟方式,直到锁定为止。

通过软件编程,可以选用以下两种时钟方式中的一种,即

- PLL 方式。输入时钟(CLKIN)乘以从 0.25～15 共 31 个系数中的一个系数,这是靠 PLL 电路来完成的。
- DIV(分频器)方式。输入时钟(CLKIN)除以 2 或 4。当采用 DIV 方式时,所有的模拟电路,包括 PLL 电路都关断,以使功耗最小。

CPU 复位后,时钟方式则由 3 个外部引脚(CLKMD1、CLKMD2 和 CLKMD3)的状态所决定。复位时设置的时钟方式见表 1-31。

表 1-31　复位时设置的时钟方式

引脚状态			CLKMD 寄存器复位值	时钟方式
CLKMD1	CLKMD2	CLKMD3		
0	0	0	0000h	用外部时钟源,频率除以 2
0	0	1	1000h	用外部时钟源,频率除以 2
0	1	0	2000h	用外部时钟源,频率除以 2
1	0	0	4000h	用内部振荡器,频率除以 2
1	1	0	6000h	用外部时钟源,频率除以 2
1	1	1	7000h	用内部振荡器,频率除以 2
1	0	1	0007h	用外部时钟源,PLL×1
0	1	1	—	停止方式

复位后,可以对 16 位存储器映像时钟方式寄存器(CLKMD,地址为 58h)重新编程加载,以配置成所要求的时钟方式。CLKMD 寄存器是用来定义 PLL 时钟模块中的时钟配置,它的各个位段的符号如下,它们的功能见表 1-32,PLL 的乘系数见表 1-33。

15～12	11	10～3	2	1	0
PLLMUL	PLLDIV	PLLCOUNT	PLLON/OFF	PLL NDIV	PLLSTATUS
R/W	R/W	R/W	R/W	R/W	R

表 1-32　时钟方式寄存器(CLKMD)各位域的功能

位	名　称	功　能
15～12	PLLMUL	PLL 乘数。与 PLLDIV 以及 PLLNDIV 一道定义频率的乘系数,参见表 1-33

续表 1-32

<table>
<tr><th>位</th><th>名　称</th><th>功　能</th></tr>
<tr><td>11</td><td>PLLDIV</td><td>PLL 除数。与 PLLMUL 以及 PLLNDIV 一道定义频率的乘系数，参见表 1-33</td></tr>
<tr><td>10～13</td><td>PLLCOUNT</td><td>PLL 计数器值。PLL 计数器是一个减法计数器，每 16 个输入时钟 CLKIN 到来后减 1。对 PLL 开始工作之后到 PLL 成为处理器时钟之前的一段时间进行计数定时。PLL 计数器能够确保在 PLL 锁定之后以正确的时钟信号加到处理器</td></tr>
<tr><td>2</td><td>PLL ON/OFF</td><td>PLL 通/断位。与 PLLNDIV 位一道决定时钟发生器的 PLL 部件的通/断：
<table>
<tr><th>PLL ON/OFF</th><th>PLLNDIV</th><th>PLL 状态</th></tr>
<tr><td>0</td><td>0</td><td>断开</td></tr>
<tr><td>0</td><td>1</td><td>工作</td></tr>
<tr><td>1</td><td>0</td><td>工作</td></tr>
<tr><td>1</td><td>1</td><td>工作</td></tr>
</table></td></tr>
<tr><td>1</td><td>PLLNDIV</td><td>PLL 时钟发生器选择位。决定时钟发生器的工作方式：
PLLNDIV=0　采用分频器(DIV)方式
PLLNDIV=1　采用 PLL 方式
与 PLLMUL 以及 PLLDIN 一道定义频率的乘数，参见表 1-33</td></tr>
<tr><td>0</td><td>PLL STATUS</td><td>PLL 的状态位。指示时钟发生器的工作方式(只读)：
PLLSTATUS=0　分频器(DIV)方式
PLLSTATUS=1　PLL方式</td></tr>
</table>

表 1-33　PLL 的乘系数

PLLNDIV	PLLDIV	PLLMUL	乘系数†
0	X	0～14	0.5
0	X	15	0.25
1	0	0～14	PLLMUL+1
1	0	15	1
1	1	0 或偶数	(PLLMUL+1)÷2
1	1	奇数	PLLMUL÷4

† CLKOUT=CLKIN×乘系数。

在 PLL 锁定之前，它是不能用作 C54x 时钟的。为此，通过对 CLKMD 寄存器中的PLLCOUNT位编程，就可以很方便地自动延迟定时，直到 PLL 锁定为止。这主要靠 PLL 中的锁定定时器，PLLCOUNT 的数值(0～255)加载给它后，每来 16 个输入时钟(CLKIN)，它就减 1，一直减到 0 为止。因此，锁定延时时间的设定可以从 0～255×16×CLKIN 周期。

PLL 锁定时间与 CLKOUT 频率的关系如图 1-28 所示。有了锁定时间 Lockup Time,即可求得 PLLCOUNT 的数值:

$$\text{PLLCOUNT(十进制数)} > \frac{\text{Lockup Time}}{16 \times T_{CLKIN}}$$

其中,T_{CLKIN}是输入时钟周期;Lockup Time 是 PLL 的锁定时间(见图 1-28)。

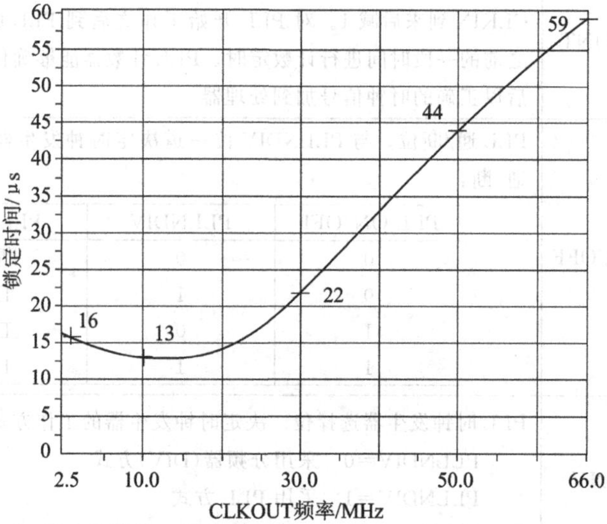

图 1-28 PLL 锁定时间与 CLKOUT 频率之间的关系

当时钟发生器从 DIV 工作方式转移到 PLL 工作方式时,锁定定时器工作。在锁定期间,时钟发生器继续工作在 DIV 方式。PLL 锁定定时器减到 0 后,PLL 才开始对 C54x 定时,且 CLKMD 寄存器的 PLLSTATUS 位置 1,表示定时器已工作在 PLL 方式。

如果要从 DIV 方式转到 PLL×3 方式,已知 CLKIN 的频率为 13 MHz,可以求得PLLCOUNT=41(十进制数),只要在程序中加入如下指令即可:

```
STM  #0010 0001 0100 1111 b,CLKMD
```

其中,PLLMUL=0010,PLLDIV=0,PLLNDIV=1,故乘系数为 3;PLLON/OFF=1,PLL 工作;PLLCOUNT=00101001,十进制计数值为 41。

1.9.4 主机接口

C54x 片内有一个主机接口(HPI)。大多数 HPI 是一个 8 位并行口,用来与主设备或主处理器接口。外部主机是 HPI 的主控者,它可以通过 HPI 直接访问 CPU 的存储空间,包括存储器映像寄存器。图 1-29 是 HPI 接口框图。

由图 1-29 可以看出,HPI 主要由 5 个部分组成,即

① HPI 存储器(DARAM)。HPI RAM 主要用于 C54x 与主机之间传送数据,

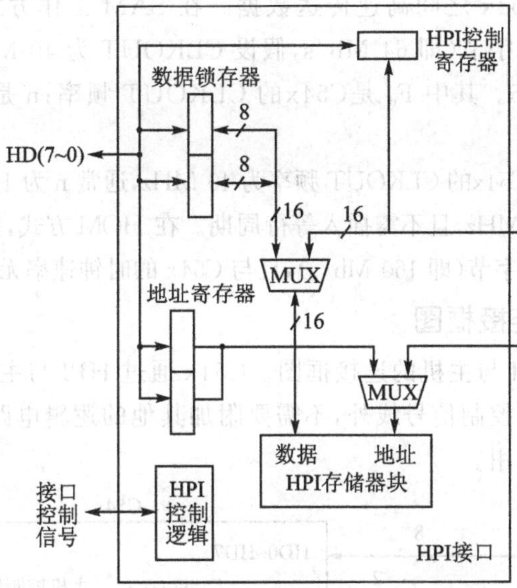

图 1-29　HPI 接口框图

也可以用作通用的双寻址数据 RAM 或程序 RAM。

② HPI 地址寄存器（HPIA）。它只能由主机对其直接访问。寄存器中存放当前寻址 HPI 存储单元的地址。

③ HPI 数据锁存器（HPID）。它也只能由主机对其直接访问。如果当前进行的是读操作，则 HPID 中存放的是要从 HPI 存储器中读出的数据；如果当前进行的是写操作，则 HPID 中存放的是将要写到 HPI 存储器的数据。

④ HPI 控制寄存器（HPIC）。C54x 和主机都能对它直接访问，它映像在 C54x 数据存储器的地址为 002Ch。

⑤ HPI 控制逻辑。用于处理 HPI 与主机之间的接口信号。

当 C54x 与主机（或主设备）交换信息时，HPI 是主机的一个外围设备。HPI 的外部数据线是 8 根，HD(7～0)，在 C54x 与主机传送数据时，HPI 能自动地将外部接口传来的、连续的8 位数组合成 16 位数后传送给 C54x。

HPI 有两种工作方式：

① 共用寻址方式（SAM），这是常用的操作方式。在 SAM 方式下，主机和 C54x 都能寻址 HPI 存储器，异步工作的主机的寻址可以在 HPI 内部重新得到同步。如果 C54x 与主机的周期发生冲突，则主机具有寻址优先权，C54x 等待一个周期。

② 仅主机寻址方式（HOM）。在 HOM 方式下，仅仅只能让主机寻址 HPI 存储器，C54x 则处于复位状态或者处在所有内部和外部时钟都停止工作的 IDLE2空转状态（最小功耗状态）。

HPI 支持主设备与 C54x 之间高速传送数据。在 SAM 工作方式,若 HPI 每 5 个CLKOUT周期传送一个字节(即 64 Mb/s,假设 CLKOUT 为 40 MHz),那么主机的运行频率可达$(F_d \times n)/5$。其中 F_d 是C54x的 CLKOUT 频率;n 是主机每进行一次外部寻址的周期数。

通常 n 为 4(或 3)。若C54x的 CLKOUT 频率为 40 MHz,通常 n 为 4(或 3),那么主机的时钟频率可达 32(或 24) MHz,且不需插入等待周期。在 HOM 方式,主机可以更快的速度——每 50 ns 寻址一个字节(即 160 Mb/s),且与 C54x 的时钟速率无关。

1. HPI 与主机的连接框图

图 1-30 是 C54x HPI 与主机的连接框图。C54x 通过 HPI 与主设备相连时,除了 8 位 HPI 数据总线以及控制信号线外,不需要附加其他的逻辑电路。表 1-34 列出了 HPI 信号的名称和作用。

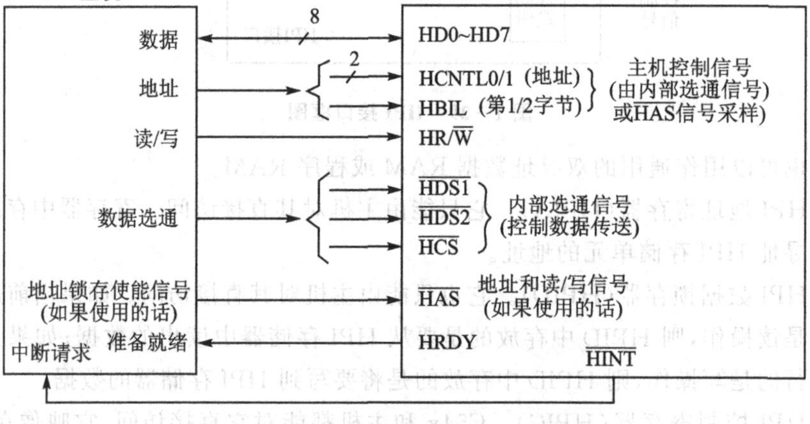

图 1-30 C54x HPI 与主机的连接框图

表 1-34 HPI 信号的名称和功能

HPI 引脚	主机引脚	状 态	信号功能
HD0～HD7	数据总线	I/O/Z	双向并行三态数据总线。当不传送数据($\overline{HDSx}$或$\overline{HCS}$=1)或 EMU1/$\overline{OFF}$=0(切断所有输出)时,HD7(MSB)～HD0(LSB)均处于高阻状态
$\overline{HCS}$	地址线或控制线	I	片选信号。作为 HPI 的使能输入端,在每次寻址期间必须为低电平,而在两次寻址之间也可以停留在低电平
$\overline{HAS}$	地址锁存使能(ALE)或地址选通或不用(连到高电平)	I	地址选通信号。如果主机的地址和数据是一条多路总线,则$\overline{HAS}$连到主机的 ALE 引脚,$\overline{HAS}$的下降沿锁存 HBIL、HCNTIL 0/1和 HR/$\overline{W}$ 信号;如果主机的地址和数据线是分开的,就将$\overline{HAS}$接高电平,此时靠$\overline{HDS1}$、$\overline{HDS2}$或$\overline{HCS}$中最迟的下降沿锁存 HBIL、HCNTL 0/1 和 HR/$\overline{W}$ 信号

续表 1-34

<table>
<tr><th>HPI 引脚</th><th>主机引脚</th><th>状 态</th><th>信号功能</th></tr>
<tr><td>HBIL</td><td>地址或控制线</td><td>I</td><td>字节识别信号。识别主机传送过来的是第1个字节还是第2个字节：
HBIL=0 第1个字节
HBIL=1 第2个字节
第1个字节是高字节还是低字节，由 HPIC 寄存器中的 BOB 位决定</td></tr>
<tr><td>HCNTL0
HCNTL1</td><td>地址或
控制线</td><td>I</td><td>主机控制信号。用来选择主机所要寻址的 HPIA 寄存器或 HPI 数据锁存器或 HPIC 寄存器：
<table>
<tr><th>HCNTL1</th><th>HCNTL0</th><th>说 明</th></tr>
<tr><td>0</td><td>0</td><td>主机可以读/写 HPIC 寄存器</td></tr>
<tr><td>0</td><td>1</td><td>主机可以读/写 HPID 锁存器。每读1次，HPIA 事后增1；每写1次，HPIA 事先增1</td></tr>
<tr><td>1</td><td>0</td><td>主机可以读/写 HPIA 寄存器。这个寄存器指向 HPI 存储器</td></tr>
<tr><td>1</td><td>1</td><td>主机可以读/写 HPID 锁存器。HPIA 寄存器不受影响</td></tr>
</table></td></tr>
<tr><td>$\overline{HDS1}$
$\overline{HDS2}$</td><td>读选通和写选通或数据选通</td><td>I</td><td>数据选通信号，在主机寻址 HPI 周期内控制 HPI 数据的传送。$\overline{HDS1}$和$\overline{HDS2}$信号与$\overline{HCS}$一道产生内部选通信号</td></tr>
<tr><td>$\overline{HINT}$</td><td>主机中断输入</td><td>O/Z</td><td>HPI 中断输出信号。受 HPIC 寄存器中的 HINT 位控制。当 C54x 复位时为高电平，EMU1/$\overline{OFF}$低电平时为高阻状态</td></tr>
<tr><td>HRDY</td><td>异步准备好</td><td>O/Z</td><td>HPI 准备好端。高电平表示 HPI 已准备好执行一次数据传送；低电平表示 HPI 正忙于完成当前事务。当 EMU1/$\overline{OFF}$为低电平时，HRDY 为高阻状态。$\overline{HCS}$为高电平时，HRDY 总是高电平</td></tr>
<tr><td>HR/$\overline{W}$</td><td>读/写选通，地址线，或多路地址/数据</td><td>I</td><td>读/写信号。高电平表示主机要读 HPI，低电平表示写 HPI。若主机没有读/写信号，可以用一根地址代替</td></tr>
</table>

C54x 的 HPI 存储器是一个 2K×16 位字的 DARAM。它在数据存储空间的地址为1000h～17FFh。(这一存储空间也可以用作程序存储空间，条件是 PMST 寄存器的 OVLY 位为 1。)

从接口的主机方面看，是很容易寻址 2K 字 HPI 存储器的。由于 HPIA 寄存器是 16 位，由它指向 2K 字空间，因此主机对它寻址是很方便的，地址为 0～7FFh。

HPI 存储器地址的自动增量特性，可以用来连续寻址 HPI 存储器。在自动增量方式，每进行一次读操作，都会使 HPIA 事后增 1；每进行一次写操作，都会使 HPIA 事先增 1。HPIA 寄存器是一个 16 位寄存器，它的每一位都可以读出和写入，尽管寻址 2K 字的 HPI 存储器只要 11 位最低有效位地址。HPIA 的增/减对 HPIA 寄存器所有 16 位都会产生影响。

2. HPI 控制寄存器

HPI 控制寄存器(HPIC)中有 4 个状态位控制着 HPI 的操作，见表 1－35。

表 1－35　HPI 控制寄存器(HPIC)中的各状态位

位	主　机	C54x	说　明
BOB	读/写	—	字节选择位。如果 BOB＝1，第 1 个字节为低字节；如果 BOB＝0，第 1 个字节为高字节。BOB 位影响数据和地址的传送。只有主机可以修改这一位，C54x 对它既不能读也不能写
SMOD	读	读/写	寻址方式选择位。如果 SMOD＝1，选择共用寻址方式(SAM 方式)；如果 SMOD＝0，选择仅主机寻址方式(HOM 方式)，C54x 不能寻址 HPI 的 RAM 区。C54x 复位期间，SMOD＝0；复位后，SMOD＝1。SMOD 位只能由 C54x 修正，然而 C54x 和主机都可以读它
DSPINT	写	—	主机向 C54x 发出中断位。这一位只能由主机写，且主机和 C54x 都不能读它。当主机对 DSPINT 位写 1 时，就对 C54x 产生一次中断。对这一位，总是读成 0。当主机写 HPIC 时，高、低字节必须写入相同的值
HINT	读/写	读/写	C54x 向主机发出中断位。这一位决定 $\overline{\text{HINT}}$ 输出端的状态，用来对主机发出中断。复位后，HINT＝0，外部 $\overline{\text{HINT}}$ 输出端无效(高电平)。HINT 位只能由 C54x 置位，也只能由主机将其复位。当外部引脚 $\overline{\text{HINT}}$ 为无效(高电平)时，C54x 和主机读 HINT 位为 0；当 $\overline{\text{HINT}}$ 为有效(低电平)时，读为 1

由于主机接口总是传送 8 位字节，而 HPIC 寄存器(通常是主机首先要寻址的寄存器)又是一个 16 位寄存器，在主机这一边就以相同内容的高字节与低字节来管理 HPIC 寄存器(尽管某些位的寻址受到一定的限制)，而在 C54x 这一边高位是不用的。控制/状态位都处在最低 4 位。选择 HCNTL1 和 HCNTL0 均为 0，主机可以寻址 HPIC 寄存器。连续 2 个字节寻址 8 位 HPI 数据总线。主机要写 HPIC 寄存器，第 1 个字节和第 2 个字节的内容必须是相同的值。C54x 寻址 HPIC 寄存器的地址为数据存储空间的 0020h。主机和 C54x 寻址 HPIC 寄存器的结果如图 1－31 所示。

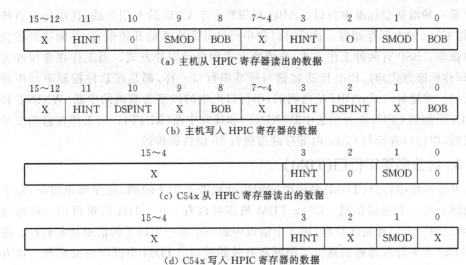

15～12	11	10	9	8	7～4	3	2	1	0
X	HINT	0	SMOD	BOB	X	HINT	O	SMOD	BOB

(a) 主机从 HPIC 寄存器读出的数据

15～12	11	10	9	8	7～4	3	2	1	0
X	HINT	DSPINT	X	BOB	X	HINT	DSPINT	X	BOB

(b) 主机写入 HPIC 寄存器的数据

15～4	3	2	1	0
X	HINT	0	SMOD	0

(c) C54x 从 HPIC 寄存器读出的数据

15～4	3	2	1	0
X	HINT	X	SMOD	X

(d) C54x 写入 HPIC 寄存器的数据

注：读出时的 X，表示读出的是未知值；写入时的 X，表示可写入任意值。

图 1－31　主机和 C54x 寻址 HPIC 寄存器的结果

以上介绍的是 C54x DSP 芯片的标准主机接口，而对于 VC5402、VC5410 以及 VC5420 来说，它们的主机接口分别是增强型 HPI(即 HPI8 和 HPI16)。与标准的 HPI 相比，增强型 HPI 具有更强的数据通信功能，而 HPI16 提供了一个完整的 16 位双向数据总线，可以支持 16 位数据的读/写操作。由于增强型 HPI 的主要接口功能与标准 HPI 相同，因此就不在此一一介绍了。

1.10　串行口

1.10.1　串行口概述

C54x 具有高速、全双工串行口，可用来与系统中的其他 C54x 器件、编码解码器、串行A/D转换器以及其他的串行器件直接接口。C54x 中的串行口有 4 种形式：标准同步串行口、缓冲串行口(BSP)、时分多路串行口(TDM)，多通道缓冲串行口(McBSP)。

1. 标准串行口(SP)

标准串行口有 2 个存储器映像寄存器用于传送数据：发送数据寄存器(DXR)和接收数据寄存器(DRR)。每个串行口的发送和接收部分都有与之相关联的时钟、帧同步脉冲以及串行移位寄存器；串行数据可以按 8 位字节或 16 位字转换。串行口在进行收发数据操作时，可以产生它们自己的可屏蔽收发中断(RINT 和 XINT)，让软件来管理串行口数据的传送。C54x的串行口都是双缓冲的。

2. 缓冲串行口(BSP)

缓冲串行口是在标准同步串行口的基础上增加了一个自动缓冲单元(ABU)。

BSP是一种增强型标准串行口。ABU利用独立于CPU的专用总线,让串行口直接读/写C54x的内部存储器。这样可以使串行口处理事务的开销最省,并能达到较快的数据率。BSP有两种工作方式:非缓冲方式和自动缓冲方式。当工作在非缓冲方式(即称标准方式)时,BSP传送数据与标准串行口一样,都是在软件控制下经中断进行的。在这种方式,ABU是透明的,串行口产生的以字为基础的中断(WXINT和WRINT)加到CPU,作为发送中断(XINT)和接收中断(RINT)。当工作在自动缓冲方式时,串行口直接与C54x内部存储器进行16位数据传送。

3. 时分多路串行口(TDM)

时分多路串行口(TDM)是将时间间隔分成若干个子间隔,按照事先规定,每个子间隔表示一个通信信道。C54x TDM最多可以有8个TDM信道可用。每种器件,可以用一个信息发送数据,用8个信道中的一个或一个以上的信道接收数据。这样,TDM为多处理器通信提供了简便而有效的接口。TDM串行口也有两种工作方式:非TDM方式和TDM方式。当工作在非TDM方式(或称标准方式)时,TDM串行口的作用与标准串行口的作用是相同的。

4. 多通道缓冲串行口(McBSP)

多通道缓冲串行口的硬件部分基于标准串行口的引脚连接界面,具有通道数多(发送和接收通道数最多可以达到128路)、数据格式选择范围宽等优点。VC5402、VC5410和VC5420中分别有2、3和6个McBSP。

C54x的所有串行口的收发操作都是双缓冲的。它们可以工作在任意低的时钟频率上。标准串行口的最高工作频率是CLKOUT的1/4(当CLKOUT为25 ns时,串行口的传送数据速率为10 Mb/s;20 ns时为12.5 Mb/s)。

本节主要讨论标准串行口和多通道缓冲串行口。

1.10.2 标准串行口

当缓冲串行口和时分多路串行口工作在标准方式时,它们的功能与标准串行口相同,而多通道缓冲串行口的硬件部分也是建立在标准串行口的基础上的,因此这里着重讨论标准串行口。图1-32是标准串行口的组成框图。由图可见,串行口由16位数据接收寄存器(DRR)、数据发送寄存器(DXR)、接收移位寄存器(RSR)、发送移位寄存器(XSR)以及控制电路所组成。其6个外部引脚的定义见表1-36。

表1-36 串行口引脚定义

引 脚	说 明
CLKR	接收时钟信号
CLKX	发送时钟信号
DR	串行接收数据
DX	串行发送数据
FSR	接收时的帧同步信号
FSX	发送时的帧同步信号

图1-33给出了串行口传送数据的一种连接方法。下面结合图1-32和1-33说明串行口收发数据的工作过程。

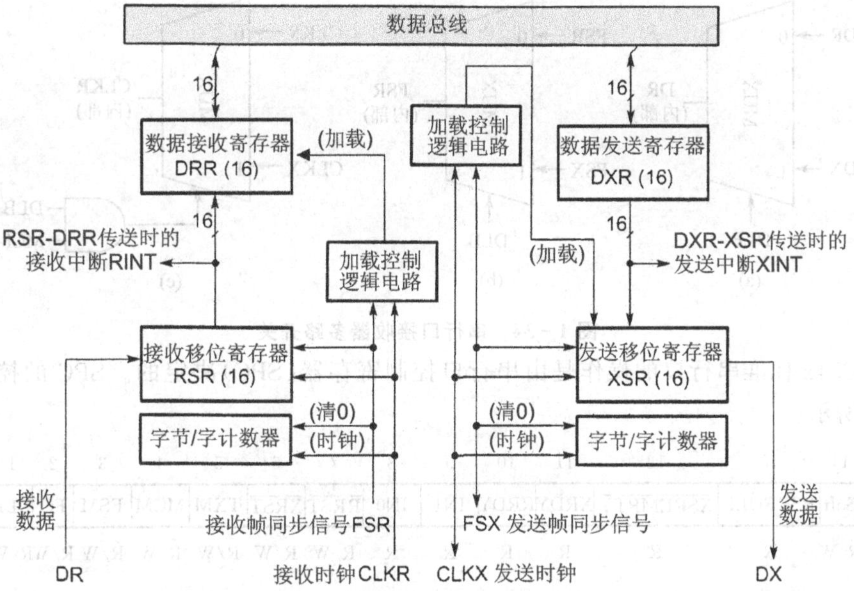

图 1-32　串行口的组成框图

在发送数据时，先将要发送的数写到 DXR。若 XSR 是空的(上一个字已串行传送到 DX 引脚)，则将 DXR 中的数据复制到 XSR。

在 FSX 和 CLKX 的作用下，将 XSR 中的数据移到 DX 引脚输出。一旦 DXR 中的数据复制到 XSR，就可以立即将另一个数据写到 DXR。

在发送期间，DXR 中的数据刚刚复制到 XSR 后，串行口控制寄存器(SPC)中的发送准备好(XRDY)位立即由 0 转变为 1，随后产生一个串行口发送中断(XINT)信号，通知 CPU 可以对 DXR 重新加载。

接收数据的过程有些类似。来自 DR 引脚的数据在 FSR 和 CLKR 的作用下，移位至 RSR，然后复制到 DRR，CPU 从 DRR 中读出数据。一旦 RSR 中的数据复制到 DRR，SPC 中的接收数据准备好(RRDY)位立即由 0 转变为 1，随后产生一个串行口接收中断(RINT)信号，通知 CPU 可以从 DRR 中读取数据。

由上可见，串行口是双缓冲的，因为当串行发送或接收数据的操作正在执行时，可以将另一个数据传送到 DXR 或从 DRR 获得。

图 1-34 为串行口接收器多路开关，其中 DLB 和 MCM 信号的解释见表 1-37。

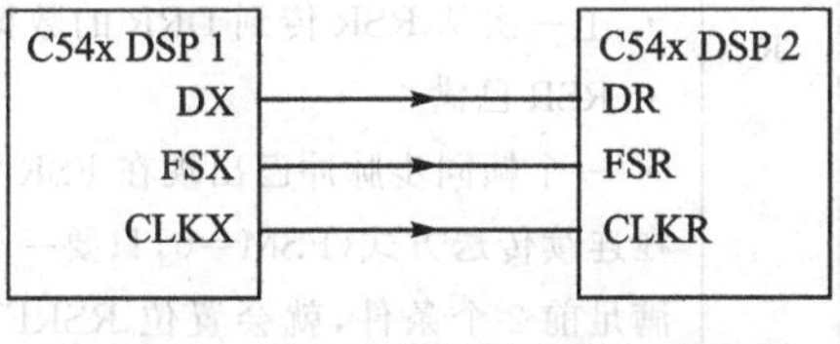

图 1-33　串行口传送数据的一种接法

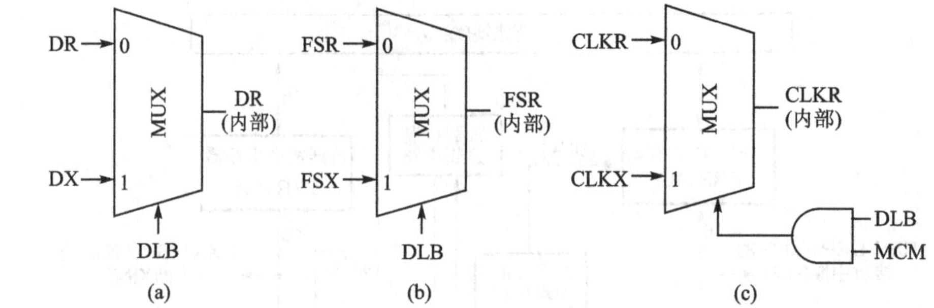

图 1-34 串行口接收器多路开关

C54x标准串行口的操作是由串行口控制寄存器(SPC)决定的。SPC的控制位如下所示：

15	14	13	12	11	10	9	8	7	6	5	4	3	2	1	0
Free	Soft	RSRFULL	$\overline{\text{XSREMPTY}}$	XRDY	RRDY	IN1	IN0	$\overline{\text{RRST}}$	$\overline{\text{XRST}}$	TXM	MCM	FSM	FO	DLB	Res
R/W	R/W	R	R	R	R	R	R	R/W	R/W	R/W	R/W	R/W	R/W	R/W	R

SPC有16个控制位，其中7位是只能读，其余9位可以读/写。SPC寄存器各控制位的功能见表1-37。

表 1-37 串行口控制寄存器(SPC)控制位的功能

<table>
<tr><th>位</th><th>名 称</th><th>复位值</th><th>R/W</th><th>功 能</th></tr>
<tr><td>15
14</td><td>Free
Soft</td><td>0
0</td><td>R/W
R/W</td><td>Free位和Soft位都是仿真位。当高级语言调试程序中遇到一个断点时，将由这两位决定串行口时钟的状态，即：
<table>
<tr><th>Free</th><th>Soft</th><th>串行口时钟的状态</th></tr>
<tr><td>0</td><td>0</td><td>立即停止串行口时钟，结束传送数据</td></tr>
<tr><td>0</td><td>1</td><td>接收数据不受影响。若正在发送数据，则等到当前字发送完成后停止发送数据</td></tr>
<tr><td>1</td><td>X</td><td>不管Soft位为何值，一旦出现断点，时钟继续运行，数据照常移位</td></tr>
</table></td></tr>
<tr><td>13</td><td>RSRFULL</td><td>0</td><td>R</td><td>接收移位寄存器满。当RSRFULL=1，表示RSR已满。在字符组传送方式(FSM=1，每次传送要有一个帧同步脉冲)下，下列三个条件同时发生，将使RSRFULL变成有效(RSRFULL=1)，即
• 上一次从RSR传到DRR的数据还没有读取
• RSR已满
• 一个帧同步脉冲已出现在FSR端
在连续传送方式(FSM=0，只要一个起始帧同步脉冲下)，若满足前2个条件，就会置位RSRFULL。也就是说，当最后一位收到后就会发生RSRFULL置位</td></tr>
</table>

续表 1-37

位	名　称	复位值	R/W	功　能
13	RSRFULL	0	R	当 RSRFULL=1 时，暂停接收数据并等待读取 DRR，从 DR 发送过来的数据将丢失。 以下三种情况之一发生，都会使 RSRFULL 变成无效(RSRFULL=0)，即 · 读取 DRR 中的数据 · 串行口复位($\overline{\text{RRST}}$=0) · C54x 复位($\overline{\text{RS}}$=0)
12	$\overline{\text{XSREMPTY}}$	0	R	发送移位寄存器空。此位指示发送器是否下溢。以下三种情况之一都会使$\overline{\text{XSREMPTY}}$变成低电平有效，即 · 上一个数由 DXR 传送到 XSR 后，DXR 还没有被加载，而 XSR 中的数已经移空 · 发送器复位($\overline{\text{XRST}}$=0) · C54x 复位($\overline{\text{RS}}$=0) 当$\overline{\text{XSREMPTY}}$=0 时，暂停发送数据，并停止驱动 DX(DX 引脚处高阻状态)，直到下一个帧同步脉冲到来为止。注意，在连续传送方式，下溢是一种出错，而在字符组传送方式，则并不是错误。CPU 写一个数据至 DXR，就可以使$\overline{\text{XSREMPTY}}$变成无效($\overline{\text{XSREMPTY}}$=1)
11 10	XRDY RRDY	1 0	R R	发送准备好位(XRDY)和接收准备好位(RRDY)。XRDY 位由 0 变到 1，表示 DXR 中的内容已经复制到 XSR，可以向 DXR 加载新的数据字。一旦发生这种变化，立即产生一次发送中断(XINT)；RRDY 位由 0 变到 1，表示 RSR 中的内容已经复制到 DRR，可以从 DRR 中取数了。一旦发生这种变化，立即产生一次接收中断(RINT)。CPU 也可以在软件中查询 XRDY 和 RRDY 替代串行口中断
9 8	IN1 IN0	X X	R R	输入 1(IN1)和输入 0(IN0)。允许 CLKX 和 CLKR 引脚作为位输入引脚。IN1 和 IN0 位反映了 CLKX 和 CLKR 引脚的当前状态，可以用 BIT、BITT、BITF 或 CMPM 指令读取 SPC 寄存器中的 IN1 和 IN0 位，也就是采样 CLKX 和 CLKR 引脚的状态。注意，CLKX/CLKR 变到一个新值并在 SPC 中供取用，大约要有 0.5～1.5 CLKOUT 周期的等待时间

续表 1-37

<table>
<tr><th>位</th><th>名 称</th><th>复位值</th><th>R/W</th><th>功 能</th></tr>
<tr><td>7
6</td><td>$\overline{RRST}$
$\overline{XRST}$</td><td>0
0</td><td>R/W
R/W</td><td>接收复位($\overline{RRST}$)和发送复位($\overline{XRST}$),低电平有效。若$\overline{RRST}=\overline{XRST}=0$,串行口处于复位状态;若$\overline{RRST}=\overline{XRST}=1$,串行口处于工作状态。因此,要想复位和重新配置串行口,需要对 SPC 寄存器写 2 次:
① 对 SPC 寄存器的$\overline{RRST}$和$\overline{XRST}$位写 0,其余位写入所希望的配置
② 对 SPC 寄存器的$\overline{RRST}$和$\overline{XRST}$位写 1,其余位是所希望的配置,再一道重新写一次
当$\overline{RRST}=\overline{XRST}=$MCM(时钟方式位)$=0$时,由于不必输出 CLKX,可使 C54x 的功耗进一步降低</td></tr>
<tr><td>5</td><td>TXM</td><td>0</td><td>R/W</td><td>发送方式(TXM)位。用于设定帧同步脉冲 FSX 的来源:<table><tr><th>TXM</th><th>功 能</th></tr><tr><td>1</td><td>将 FSX 设置成输出。每次发送数据的开头由片内产生一个帧同步脉冲</td></tr><tr><td>0</td><td>将 FSX 设置成输入。由外部提供帧同步脉冲。发送时,发送器处空转状态直到 FSX 引脚上提供帧同步脉冲</td></tr></table>注意:FSR 引脚总是配置成输入</td></tr>
<tr><td>4</td><td>MCM</td><td>0</td><td>R/W</td><td>时钟方式(MCM)位。用于设定 CLKX 的时钟源:<table><tr><th>MCM</th><th>功 能</th></tr><tr><td>0</td><td>CLKX 配置成输入,采用外部时钟</td></tr><tr><td>1</td><td>CLKX 配置成输出,采用内部时钟。片内时钟频率是 CLKOUT 频率的四分之一</td></tr></table></td></tr>
<tr><td>3</td><td>FSM</td><td>0</td><td>R/W</td><td>帧同步方式(FSM)位。这一位规定串行口工作时,在初始帧同步脉冲之后是否还要求帧同步脉冲 FSX 和 FSR:<table><tr><th>FSM</th><th>功 能</th></tr><tr><td>0</td><td>串行口工作在连续方式。在初始帧同步脉冲之后不需要帧同步脉冲。但是,如果出现定时错误的帧同步,将会造成串行传送出错</td></tr><tr><td>1</td><td>串行口工作在字符组方式。每发送/接收一个字都要求一个帧同步脉冲 FSX/FSR</td></tr></table></td></tr>
</table>

续表 1-37

位	名 称	复位值	R/W	功 能
2	FO	0	R/W	数据格式位(FO)。用它规定串行口发送/接收数据的字长: FO ｜ 功 能 0 ｜ 发送和接收的数据都是 16 位字 1 ｜ 数据按 8 位字节传送,首先传送 MSB。缓冲串行口 BSP 也可以传送 10 位和 12 位数
1	DLB	0	R/W	数字返回方式(DLB)位。用于单个 C54x 测试串行口的代码。 当 DLB=1 时,片内通过一个多路开关,将 DR 和 FSR 分别与 DX 和 FSX 相连,如图 1-34 所示。 当工作在数字返回方式时,若 MCM=1(选择片内串行口时钟 CLKX 为输出),CLKR 由 CLKX 驱动;若 MCM=0(CLKX 从外部输入),CLKR 由外部 CLKX 信号驱动。 如果 DLB=0,则串行口工作在正常方式,此时 DR、FSR 和 CLKR 都从外部加入
0	Res	0	R	保留位。此位总是读成 0

1.10.3 多通道缓冲串行口(McBSP)

1. McBSP 概述

多通道缓冲串行口 McBSP(Multi-channel Buffered Serial Port)是在标准串行口的基础上发展起来的,其硬件部分就有与标准串行口相同的引脚连接界面。在现有的 C54x DSP 中,大多配有 McBSP,而 VC5402、VC5410 和 VC5420 则分别配有 2、3 和 6 个 McBSP。

McBSP 具有以下功能:

- ➢ 高速全双工通信。
- ➢ 双缓冲数据寄存器,允许传送连续的数据流。
- ➢ 接收和发送时采用独立的帧信号和时钟信号。
- ➢ 可直接与工业标准的编/解码器、模拟接口芯片以及其他 A/D、D/A 芯片接口。
- ➢ 发送和接收通道数多达 128 个。
- ➢ 数据选择范围宽,可以是 8 位、12 位、16 位、20 位、24 位或 32 位。
- ➢ 利用 μ 律和 A 律压缩扩展通信。

- 帧同步信号和数据时钟信号的极性可编程。
- 内部时钟信号和帧信号发生器可编程。
- 传送8位数据时,可选择LSB先传送或MSB先传送。
- 可以直接利用多种串行协议接口通信。如T1/E1、MVIP、H100、SCSA、IOM-2、AC97、HS、SPI等。
- 当利用DMA为McBSP服务时,串行口数据读/写具有自动缓冲能力。

2. McBSP组成框图

McBSP组成框图如图1-35所示。

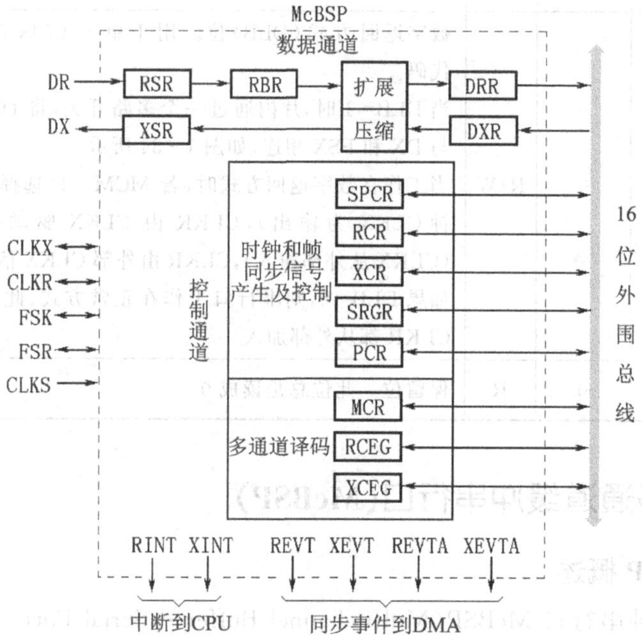

图1-35 McBSP组成框图

由图1-35可以看出,McBSP在结构上可以分为数据通道和控制通道两大部分,并且通过7个引脚与外部器件相连。这7个引脚信号的功能见表1-38。DX引脚发送数据,DR引脚接收数据,其他几个引脚提供控制信号:时钟信号和帧同步信号。

C54x CPU通过片内的16位外围总线访问串行口控制寄存器,实现与McBSP之间的通信与控制。

McBSP的数据通道实现数据的发送和接收。其工作过程如下:CPU或DMA控制器向数据发送寄存器(DXR)写入待发送的数据,并通过发送移位寄存器(XSR)移位至DX引脚。同样,DR引脚上接收到的数据,先移位进入接收移位寄存器(RSR)中,然后被复制到接收缓冲寄存器(RBR)中,由RBR再将数据复制到DRR中,最后等候CPU或DMA控制器将数据读走。这种多级缓冲方式使得片内的数据搬移和与外部的数据通信可以同时进行。

McBSP 的控制模块由内部时钟发生器、帧同步信号发生器、控制电路以及多通道选择器 4 部分组成。2 个中断和 4 个同步事件信号控制 CPU 和 DMA 控制器中断:接收中断信号 RINT 和发送中断信号 XINT 分别触发 CPU 的接收和发送中断;接收同步事件信号 REVT 和发送同步事件 XEVT 分别触发 DMA 接收和发送同步事件;接收同步事件信号 REVTA 和发送同步事件 XEVTA 分别触发 DMA 接收和发送同步事件 A。DMA 可以不经 CPU 让数据在 McBSP 和存储器之间直接传送。

控制通道的任务有三:① 产生内部时钟信号和帧同步信号;② 进行多通道的选择;③ 产生中断请求信号送往 CPU,产生同步事件通知 DMA 控制器。McBSP 发出的 CPU 中断信号和 DMA 同步事件信号,见表 1-39。

表 1-38 McBSP 引脚功能说明

引 脚	状 态	功能说明
CLKR	I/O/Z	接收时钟信号
CLKX	I/O/Z	发送时钟信号
CLKS	I	外部时钟信号
DR	I	串行接收数据
DX	O/Z	串行发送数据
FSR	I/O/Z	接收帧同步信号
FSX	I/O/Z	发送帧同步信号

表 1-39 McBSP 的 CPU 中断和 DMA 同步事件信号

信 号	功能说明
RINT	接收中断信号,送往 CPU
XINT	发送中断信号,送往 CPU
REVT	接收同步事件信号,送往 DMA 控制器
XEVT	发送同步事件信号,送往 DMA 控制器
REVTA	接收同步事件 A 信号,送往 DMA 控制器
XEVTA	发送同步事件 A 信号,送往 DMA 控制器

3. McBSP 控制寄存器

(1) McBSP 控制寄存器概况

除了标准串行口(SP)的功能外,McBSP 可以对时钟和帧同步信号进行编程,其编程功能包括:

- 帧同步脉冲宽度。
- 帧同步脉冲周期。
- 帧同步延迟。
- 时钟基准(内部时钟相对于外部时钟)。
- 时钟分频。
- 时钟和帧同步信号极性。

通过片内压扩硬件可以对数据按 μ 律和 A 律进行压缩和扩展。当利用压扩硬件时,压缩数据按指定的压扩律进行编码,接收到的数据则解码为 2 的补码格式。

McBSP 允许独立地为发送和接收选择多通道工作方式。当选用多通道工作方式时,每一帧都代表一个时分多路切换(TDM)数据流。利用 TDM 数据流,CPU 只需要处理少量的几个通道。为了节省存储器和总线带宽,选用多通道工作方式可以独立地使能所选定的发送和接收通道。最多可以使能的通道有 128 个,而一批数据流中最多可达 32 个通道。

McBSP 的时钟停止工作方式(CLKSTP),利用串行外围接口(SPI)协议为传送字的长度提供了兼容性。McBSP 通过编程支持传送数据的字长为:8、12、16、20、24 或 32 位。当 McBSP 配置为 SPI 工作方式时,发送方和接收方一道工作,其中一个为主控方,另一个为从属方。

McBSP 可以工作在任意低的时钟频率上,其最高时钟频率为 CPU 时钟频率的 1/2。

McBSP 的各种功能是通过配置其控制寄存器实现的。表 1-40 列出了 McBSP 的控制寄存器及其在数据存储器中的映像地址,后面将会对其作进一步的说明。

表 1-40 McBSP 控制寄存器

映像地址		子地址	McBSP 控制寄存器	控制寄存器名称
McBSP0	McBSP1			
—	—		RBR[1,2]	接收缓冲寄存器 1 和 2
—	—		RSR[1,2]	接收移位寄存器 1 和 2
—	—		XSR[1,2]	发送移位寄存器 1 和 2
0020h	0040h	—	DRR2x	接收数据寄存器 2
0021h	0041h	—	DRR1x	接收数据寄存器 1
0022h	0042h	—	DXR2x	发送数据寄存器 2
0023h	0043h	—	DXR1x	发送数据寄存器 1
0038h	0048h	—	SPSAx	子地址寄存器
0039h	0049h	0000h	SPCR1x	串行口控制寄存器 1
0039h	0049h	0001h	SPCR2x	串行口控制寄存器 2
0039h	0049h	0002h	RCR1x	接收控制寄存器 1
0039h	0049h	0003h	RCR2x	接收控制寄存器 2
0039h	0049h	0004h	XCR1x	发送控制寄存器 1
0039h	0049h	0005h	XCR2x	发送控制寄存器 2
0039h	0049h	0006h	SRGR1x	采样率发生器寄存器 1
0039h	0049h	0007h	SRGR2x	采样率发生器寄存器 2

续表 1-40

映像地址		子地址	McBSP 控制寄存器	控制寄存器名称
McBSP0	McBSP1			
0039h	0049h	0008h	MCR1x	多通道控制寄存器 1
0039h	0049h	0009h	MCR2x	多通道控制寄存器 2
0039h	0049h	000Ah	RCERAx	接收通道使能寄存器 A
0039h	0049h	000Bh	RCERBx	接收通道使能寄存器 B
0039h	0049h	000Ch	XCERAx	发送通道使能寄存器 A
0039h	0049h	000Dh	XCERBx	发送通道使能寄存器 B
0039h	0049h	000Eh	PCRx	引脚控制寄存器

注：RBR[1,2]、RSR[1,2]和 XSR[1,2]不能通过 CPU 或 DMA 存取。

表 1-40 表示某 C54x(如 VC5402)具有 2 个 McBSP，即 McBSP0 和 McBSP1。表中所列的控制寄存器名的后面都带有“x”，x 可以为“0”或“1”，分别表示该控制寄存器属于 McBSP0 或 McBSP1。

(2) 子地址寻址和控制寄存器配置方法

每一个 McBSP 中都有 27 个控制寄存器，根据对它们的寻址方法不同可以分成 3 类：

① 不能通过 CPU 或 DMA 读/写的控制寄存器有 6 个，即 RBB[1,2]、RSR[1,2]以及 XSR[1,2]。

② CPU 或 DMA 可以从存储器映像单元读/写的控制器有 6 个，即 DRR2x、DRR1x、DXR2x、DXR1x、SPSAx 和 SPSDx。它们的存储器映像地址分别为 0020h～0023h 和 0038h～0039h(McBSP0)，或者 0040h～0043h 和 0048h～0049h(McBSP1)。

③ 其余 15 个控制寄存器只有一个存储器映像地址，即 0039h(McBSP0)或 0049h(McBSP1)。那么，怎么通过这一个存储器映像地址寻址 15 个控制寄存器呢？这里采用了子地址寻址方法。图 1-36 是这种方法的示意图。

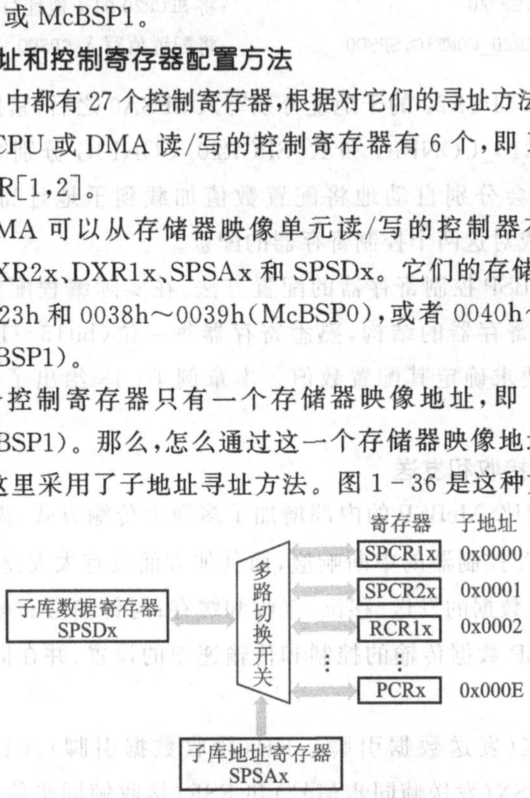

图 1-36　子地址寻址方法示意图

如图1-36所示,这15个控制器都有一个子地址,从0000h~000Eh,它们共用一个存储器映像地址0039h(McBSP0)或0049h(McBSP1)。在子库地址寄存器SPSAx的控制下,将一个指定的子地址寄存器,通过"多路切换开关"切换到数据存储器映像地址——子库数据寄存器SPSDx的位置上,以便CPU或DMA对所指定的子地址寄存器中的数据进行读/写。

上述子地址寻址方法实际上是通过软件实现的。下面以McBSP0为例,说明对控制寄存器SPCR10和SPCR20写入配置数值的方法。

【例1-10】 McBSP0的串行口控制寄存器SPCR10和SPCR20配置数值举例,配置值均以符号串代替。

```
SPSA0     .set 38h                   ;定义子库地址寄存器映像位置
SPSD0     .set 39h                   ;定义子库数据寄存器映像位置
SPCR10    .set 00h                   ;定义 SPCR10 的子地址映像
SPCR20    .set 01h                   ;定义 SPCR20 的子地址映像
STM       SPCR10, SPSA0              ;将 SPCR10 的子地址写入 SPSA0
STM       #K_SPCR10_CONFIG,SPSD0     ;将配置值写入 SPSD0
STM       SPCR20,SPSA0               ;将 SPCR20 的子地址写入 SPSA0
STM       #K_SPCR20_CONFIG,SPSD0     ;将配置值写入 SPSD0
```

在将SPCR10和SPCR20的子地址分别写入SPSA0之后,紧接着将控制寄存器的配置数值K_SPCR10_CONFIG和K_SPCR20_CONFIG分别写入SPSD0中,内部多路切换开关就会分别自动地将配置数值加载到子地址寄存器SPCR10和SPCR20中,从而完成对这两个控制寄存器的配置。

以上介绍了McBSP控制寄存器的配置方法,在实际编程配置时,首先需要了解McBSP各个控制寄存器的结构,熟悉寄存器每一位(bit15~bit0)的含义;然后才能根据应用系统要求确定其配置数值。本章例1-18给出了McBSP编程应用的例子。

(3) 串行数据的接收和发送

与标准串行口相比,McBSP的内部增加了多通道传输方式,需要通过通道选择以触发CPU或DMA控制器的中断响应,而其他方面没有太大差别:由内部数据发送和接收控制器负责数据的发送、移位、接收和缓存;时钟信号和帧同步信号生成与控制模块实现McBSP数据传输的控制和传输速率的设置,并在同步传输时产生和判断同步信号。

McBSP通过DX(发送数据引脚)、DR(接收数据引脚)、CLKX(发送时钟)、CLKR(接收时钟)、FSX(发送帧同步信号)和FSR(接收帧同步信号)等信号实现时钟和帧同步控制,从而完成DSP与外部设备的通信和数据交换。

McBSP 发送数据时,CPU 或 DMA 控制器将被发送数据写入 DXR[1,2](数据发送寄存器)中。如果 XSR[1,2](发送移位寄存器)中没有数据,则 DXR[1,2]中的值就被复制到XSR[1,2],再由 XSR[1,2]将数据移位到 DX 引脚发送;若 XSR[1,2]不空,则等待 XSR[1,2]中的数据全部移位到 DX 引脚发送完之后,再将 DXR[1,2]中的数据复制到 XSR[1,2],然后由 XSR[1,2]移位到 DX 引脚发送。

McBSP 的接收通道有 RSR[1,2](接收移位寄存器)、RBR[1,2](接收缓冲寄存器)和 DRR[1,2](接收数据寄存器)3 组寄存器。接收数据的过程是这样的:首先,来自 DX 引脚上的接收数据移位 RSR[1,2](接收移位寄存器),一旦接收的数据到达一个字(可以是 8 位、12 位,16 位、24 位或 32 位,由设置而定),同时,检查 RBR 是否为空,若空,则将 RSR[1,2]中的数据复制到 DRR[1,2]中,并由 CPU 和 DMA 控制器读取 DRR[1,2]中的数据,从而完成串行口数据的接收。

在实际应用中,例如用 C54x 构成数据采集系统,用户一般需要在采集完一批数据后对其进行处理。在采集过程中,如果采用查询方式采集数据,显然会占用大量的 CPU 资源;而利用 CPU 中断方式,虽然可以提高 CPU 的利用率,但在采集数据的每个时刻还是由 CPU 来完成的,而且还会因增加了中断服务程序而降低了程序的可读性;然而利用 C54x 的 DMA 与 McBSP 相结合设计数据采集系统,可使 CPU 正常工作与 DMA 数据采集并行进行,大大提高了 DSP 的运行效率。6.8 节给出了这方面应用的实例。

(4) McBSP 的复位

McBSP 有两种复位方式,即 DSP 芯片复位和人工设置复位。

① DSP 芯片复位。DSP 芯片复位时,McBSP 被同时复位。复位后整个串行口初始化为默认状态。此时,所有计数器和状态标志位均被复位,包括接收状态标志位 RFULL(接收移位寄存器满)、接收器准备好位 RRDY、接收同步出错位 RSYNCERR、发送状态标志位$\overline{\text{XEMPTY}}$(发送移位寄存器空)、发送器准备好位 XRDY 及发送同步出错位 XSYNCERR 等复位。

② 人工设置复位。通过设置控制寄存器的相应位,单独使 McBSP 的接收器、发送器、采样率发生器和帧同步逻辑电路单独复位,见表 1-41。

(5) McBSP 的初始化

要使 McBSP 工作,必须先通过编程对其进行初始化。McBSP 的控制信号,例如时钟、帧同步和时钟源都是可以编程设置的。McBSP 中的各个模块启动和激活次序对串行口的操作极为重要。例如,如果发送端是主控者(负责产生时钟和帧同步信号),那么首先就必须保证从属者(在这里也是数据接收端)处于激活状态,准备好接收帧同步信号及数据,这样才能保证接收端不会丢失第一帧数据。

表1-41　人工设置McBSP复位方法

控制寄存器名称	设置方法	复位功能
SPCR1（串行口接收控制寄存器）	设置$\overline{RRST}=0$	接收通道被废除并处于复位状态
SPCR2（串行口发送控制寄存器）	设置$\overline{XRST}=0$	发送通道被废除并处于复位状态
	设置$\overline{GRST}=0$	采样率发生器复位
	设置$\overline{FRST}=0$	帧同步逻辑电路复位

如果采用中断方式传送数据需设置SPCR1寄存器的RINTM＝00b(接收中断RINT由RRDY驱动),SPCR2寄存器的XINTM＝00b(由发送准备好位XRDY驱动发送中断XINT)。这样,当DRR寄存器中数据已经准备好或者可以向DXR中写入数据时,允许McBSP产生中断。

McBSP的初始化步骤如下：

① 设置SPCR中的$\overline{XRST}=\overline{RRST}=\overline{FRST}=0$,将整个串口复位。如果之前芯片曾复位,则此步可省略。

② 设置采样率发生器寄存器(SRGR)、串口控制寄存器(SPCR)、引脚控制寄存器(PCR)和接收控制寄存器(RCR)为需要的值。注意不要改变第①步设置的位。

③ 设置SPCR寄存器中$\overline{GRST}=1$,使采样率发生器退出复位状态,内部的时钟信号CLKG开始由选定的时钟源按预先设定的分频比驱动。如果McBSP收发部分的时钟和帧信号都是由外部输入,则这一步可省略。

④ 等待2个周期的传输时钟(CLKR/X),以保证内部正确同步。

⑤ 在中断屏蔽寄存器中,映像XINT0/1和(或)RINT0/1中断。

⑥ 使能所映像的中断。

⑦ 如果收发端不是帧信号主控端(帧同步由外部输入),设置$\overline{XRST}=1$或$\overline{RRST}=1$,使之退出复位状态,此时作为从属的收发端已准备好接收帧同步信号。新的帧同步中断信号((R/X)INTM＝10b)将唤醒该收发端。

⑧ 使帧信号主控端退出复位状态。

⑨ 如果FSGM＝1(帧同步由采样率发生器产生),设置$\overline{FRST}=1$,使能帧同步产生器,8个CLKG周期后开始输出第一个帧同步信号。如果FSGM＝0,将在每次DXR向XSR中复制数据时产生帧同步,$\overline{FRST}$位无效。不管怎样,此时主控端开始传输数据。

一旦McBSP初始化完毕,每一次数据单元的传输都会触发相应的中断,可以在中断服务程序中完成DXR的写入或是DRR的读出。

1.11 DMA 控制器

DMA(直接存储器访问)可以让 CPU 在运行指令的同时,完成存储器之间、存储器与外围设备之间的直接传送。也就是说,DMA 可以在不占用 CPU 资源的情况下,实现数据的自由传送。这样,可以减轻 CPU 的负担,使 CPU 的高速运算能力得到充分的发挥。

TI 公司早先推出的 C54x 芯片大多没有 DMA 控制器。后来,在 VC5402、VC5410、VC5420 等多种 DSP 芯片内部集成了 DMA 控制器,应用比较广泛。

1.11.1 DMA 控制器的基本特性

目前,一般的 C54x DSP 芯片都有 6 个独立的可编程的 DMA 通道,每个 DMA 通道可以进行不同内容的 DMA 操作。DMA 的基本特性如下:

- DMA 独立于 CPU 工作(后台操作)。
- DMA 有 6 个通道,能对 6 个独立数据块传送进行现场跟踪。
- DMA 比 CPU 内部寻址有较高的优先权。
- 每个通道都可以通过独立编程设定其优先级别的高低。
- 每一个通道的源地址和目的地址寄存器,在每次读/写传送时,可以让地址保持不变,事后递增,事后递减,或者按一个偏移值进行调整。
- 可以按照所选择的同步事件对每一次读/写传送进行初始化。
- 每一个 DMA 通道可以在完成一半(半满)或全部(全满)数据块传送时向 CPU 发出一个中断请求信号。
- DMA 可以执行双字传送(一次传送 32 位,相当于 2 个 16 位字)。

1.11.2 子地址寻址方式

DMA 的配置和操作都是通过一组存储器映像的控制寄存器完成的。C54x 有 6 个可独立编程的 DMA 通道,每个 DMA 通道受各自的 5 个 16 位通道现场寄存器控制,它们是:

- 源地址寄存器(DMSRC)。
- 目的地址寄存器(DMDST)。
- 单元计数寄存器(DMCTR)。
- 同步选择及帧计数寄存器(DMSFC)。
- 传送方式控制寄存器(DMMCR)。

DMA 控制寄存器如表 1-42 所列。其中,仅通道优先级和使能控制寄存器(DMPREC)等 4 个寄存器可以直接寻址外,其他寄存器都是采用子地址寻址方式寻址。

表 1-42　DMA 控制寄存器

地址	子地址	名　称	寄存器功能
54h	—	DMPREC	通道优先级和使能控制寄存器
55h	—	DMSA	子库地址寄存器
56h	—	DMSDI	带自动增量的子库数据寄存器
57h	—	DMSDN	不带自动增量的子库数据寄存器
—	00h	DMSRC0	通道 0 源地址寄存器
—	01h	DMDST0	通道 0 目的地址寄存器
—	02h	DMCTR0	通道 0 单元计数寄存器
—	03h	DMSFC0	通道 0 同步选择和帧计数寄存器
—	04h	DMMCR0	通道 0 传送方式控制寄存器
—	05h	DMSRC1	通道 1 源地址寄存器
—	06h	DMDST1	通道 1 目的地址寄存器
—	07h	DMCTR1	通道 1 单元计数寄存器
—	08h	DMSFC1	通道 1 同步选择和帧计数寄存器
—	09h	DMMCR1	通道 1 传送方式控制寄存器
—	0Ah	DMSRC2	通道 2 源地址寄存器
—	0Bh	DMDST2	通道 2 目的地址寄存器
—	0Ch	DMCTR2	通道 2 单元计数寄存器
—	0Dh	DMSFC2	通道 2 同步选择和帧计数寄存器
—	0Eh	DMMCR2	通道 2 传送方式控制寄存器
—	0Fh	DMSRC3	通道 3 源地址寄存器
—	10h	DMDST3	通道 3 目的地址寄存器
—	11h	DMCTR3	通道 3 单元计数寄存器
—	12h	DMSFC3	通道 3 同步选择和帧计数寄存器
—	13h	DMMCR3	通道 3 传送方式控制寄存器
—	14h	DMSRC4	通道 4 源地址寄存器
—	15h	DMDST4	通道 4 目的地址寄存器
—	16h	DMCTR4	通道 4 单元计数寄存器
—	17h	DMSFC4	通道 4 同步选择和帧计数寄存器
—	18h	DMMCR4	通道 4 传送方式控制寄存器
—	19h	DMSRC5	通道 5 源地址寄存器
—	1Ah	DMDST5	通道 5 目的地址寄存器
—	1Bh	DMCTR5	通道 5 单元计数寄存器
—	1Ch	DMSFC5	通道 5 同步选择和帧计数寄存器
—	1Dh	DMMCR5	通道 5 传送方式控制寄存器
—	1Eh	DMSRCP	源程序页地址(所有通道)
—	1Fh	DMDSTP	目的程序页地址(所有通道)
—	20h	DMIDX0	单元地址索引寄存器 0
—	21h	DMIDX1	单元地址索引寄存器 1
—	22h	DMFRI0	帧地址索引寄存器 0
—	23h	DMFRI1	帧地址索引寄存器 1
—	24h	DMGSA	全局源地址重新加载寄存器
—	25h	DMGDA	全局目的地址重新加载寄存器
—	26h	DMGCR	全局单元计数重新加载寄存器
—	27h	DMGFR	全局帧计数重新加载寄存器

与 C54x 的 McBSP 类似，DMA 也是通过寄存器子地址寻址方式来访问子库地

址寄存器的。图 1-37 是 DMA 子地址寻址方式示意图。

采用子地址寻址方式,可以使大量的 DMA 控制器共用少数几个存储器映像空间。为了寻址某个子地址寄存器,首先将所要求的子地址写到 DMA 子库地址寄存器(DMSA)中,这样,就可以通过多路开关将 DMA 的子库数据寄存器(DMSDI 和 DMSDN)与所指定的物理单元地址相连。当对子库数据寄存器进行一次存取(写或读)操作时,就会按照子库地址寄存器所指定的子库寄存器中写入或读出数据。

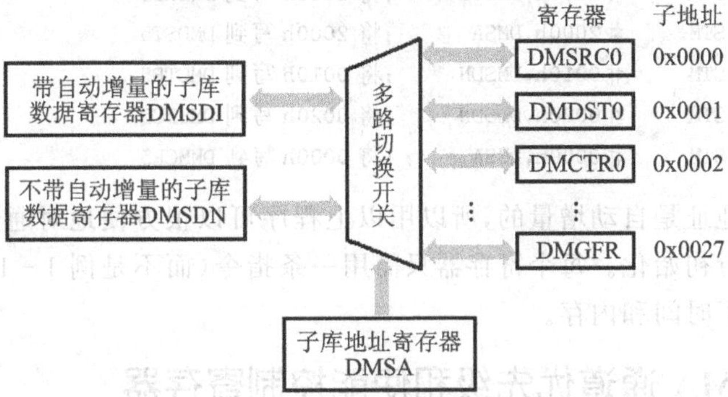

图 1-37 DMA 子地址寻址方式示意图

DMA 控制器提供两种形式的子库数据寄存器。第一种 DMSDI 是一种子库地址自动增量的子库数据寄存器。每次存取后子库地址将自动增量。如果 DMA 的全部寄存器都要配置,则采用此种方法就比较合适。如果只希望寻址少数几个寄存器或要求避免修改子库地址,那就用第二种寄存器 DMSDN 存取,它不修改子库地址。

所以,对全部 DMA 寄存器编程只用了 4 个存储器映像寄存器单元,即 54h~57h 单元,它们分别是 DMPREC、DMSA、DMSDI 和 DMSDN。

下面举两个子库寻址编程的例子。

【例 1-11】 不带自动增量的寄存器子库寻址方式举例:将 DMA 通道 5 源地址寄存器 DMSRC5 初始化为 1000h。

```
DMSA      .set   55h              ;为寄存器地址赋值
DMSDN     .set   57h
DMSRC5    .set   19h
          STM    DMSRC5,DMSA      ;初始化子库地址寄存器,指向 DMSRC5
          STM    #1000h, DMSDN    ;将 1000h 写到 DMSRC5
```

【例 1-12】 带自动增量的寄存器子库寻址方式举例:对 DMA 通道 5 的 5 个子地址寄存器进行初始化。例中写入的寄存器数据是任意给出的,并不代表某个特定的配置。

```
DMSA      .set   55h               ;为寄存器地址赋值
```

```
DMSDI       .set    56h
DMSRC5      .set    19h
DMDST5      .set    1Ah
DMCTR5      .set    1Bh
DMSFC5      .set    1Ch
DMMCR5      .set    1Dh
            STM     DMSRC5,DMSA        ;初始化子库地址寄存器,指向 DMSRC5
            STM     #1000h,DMSDI       ;将 1000h 写到 DMSRC5
            STM     #2000h,DMSA        ;将 2000h 写到 DMDST5
            STM     #0010h,DMSDN       ;将 0010h 写到 DMCTR5
            STM     #0020h,DMSDN       ;将 0020h 写到 DMSFC5
            STM     #0000h,DMSA        ;将 0000h 写到 DMMCR5
```

由于子库地址是自动增量的,所以用以上程序可以很方便地对通道 5 的 5 个子地址寄存器进行初始化。每个寄存器只需用一条指令(而不是例 1－11 中的 2 条指令)配置,节省了时间和内存。

1.11.3 DMA 通道优先级和使能控制寄存器

DMA 通道优先级和使能控制(DMPREC)寄存器,控制着 DMA 系统总体操作的一些重要功能,包括:

- 每一个 DMA 通道的选用。
- 复用中断的控制。
- 通道优先级别的设置。

DMPREC 控制寄存器的位域结构如图 1－38 所示。它的存储器映像地址为 0054h,不参与子库寻址,复位后初始化为 0000h。DMPREC 每一位的功能见表 1－43。

15	14	13～8	7～6	5～0
FREE	RSVD	DPRC	INTOSEL	DE[5:0]

图 1－38 DMA 通道优先级和使能控制(DMPREC)寄存器位域结构图

表 1－43 DMA 通道优先级和使能控制(DMPREC)寄存器位域功能表

位 域	名 称	复位值	功能说明
15	FREE	0	此位设定硬件仿真器停止工作期间 DMA 控制器的工作状态: FREE=0:当硬件仿真器停止工作期间,DMA 暂停传送 FREE=1:当硬件仿真器停止工作期间,DMA 继续传送

续表 1-43

位 域	名 称	复位值	功能说明
14	RSVD	0	保留位
13	DPRC[5]	0	DMA 通道优先级别控制位 DPRC[i]=1 DMA 通道 i 优先级别高 DPRC[i]=0 DMA 通道 i 优先级别低 其中,i 为 DMA 通道号,i=5、4、3、2、1、0
12	DPRC[4]	0	
11	DPRC[3]	0	
10	DPRC[2]	0	
9	DPRC[1]	0	
8	DPRC[0]	0	
7 和 6	INTOSEL	0	中断复用控制位(见表 1-44 和表 1-45)
5	DE[5]	0	DMA 通道使能位 DE[i]=1 DMA 通道 i 允许使用 DE[i]=0 DMA 通道 i 禁止使用 其中,i 为 DMA 通道号,i=5、4、3、2、1、0
4	DE[4]	0	
3	DE[3]	0	
2	DE[2]	0	
1	DE[1]	0	
0	DE[0]	0	

关于表 1-43 所列的 DMPREC 控制寄存器位域功能再作两点说明:

① DMA 通道优先级。每个 DMA 通道优先级别高低都是可以独立设置的,优先级高的通道优先进行 DMA 传送,同一优先级的通道将以循环的方式得到服务。

② 复用中断控制。在一次传送完成之后,DMA 事件(如接收或发送)可能会触发 CPU 中断。但是,C54x 存储器映像区中的中断数量是有限的,因此,某些 DMA 中断就会与别的外围设备的中断复用。复用中断的具体配置是由 DMPREC 控制寄存器中的 INTOSEL 字段(7 和 6)确定。表 1-44 和表 1-45给出了 VC5402 和 VC5410 复用中断配置表。复位后,复用中断的配置与表中 00b 栏相同。

表 1-44 VC5402 复用中断配置表

中断号 (IMR/IFR#)	INTOSEL [1:0]			
	00b	01b	10b	11b
7	定时器 1 中断	定时器 1 中断	DMA 通道 1 中断	保留
10	McBSP1 RINT	DMA 通道 2 中断	DMA 通道 2 中断	保留
11	McBSP1 XINT	DMA 通道 3 中断	DMA 通道 4 中断	保留

表 1-45 VC5410 复用中断配置表

中断号 (IMR/IFR#)	INTOSEL [1:0]			
	00b	01b	10b	11b
4	McBSP0 RINT	McBSP0 RINT	McBSP0 RINT	保留
5	McBSP0 XINT	McBSP0 XINT	McBSP0 XINT	保留
6	McBSP2 RINT	McBSP2 RINT	DMA 通道 0 中断	保留
7	McBSP2 XINT	McBSP2 XINT	DMA 通道 1 中断	保留
10	McBSP1 RINT	DMA 通道 2 中断	DMA 通道 2 中断	保留
11	McBSP1 XINT	DMA 通道 3 中断	DMA 通道 3 中断	保留
12	DMA 通道 4 中断	DMA 通道 4 中断	DMA 通道 4 中断	保留
13	DMA 通道 5 中断	DMA 通道 5 中断	DMA 通道 5 中断	保留

1.11.4 DMA 通道现场寄存器

每个 DMA 都有 5 个 16 位通道现场寄存器，用来设置本通道的作业。

1. 源地址寄存器(DMSRCn)和目的地址寄存器(DMDSTn)

在 DMA 传送数据时读出和写入地址的寄存器，称为源地址寄存器(DMSRCn)和目的地址寄存器(DMDSTn)。如果源和目的存储单元属扩展地址，则这两个寄存器包含的是扩展地址的最低 16 位。

2. 单元计数寄存器(DMCTRn)

单元计数器用来跟踪 DMA 完成数据传送的数量。单元计数寄存器初始化时加载的是 16 位无符号数，其数值为传送的单元数减 1。在多帧传送方式时，每一次传送之后单元计数器就会自动递减。当一帧中最后一个数据送达时，单元计数器就用初始值重新加载。但在自动缓冲(ABU)传送方式，单元计数器不会递减。

3. DMA 同步事件和帧计数器(DMSFCn)

DMA 同步事件和帧计数器(DMSFCn)有 3 个用途：

- 确定以哪一个同步事件用来触发 DMA 传送。
- 确定传送字的大小(16 位或 32 位)。
- 确定传送帧的数量。

DMSFCn 寄存器的位域结构图如图 1-39 所示。DMSFCn 寄存器的功能说明见表 1-46。

15～12	11	10～8	7～0
DSYN [3:0]	DBLW	保留	Frame Count

图1-39 DMA同步事件和帧计数寄存器(DMSFCn)位域结构图

表1-46 DMA同步事件和帧计数寄存器(DMSFCn)位域功能表

位 域	名 称	复位值	功能说明
15～12	DSYN[3：0]	0	DMA同步事件位。规定哪一个同步事件用来初始化DMA通道
11	DBLW	0	双字传送方式位 DBLW=0 单字传送方式,每个单元为16位 DBLW=1 双字传送方式,每个单元为32位
10～8	保留	0	保留位
7～0	Frame Count	0	帧计数位。初始化时的加载值等于传送的帧数减1

DMA单元传送可以用各种中断事件来初始化。这些事件包括McBSP接收或发送事件、定时中断事件,以及外部中断事件。当DMA通道与某个特定事件同步时,每一次单元传送都要等待那个事件发生。DMA通道也可以工作在非同步状态,即与任何事件都不相关,这时的传送速度是最快的。

各种C54x器件的同步事件的形式不一定相同,表1-47列出了VC5402和VC5410可用的同步事件。同步事件是通过向DMSFCn寄存器的DSYN位域加载适当的值来选择的。每个DMA通道只能选择一个同步事件。复位时,DSYN位域被置成0000h(无同步事件状态)。

表1-47 VC5402和VC5410 DMA同步事件表

DSYN[3：0]	VC5402 DMA同步事件	VC5410 DMA同步事件
0000	无同步事件(非同步操作)	无同步事件(非同步操作)
0001	McBSP0接收事件(REVT0)	McBSP0接收事件(REVT0)
0010	McBSP0发送事件(XEVT0)	McBSP0发送事件(XEVT0)
0011	保留	McBSP2接收事件(REVT2)
0100	保留	McBSP2发送事件(XEVT2)
0101	McBSP1接收事件(REVT1)	McBSP1接收事件(REVT1)
0110	McBSP1发送事件(XEVT1)	McBSP1发送事件(XEVT1)
0111	保留	McBSP0接收事件:ABIS方式(REVTA0)
1000	保留	McBSP0发送事件:ABIS方式(XEVTA0)

续表 1-47

DSYN[3：0]	VC5402 DMA 同步事件	VC5410 DMA 同步事件
1001	保留	McBSP2 接收事件：ABIS 方式(REVTA2)
1010	保留	McBSP2 发送事件：ABIS 方式(XEVTA2)
1011	保留	McBSP1 接收事件：ABIS 方式(REVTA1)
1100	保留	McBSP1 发送事件：ABIS 方式(XEVTA1)
1101	定时器 0 中断事件	定时器中断事件
1110	外部中断 3(INT3)事件	外部中断 3(INT3)事件
1111	定时器 1 中断事件	保留

注：ABIS(即 A-bis)方式仅适用于 VC5410。详见参考文献[10]。

4. 传送方式控制寄存器(DMMCRn)

传送方式控制寄存器(DMMCRn)控制 DMA 通道的传送方式，DMMCRn 寄存器的位域结构图如图 1-40 所示。DMMCRn 寄存器的位域功能说明见表 1-48。

15	14	13	12	11	10～8	7～6	5	4～2	1～0
AUTOINIT	DINM	IMOD	CTMOD	保留	SIND	DMS	保 留	DIND	DMD

图 1-40　传送方式控制寄存器(DMMCRn)位域图结构图

表 1-48　传送方式控制寄存器(DMMCRn)位域功能表

位　域	名　称	复位值	功能说明
15	AUTOINIT	0	DMA 自动初始化方式位。 AUTOINIT=0　禁止自动初始化 AUTOINIT=1　允许自动初始化
14	DINM	0	DMA 中断屏蔽位。 DINM=0：不发生中断 DINM=1：基于 IMOD=1 产生中断
13	IMOD	0	DMA 中断产生方式位。 在 ABU 自动缓冲方式(CTMOD=1)： IMOD=0　仅在缓冲器全满时产生中断 IMOD=1　在缓冲器半满和全满时产生中断 在多帧方式(CTMOD=0)： IMOD=0　在块传送完成后产生中断 IMOD=1　在一帧和一块传送结束后产生中断
12	CTMOD	0	DMA 传送计数器方式控制位。 CTMOD=0　多帧方式 CTMOD=1　ABU 自动缓冲方式

续表 1-48

位 域	名 称	复位值	功能说明
11	保留	0	保留位
10～8	SIND	0	DMA 源地址变址方式位。 SIND=000 地址不修正 SIND=001 地址递增 SIND=010 地址递减 SIND=011 地址按一个偏移量(DMIDX0)递增 SIND=100 地址按一个偏移量(DMIDX1)递增 SIND=101 地址按一个偏移量(DMIDX0 和 DMFRI0)递增 SIND=110 地址按一个偏移量(DMIDX1 和 DMFRI1)递增 SIND=111 保留
7 和 6	DMS	0	DMA 源地址空间选择位。 DMS=00 程序空间；DMS=10 I/O 空间； DMS=01 数据空间；DMS=11 保留
5	保留	0	保留位
4～2	DIND	0	DMA 目的地址变址方式位。 DIND=000 地址不修正 DIND=001 地址递增 DIND=010 地址递减 DIND=011 地址按一个偏移量(DMIDX0)递增 DIND=100 地址按一个偏移量(DMIDX1)递增 DIND=101 地址按一个偏移量(DMIDX0 和 DMFRI0)递增 DIND=110 地址按一个偏移量(DMIDX1 和 DMFRI1)递增 DIND=111 保留
1 和 0	DMD	0	DMA 目的地址空间选择位。 DMD=00 程序空间；DMD=10 I/O 空间 DMD=01 数据空间；DMD=11 保留

下面对表 1-48 作三点说明：

(1) 多帧传送方式

当 DMMCRn 寄存器中的 CTMOD=0 时，DMA 通道工作在多帧传送方式。在多帧方式，DMA 通道传送的一块数据中包含多个帧，一帧中又包含多个数据单元。单元索引寄存器(DMIDX0 和 DMIDX1)用来修改帧内单元的地址，而帧索引寄存器(DMFRI0 和 DMFRI1)在一帧数据传送结束后修改帧的地址。每一帧要传送的单元数据的数目，由各通道的单元计数寄存器(DMCTRn)确定；而每一块要传送的帧数，由各通道同步选择和帧计数寄存器(DMSFCn)确定。这两个计数器在单元和帧数据传送完成之后分别递减。

单元计数器(DMCTRn)中的数值是一个 16 位无符号整数。单元计数器的初始值比所要传送的单元数小 1。所以,每一帧中可以传送的单元数目在 1(0000h)～65 536(FFFFh)之间。帧计数器(DMSFCn 的帧计数位域)中的数值是一个 8 位无符号整数。帧计数器的初始化值,等于所要求传送的帧数减 1。所以,每一个数据块可以传送的帧的数目在 1(00h)～256(FFh)之间。DMA 传送的总单元数,称为块传送总量,是传送的帧数与每帧传送的单元数的乘积。

DMA 每传送完一个数据单元后,单元计数器递减。如果一帧中的所有单元都已经传送完毕,则单元计数器将重新加载初始值,同时帧计数器递减。如果最后一帧的最后一个单元传送完毕,单元计数器和帧计数器都变成 0,除非自动初始化方式已经启用(AUTOINIT=1),否则,将一直保持 0 不变。

(2) ABU 传送方式

当通道传送方式控制寄存器 DMMCRn 的 CTMOD 位设置为 1 时,为 ABU 传送方式——自动缓冲方式,它为 DMA 传送提供一个自动控制的循环缓冲区。利用 DMA 控制器与多路缓冲串行口 McBSP 相结合,可以使 ABU 方式传送得到与使用缓冲串行口(BSP)所实现的一样的功能。

在 ABU 传送方式下,源地址和目的地址中的一个被配置为自动缓冲方式,另一个被设定为访问后不修改地址。例如,在一个 DMA 与 McBSP 相结合的数据采集系统中,选择 McBSP 接收事件为 DMA 同步事件,McBSP 的接收寄存器为 DMA 传送数据的源地址,并设定源地址访问后不修改,由 DMA 控制的循环缓冲区则被设定数据传送的目的地址。

在 ABU 传送方式中,单元计数寄存器保存着循环缓冲区的大小,而帧计数寄存器在这里没有任何作用。当地址到达循环缓冲区的终点后,它又会自动地绕回到循环缓冲区的起点,缓冲区地址不断循环直到 DMA 通道被关闭。在这种方式下,没有规定传送次数,但是,通过设置传送方式控制寄存器的 DINM 位和 IMOD 位,可以在循环缓冲区半满或全满时向 CPU 发出中断。

缓冲区有一个最小地址和一个最大地址。最大地址与基地址之差加 1 就是缓冲区的长度 N。最小地址也称为基地址。对基地址有两个要求:

① 它必须是 2 的整数幂。由于存放缓冲区长度 N 值的单元计数寄存器被规定为 16 位无符号整数,因此 N 的有效范围为 0002h～FFFFh,可以在这个范围内任意设置缓冲区长度,N 不一定限于 2 的整数幂。

② 基地址必须位于一个地址的边界上,这个边界对应于比缓冲区中最高有效位位置还要高的 2 的幂次方位置上。换句话说,缓冲区的所有存储单元都要在边界内。

【例 1-13】ABU 缓冲区举例。

① 一个缓冲区的容量为 8 个字，下一个比它高的 2 的幂次是 16，所以，缓冲区的基地址必须与 16 字的边界对准（例如，0010h、0020h、0030h）。

② 一个缓冲区的容量为 5 个字，下一个比它高的 2 的幂次是 8，所以，缓冲区的基地址必须与 8 字的边界对准（例如，0008h、0010h、0018h、0020h）。

③ 一个缓冲区的容量为 200 个字，下一个比它高的 2 的幂次是 256，所以，缓冲区的基地址必须与 256 字的边界对准（例如，0100h、0200h、0300h）。

表 1-49 列出了所有可用的 ABU 循环缓冲区长度的地址边界。循环缓冲区不能跨越 64K 地址边界。表中用“X”表示不必关注的值。

表 1-49　ABU 循环缓冲区的基地址表

ABU 循环缓冲区长度		缓冲区基地址（二进制）	ABU 循环缓冲区长度		缓冲区基地址（二进制）
十六进制	十进制		十六进制	十进制	
0002h～0003h	2～3	XXXX XXXX XXXX XX00 b	0200h～03FFh	512～1023	XXXX XX00 0000 0000 b
0004h～0007h	4～7	XXXX XXXX XXXX X000 b	0400h～07FFh	1024～2047	XXXX X000 0000 0000 b
0008h～000Fh	8～15	XXXX XXXX XXXX 0000 b	0800h～0FFFh	2048～4095	XXXX 0000 0000 0000 b
0010h～001Fh	16～31	XXXX XXXX XXX0 0000 b	1000h～1FFFh	4096～8191	XXX0 0000 0000 0000 b
0020h～003Fh	32～63	XXXX XXXX XX00 0000 b	2000h～3FFFh	8192～16383	XX00 0000 0000 0000 b
0040h～007Fh	64～127	XXXX XXXX X000 0000 b	4000h～7FFFh	16384～32767	X000 0000 0000 0000 b
0080h～00FFh	128～255	XXXX XXXX 0000 0000 b	8000h～FFFFh	32768～65535	0000 0000 0000 0000 b
0100h～01FFh	256～511	XXXX XXX0 0000 0000 b			

(3) DMA 自动初始化

若 DMMCRn 寄存器的 AUTOINIT 位设置为 1（允许自动初始化），在 DMA 完成一块数据传送之后，通道现场寄存器就会自动地进行重新初始化，以便传送下一块数据。自动初始化方式的好处是可以免除 CPU 对块传送完毕之后的干预。自动初始化期间，各通道的下列现场寄存器都要被修改：

① 用全局源地址重新加载寄存器（DMGSA）中的 16 位源地址加载源地址寄存器（DMSRCn）。

② 用全局目的地址重新加载寄存器（DMGDA）中的 16 位目的地址加载目的地址寄存器（DMDSTn）。

③ 用全局单元计数重新加载寄存器（DMGCR）中的 16 位无符号的单元计数值加载单元计数寄存器（DMCTRn）。

④ 用全局帧计数重新加载寄存器（DMGFR）中的 8 位无符号帧计数值加载同步选择和帧计数寄存器（DMSFCn）。在此，DMGFR 中的高 8 位是保留位，总是读成 0。

1.11.5 DMA编程举例

下面介绍几个配置DMA控制器的编程应用例子。每个例子中都有配置程序和对操作的说明,但不包括诸如中断服务程序那样的附加程序。为清楚起见,程序中引用了DMA寄存器的名称,而这些寄存器的地址可以用汇编命令设定,编写在每个例子的前面。

【例1-14】C54x DMA控制寄存器汇编命令定义举例。

```
*************************************
*           C54x DMA 控制寄存器汇编命令定义           *
*************************************
DMPREC      .set    0054h      ;通道优先级和使能控制寄存器
DMSA        .set    0055h      ;子库地址寄存器
DMSDI       .set    0056h      ;带自动增量的子库数据寄存器
DMSDN       .set    0057h      ;不带自动增量的子库数据寄存器
DMSRC0      .set    00h        ;通道0源地址寄存器
DMDST0      .set    01h        ;通道0目的地址寄存器
DMCTR0      .set    02h        ;通道0单元计数寄存器
DMSFC0      .set    03h        ;通道0同步选择和帧计数寄存器
DMMCR0      .set    04h        ;通道0传送方式控制寄存器
 ⋮                  05~1Dh     ;通道1~5各寄存器的定义方法与通道0相同
DMSRCP      .set    1Eh        ;源程序页地址(所有通道)
DMDSTP      .set    1Fh        ;目的程序页地址(所有通道)
DMIDX0      .set    20h        ;单元地址索引寄存器0
DMIDX1      .set    21h        ;单元地址索引寄存器1
DMFRI0      .set    22h        ;帧地址索引寄存器0
DMFRI1      .set    23h        ;帧地址索引寄存器1
DMGSA       .set    24h        ;全局源地址重新加载寄存器
DMGDA       .set    25h        ;全局目的地址重新加载寄存器
DMGCR       .set    26h        ;全局单元计数重新加载寄存器
DMGFR       .set    27h        ;全局帧计数重新加载寄存器
```

【例1-15】程序储存器到数据储存器的DMA传送(子库寻址不带自动递增)。

本例要求用DMA方式将程序空间的一块数据传送至数据空间。块传送完成之后(自动初始化关闭),DMA通道被禁止。具体要求如下:

传送方式	多帧传送方式
源地址	18000h(程序空间)
目的地址	3000h(数据空间)

传送字数　　1000h 个单字(16 位)
同步事件　　无(自由运行)
使用通道　　DMA 通道 0

```
STM     DMSRCP,DMSA                              ;设置源程序页为 1
STM     #1h,DMSDN
STM     DMSRC0,DMSA                              ;设置源地址为 8000h
STM     #8000h,DMSDN                             ;程序空间地址 18000h 的低 16 位
STM     DMDST0,DMSA                              ;设置目的地址为 3000h
STM     #3000h,DMSDN
STM     DMCTR0,DMSA                              ;设置传送次数为 1000h 次
STM     #(1000h-1),DMSDN
STM     DMSFC0,DMSA                              ;设置同步事件和帧计数寄存器
STM     #0000000000000000b,DMSDN
        ; 0000                      (DSYN)           无同步事件
        ;     0                     (DBLW)           单字方式(16 位)
        ;      000                  (保留)
        ;         00000000          (Frame Count)    帧计数器 = 0h(一帧)
STM     DMMCR0,DMSA                                  ;设置传送方式控制寄存器
STM     #0000000100000101b,DMSDN
        ; 0                         (AUTOINIT)       禁止自动初始化
        ;  0                        (DINM)           不发生中断
        ;   0                       (IMOD)           N/A
        ;    0                      (CTMOD)          多帧方式
        ;     0                     (保留)
        ;      001                  (SIND)           操作完成后源地址递增
        ;         00                (DMS)            源地址在程序空间
        ;           0               (保留)
        ;            001            (DIND)           操作完成后目的地址递增
        ;               01          (DMD)            目的地址在数据空间
STM     #0000000100000001b,DMPREC                    ;设置通道优先级和使能控制寄存器
        ; 0                         (FREE)           硬件仿真停止时 DMA 停止
        ;  0;                       (保留)
        ;   00000                   (DPRC[5-1])      通道 5、4、3、2、1 为低优先级
        ;        1                  (DPRC[0])        通道 0 为高优先级
        ;         00                (INTOSEL)        N/A
        ;           00000           (DE[5-1])        禁止使用通道 5、4、3、2、1
        ;                1          (DE[0])          允许使用通道 0
```

【例1-16】程序储存器到数据储存器的DMA传送(子库寻址带自动递增)。

本例的DMA传送要求与例1-14相同,只是使用了带自动递增的子库寻址。这种寻址方式允许用一条指令(而不是两条指令)完成一个通道现场寄存器的配置,这样可以节省时间和内存。

```
STM    DMSRCP,DMSA                 ;设置源程序页为1
STM    #1h,DMSDN
STM    DMSRC0,DMSA                 ;设置源地址为8000h,DMSA递增后
STM    #8000h,DMSDI                ;指向下一个子地址(DMDST0的地址)
STM    #3000h,DMSDI                ;设置目的地址为3000h,DMSA递增后
                                   ;指向下一个子地址(DMCTR0控制寄存器的地址)
STM    #(1000h-1),DMSDI            ;设置传送次数为1000h次,DMSA递增后
                                   ;指向下一个子地址(DMSFC0的地址)
STM    #0000h,DMSDI                ;设置同步事件和帧计数寄存器,DMSA递增后
                                   ;指向下一个子地址(DMMCR0的地址)
STM    #0105h,DMSDI                ;设置传送方式控制寄存器
STM    #0101h,DMPREC               ;设置通道优先级和使能控制寄存器
```

【例1-17】程序储存器到数据储存器的DMA传送(带有自动初始化)。

本例要求用DMA方式将程序空间的一块数据传送至数据空间。当第一块数据传送完成之后,DMA通道用全局重新加载寄存器(DMGSA、DMGDA、DMGCR、DMGFR)的内容进行自动初始化,并再次开始传送。全局重新加载寄存器规定数据空间的目的地址为2000h,取代第一块传送时的3000h。全局重新加载寄存器也可以用第一块传送相同的条件自动初始化。具体要求如下:

传送方式	多帧传送方式
初始源地址	18000h(程序空间)
初始目的地址	3000h(数据空间)
初始传送字数	1000h个单字(16位)
自动初始化源地址	18000h(程序空间)
自动初始化目的地址	2000h(数据空间)
自动初始化单元计数值	1000h个单字(16位)
自动初始化帧计数值	000h(1帧)
同步事件	无(自由运行)
使用通道	DMA通道4

```
STM    DMSRCP,DMSA                 ;设置源程序页为1
STM    #1h,DMSDN
STM    DMSRC4,DMSA                 ;设置源地址为8000h
```

```
STM   #8000h,DMSDN                          ;程序空间地址 18000h 的低 16 位
STM   DMDST0,DMSA                           ;设置目的地址为 3000h
STM   #3000h,DMSDN
STM   DMCTR4,DMSA                           ;设置传送次数为 1000h 次
STM   #(1000h-1),DMSDN
STM   DMSFC4,DMSA                           ;设置同步事件和帧计数寄存器
STM   #0000000000000000b,DMSDN
      ;0000              (DSYN)              无同步事件
      ;    0             (DBLW)              单字方式(16 位)
      ;     000          (保留)
      ;        00000000  (Frame Count)       帧计数器 = 0h(一帧)
STM   DMMCR4,DMSA                           ;设置传送方式控制寄存器
STM   #0000000100000101b,DMSDN
      ;1                 (AUTOINIT)          允许自动初始化
      ; 0                (DINM)              不发生中断
      ;  0               (IMOD)              N/A
      ;   0              (CTMOD)             多帧方式
      ;    0             (保留)
      ;     001          (SIND)              操作完成后源地址递增
      ;        00        (DMS)               源地址在程序空间
      ;          0       (保留)
      ;           001    (DIND)              操作完成后目的地址递增
      ;              01  (DMD)               目的地址在数据空间
STM   DMGSA,DMSA                            ;设置全局源地址为 8000h
STM   #8000h,DMSDN                          ;程序空间地址 18000h 的低 16 位
STM   DMGDA,DMSA                            ;设置全局目的地址为 2000h
STM   #2000h,DMSDN
STM   DMGCR,DMSA                            ;设置全局单元计数值,移动 1000h 个字
STM   #(1000h-1),DMSDN
STM   DMGFR,DMSA
STM   #0000000000000000h,DMSDN                   ;设置全局帧计数器为 0h(1 帧)
      ;00000000                             (保留)
      ;        00000000                     (全局帧计数值)
STM   #0001000000010000b,DMPREC             ;设置通道优先级和使能控制寄存器
      ;0                 (FREE)              硬件仿真停止时 DMA 停止
      ; 0                (保留)
      ;  010000          (DPRC[5-0])         通道 5、3、2、1、0 为低优先级
      ;                                      通道 4 为高优先级
      ;        00        (INTOSEL)           N/A
      ;          010000  (DE[5-0])           禁止使用通道 5、3、2、1、0
      ;                                      允许使用通道 4
```

【例 1-18】 ABU 方式下的 McBSP 数据传送。

本例要求用 DMA 方式将 McBSP0 接收到的 16 位数据传送至数据空间。目的存储器被配置成循环缓冲区形式,每次传送完成后地址自动加 1。ABU 方式可以用来实现循环缓冲。在 ABU 方式中,单元计数寄存器代表缓冲区的长度,帧计数器没

有使用。当缓冲区 100h 个单元全满时，DMA 向 CPU 发出一次中断(中断服务程序未在本例中给出)。其他要求如下：

传送方式　ABU(非递减)方式
源地址　McBSP0 数据接收寄存器(DRR10)
目的地址　3000h～30FFh(数据空间)
缓冲区长度　100h 个单字(16 位)
同步事件　McBSP0 接收事件
使用通道　DMA 通道 1

```
STM    DMSRC1,DMSA                                ;设置源地址为 McBSP 的 DRR10
STM    DRR1_0,DMSDN
STM    DMDST1,DMSA                                ;设置目的地址为 3000h
STM    #3000h,DMSDN
STM    DMCTR1,DMSA                                ;设置单元计数寄存器(即缓冲区长度)
STM    #100h,DMSDN                                ;为 100h
STM    DMSFC1,DMSA                                ;设置同步事件和帧计数寄存器
STM    #0001000000000000b,DMSDN
       ; 0001                 (DSYN)              McBSP0 同步接收事件
       ;     0                (DBLW)              单字方式(16 位)
       ;      000             (保留)
       ;         00000000     (Frame Count)       在 ABU 方式下，帧计数值是无关的
STM    DMMCR1,DMSA                                ;设置传送方式控制寄存器
STM    #0101000001001101b,DMSDN
       ; 0                    (AUTOINIT)          禁止自动初始化
       ;  1                   (DINM)              开放 DMA 中断
       ;   0                  (IMOD)              缓冲区全满时中断
       ;    1                 (CTMOD)             ABU(非递减)方式
       ;     0                (保留)              (SIND)操作完成后源地址(DRR10)不修正
       ;      000             (DMS)               源地址在数据空间
       ;         01           (保留)
       ;           0          (DIND)              操作完成后目的地址按 DMIDX0 中的值
                                                  增加
       ;            011       (DMD)               目的地址在数据空间
       ;               01
STM    DMIDX0,DMSA                                ;设置单元地址偏移量为 1
STM    #0000001000000010b,DMPREC                  ;设置通道优先级和使能控制寄存器
       ; 0                    (FREE)              硬件仿真停止时 DMA 停止； 0(保留)
       ;   000010             (DPRC[5-0])         通道 5、4、3、2、0 为低优先级
       ;                                          通道 1 为高优先级
       ;         00(INTOSEL)  N/A
       ;           000010     (DE[5-0])           禁止使用通道 5、4、3、2、0
                                                  允许使用通道 1
```

1.12 外部总线

C54x 通过外部总线与外部存储器以及 I/O 设备相连。本节介绍 C54x 外部总线的接口信号、优先权以及外部总线的控制性能，包括软件等待状态、分区转换逻辑以及保持工作方式等内容，从中可以看出 C54x 具有很强的系统接口能力。

1.12.1 外部总线接口

C54x 的外部接口由数据总线、地址总线以及一组控制信号所组成，可以用来寻址片外存储器和 I/O 口。表 1-50 列出了 C54x 的主要的外部接口信号。

表 1-50 主要的外部接口信号

信号名称	说 明	信号名称	说 明
A0～A15	地址总线(部分 C54x 地址线为 A0～A22)	$R/\overline{W}$	读/写信号
D0～D15	数据总线	READY	数据准备好信号
$\overline{MSTRB}$	外部存储器选通信号	$\overline{HOLD}$	请求控制存储器接口
$\overline{PS}$	程序空间选择信号	$\overline{HOLDA}$	响应$\overline{HOLD}$请求
$\overline{DS}$	数据空间选择信号	$\overline{MSC}$	微状态完成信号
$\overline{IOSTRB}$	I/O 设备选通信号	$\overline{IAQ}$	获取指令地址信号
$\overline{IS}$	I/O 空间选择信号	$\overline{IACK}$	中断响应信号

外部接口总线是一组并行接口。它有两个互相排斥的选通信号：$\overline{MSTRB}$和$\overline{IOSTRB}$。前者用于访问外部程序或数据存储器，后者用于访问 I/O 设备。读/写信号 $R/\overline{W}$ 则控制数据传送的方向。

外部数据准备输入信号(READY)与片内软件可编程等待状态发生器一道，可以使处理器与各种速度的存储器以及 I/O 设备接口。当与慢速器件通信时，CPU 处于等待状态，直到慢速器件完成了它的操作并发出 READY 信号后才继续运行。

当外部设备需要寻址 C54x 的外部程序、数据和 I/O 存储空间时，可以利用$\overline{HOLD}$和$\overline{HOLDA}$信号，达到控制 C54x 的外部资源的目的。

CPU 寻址片内存储器时，外部数据总线置高阻状态，而地址总线以及存储器选择信号(程序空间选择信号$\overline{PS}$、数据空间选择信号$\overline{DS}$以及 I/O 空间选择信号$\overline{IS}$)均保持先前的状态，此外，$\overline{MSTRB}$、$\overline{IOSTRB}$、$R/\overline{W}$、$\overline{IAQ}$以及$\overline{MSC}$信号均保持在无效状态。

如果处理器工作方式状态寄存器(PMST)中的地址可见位(AVIS)置 1,那么 CPU 执行指令时的内部程序存储器的地址就出现在外部地址总线上,同时$\overline{IAQ}$信号有效。

1.12.2　外部总线操作的优先级别

C54x CPU 内部有 1 条程序总线(PB)、3 条数据总线(CB、DB 和 EB)以及 4 条相对应的地址总线(PAB、CAB、DAB 和 EAB)。由于片内是流水线结构,可以允许 CPU 同时寻址它的这些总线。但是,外部总线只允许每个机器周期进行一次寻址。如果在一个机器周期内,CPU 寻址外部存储器两次——一次取指,一次取操作数,那么就会发生流水线冲突。

举一个外部总线操作冲突的例子。当数据和程序存储器都在片外,且一条单操作数写指令后面紧跟一条双操作数读或一条 32 位长操作数读指令时,就会发生以上所讨论的流水线冲突:

```
ST          T, * AR6          ;Smem 写操作
LD          * AR4+,A          ;Xmem 和 Ymem 读操作
|| MAC      * AR5+,B
```


幸好,C54x 会自动地解决这种流水线冲突,因为事先已经规定好了流水线各个阶段操作的优先级别。图 1-41 给出了外部总线上流水线操作的优先级别。图中表明在一个机器周期中既要对外部总线接口上进行一次取指操作,又要进行两次读操作和一次写操作,根据流水线各个阶段操作的优先级别,数据寻址比程序存储器取指具有较高的优先权:在所有的 CPU 数据寻址完成以前,程序存储器取指操作是不可能开始的。

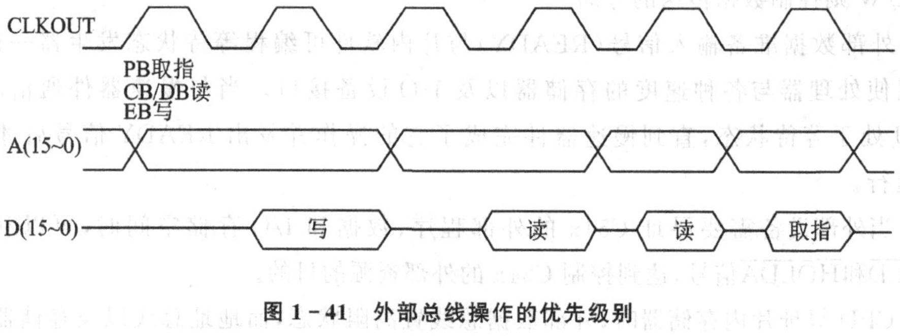

图 1-41　外部总线操作的优先级别

1.12.3 等待状态发生器

C54x 片内有两个部件——等待状态发生器和分区开关逻辑电路，控制着外部总线的工作。而这两个部件又分别受到两个存储器映像寄存器——软件等待状态寄存器(SWWSR)和分区开关控制寄存器(BSCR)的控制。下面分别进行讨论。

软件可编程等待状态发生器可以将外部总线周期延长多达 7 个机器周期，这样一来，C54x就能很方便地与外部慢速器件相接口。如果外部器件要求插入 7 个以上的等待周期，则可以利用硬件 READY 线来接口。当所有的外部寻址都配置在 0 等待状态时，加到等待状态发生器的时钟被关断；来自内部时钟的这些通道被切断后，可以降低处理器的功耗。

软件可编程等待状态发生器的工作受到一个 16 位的软件等待状态寄存器(SWWSR)的控制，它是一个存储器映像寄存器，在数据存储空间的地址为 0028h。

将程序空间和数据空间都分成两个 32K 字块，I/O 空间由一个 64K 字块组成。这 5 个字块空间在 SWWSR 中都相应地有一个 3 位字段，用来定义各个空间插入等待状态的数目：

15	14～12	11～9	8～6	5～3	2～0
保留/XPA	I/O 空间 (64 K)	数据空间 (高 32 K)	数据空间 (低 32 K)	程序空间 (高 32 K)	程序空间 (低 32 K)
R	R/W	R/W	R/W	R/W	R/W

上述 SWWSR 的各 3 位字段规定的插入等待状态的最小数为 0(不插等待周期)，最大数为 7(111b)。

表 1-51 和表 1-52 列出了 C54x 软件等待状态寄存器各字段功能的详细说明。

表 1-51 TMS320C54x 软件等待状态寄存器(SWWSR)各字段的功能

位	名 称	复位值	功 能
15	保留	0	保留位。此位是扩展程序存储器的地址控制位(参见表 1-52)
14～12	I/O 空间	111b	I/O 空间字段。此字段值(0～7)是对 0000h～FFFFh I/O 空间插入的等待状态数
11～9	数据空间	111b	数据空间字段。此字段值(0～7)是对 8000h～FFFFh 数据空间插入的等待状态数
8～6	数据空间	111b	数据空间字段。此字段值(0～7)是对 0000h～7FFFh 数据空间插入的等待状态数
5～3	程序空间	111b	程序空间字段。此字段值(0～7)是对 8000h～FFFFh 程序空间插入的等待状态数
2～0	程序空间	111b	程序空间字段。此字段值(0～7)是对 0000h～7FFFh 程序空间插入的等待状态数

表1-52 具有扩展程序存储器的C54x软件等待状态寄存器(SWWSR)各字段的功能

位	名 称	复位值	功 能
15	XPA	0	扩展程序存储器地址控制位。XPA=0,不扩展;XPA=1,扩展。所选的程序存储器地址由程序字段决定
14～12	I/O空间	111b	I/O空间字段。此字段值(0～7)是对0000h～FFFFh I/O空间插入的等待状态数
11～9	数据空间	111b	数据空间字段。此字段值(0～7)是对8000h～FFFFh数据空间插入的等待状态数
8～6	数据空间	111b	数据空间字段。此字段值(0～7)是对0000h～7FFFh数据空间插入的等待状态数
5～3	程序空间	111b	程序空间字段。此字段值(0～7)是对下列程序空间插入的等待状态数,即 XPA=0 XX8000h～XXFFFFh XPA=1 400000h～7FFFFFh
2～0	程序空间	111b	程序空间字段。此字段值(0～7)是对下列程序空间插入的等待状态数,即 XPA=0 XX0000h～XX7FFFh XPA=1 000000h～3FFFFFh

图1-42是C54x软件可编程等待状态发生器的方框图。当CPU寻址外部程序存储器时,将SWWSR中相应的字段值加载到计数器。如果这个字段值不为000,就会向CPU发出一个"没有准备好"信号,等待状态计数器启动工作。没有准备好的情况一直保持到计数器减到0和外部READY线置高电平为止。外部READY信号和内部等待状态的READY信号经过一个与门产生CPU等待信号,加到CPU的$\overline{\text{WAIT}}$端。当计数器减到0(内部等待状态的READY信号变为高电平),且外部READY也为高电平时,CPU的$\overline{\text{WAIT}}$端由低变高,结束等待状态。需要说明的是,只有软件编程等待状态插入2个以上机器周期时,CPU才在CLKOUT的下降沿检测外部READY信号。

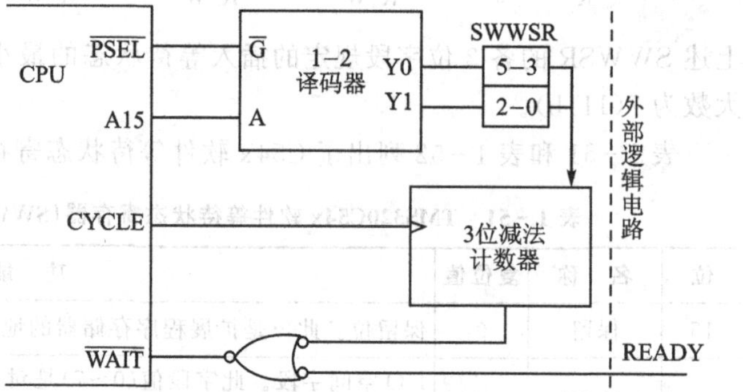

图1-42 C54x软件可编程等待状态发生器方框图

复位时,SWWSR的所有字段均置成111b(SWWSR=7FFFh)。这一点能确保处理器初始化期间 CPU 能够与外部慢速存储器正常通信。如要插入 7 个以上等待状态，就需要附加硬件电路，详细讨论参见 6.2 节。

1.12.4 分区切换逻辑

可编程分区切换逻辑允许 C54x 在外部存储器分区之间切换时，不需要为外部存储器插等待状态。当跨越外部程序或数据空间中的存储器分区界线寻址时，分区切换逻辑会自动地插入一个周期。

分区切换由分区切换控制寄存器(BSCR)定义，它是地址为 0029h 的存储器映像寄存器。BSCR 的组成如下：

15～12	11	10～2	1	0
BNKCMP	PS～DS	保留位	BH	EXIO
R/W	R/W		R/W	R/W

注意，BNKCMP 的值只能是表 1-53 中列出的 5 种值，其他值是不允许的。此外，可以利用 EXIO 和 BH 位一道来控制外部地址和数据总线。正常操作情况下，这两位都应当置 0。若要降低功耗，特别是从来不用或者很少用外部存储器时，可以将 EXIO 和 BH 位置 1。

表 1-53 分区切换控制寄存器(BSCR)各位段的功能

<table>
<tr><th>位</th><th>名 称</th><th>复位值</th><th>功 能</th></tr>
<tr><td>15～12</td><td>BNKCMP</td><td>—</td><td>分区对照位。此位决定外部存储器分区的大小。BNKCMP 用来屏蔽高 4 位地址。例如，如果 BNKCMP=1111b，则地址的最高 4 位被屏蔽掉，结果分区为 4K 字空间。分区的大小从 4K 字到 64K 字，BNKCMP 与分区大小的关系如下：
<table>
<tr><th colspan="4">BNKCMP</th><th rowspan="2">屏蔽的最高有效位</th><th rowspan="2">分区大小
(16 位字)</th></tr>
<tr><th>位 15</th><th>位 14</th><th>位 13</th><th>位 12</th></tr>
<tr><td>0</td><td>0</td><td>0</td><td>0</td><td>—</td><td>64K</td></tr>
<tr><td>1</td><td>0</td><td>0</td><td>0</td><td>15</td><td>32K</td></tr>
<tr><td>1</td><td>1</td><td>0</td><td>0</td><td>15～14</td><td>16K</td></tr>
<tr><td>1</td><td>1</td><td>1</td><td>0</td><td>15～13</td><td>8K</td></tr>
<tr><td>1</td><td>1</td><td>1</td><td>1</td><td>15～12</td><td>4K</td></tr>
</table></td></tr>
<tr><td>11</td><td>PS～DS</td><td>—</td><td>程序空间读—数据空间读寻址位。此位决定在连续进行程序读—数据读或者数据读—程序读寻址之间是否插一个额外的周期：
PS～DS=0 不插
PS～DS=1 插一个额外的周期</td></tr>
</table>

续表1-53

位	名 称	复位值	功 能
10～2	保留位	—	这9位均为保留位
1	BH	0	总线保持器位。用来控制总线保持器： BH=0 关断总线保持器 BH=1 接通总线保持器。数据总线保持在原先的逻辑电平
0	EXIO	0	关断外部总线接口位。用来控制外部总线： EXIO=0 外部总线接口处接通状态 EXIO=1 关断外部总线接口 在完成当前总线周期后，地址总线、数据总线和控制信号均变成无效：A(15～0)为原先的状态，D(15～0)为高阻状态，$\overline{PS}$、$\overline{DS}$、$\overline{IS}$、$\overline{MSTRB}$、$\overline{IOSTRB}$、R/$\overline{W}$、$\overline{MSC}$以及$\overline{IAQ}$为高电平。PMST中的DROM、MP/$\overline{MC}$和OVLY位以及ST1中的HM位都不能被修改

C54x分区切换逻辑可以在下列几种情况下自动地插入一个附加的周期(在这个附加的周期内，让地址总线转换到一个新的地址)，即

- 一次程序存储器读操作之后，紧跟着对不同的存储器分区的另一次程序存储器读或数据存储器读操作。
- 当PS～DS位置1时，一次程序存储器读操作之后，紧跟着一次数据存储器读操作。
- 对于C549等扩展外部程序存储器的芯片，一次程序存储器读操作之后，紧跟着对不同页进行另一次程序存储器读操作。
- 一次数据存储器读操作之后，紧跟着对一个不同的存储器分区进行另一次程序存储器或数据存储器读操作。
- 当PS～DS位置1时，一次数据存储器读操作之后，紧跟着一次程序存储器读操作。

1.12.5 外部总线接口定时图

所有的外部总线寻址都是在整数个CLKOUT周期内完成的。一个CLKOUT周期定义为CLKOUT信号的一个下降沿到其下一个下降沿。某些不插等待状态的外部总线寻址，例如存储器写操作或者I/O写和I/O读操作，都是2个机器周期。存储器读操作只需要一个机器周期；但如果存储器读操作之后紧跟着一次存储器写操作，或者反过来，那么存储器读就要多花半个周期。下面举例介绍外部接口定时图，除非另作说明，所举例子都是零等待状态寻址。

存储器寻址定时图以及I/O寻址定时图反映了C54x存储器和I/O操作时各信

号之间的时序关系，这对于正确用好外部总线接口是很重要的。

1. 存储器寻址定时图

分析存储器寻址定时图时，注意：

(1) 在存储器读/写数据有效段，存储器选通信号$\overline{MSTRB}$为低电平，其持续期至少一个 CLKOUT 周期。$\overline{MSTRB}$的前后都有一个 CLKOUT 转变周期。

(2) 在 CLKOUT 转变周期内：

① $\overline{MSTRB}$为高电平。

② R/$\overline{W}$ 如变化，一定发生在 CLKOUT 的上升沿。

③ 下列情况下，地址变化发生在 CLKOUT 的上升沿：

- 前面的 CLKOUT 周期是存储器写操作。
- 前面是存储器读操作，紧跟着是一次存储器写操作或 I/O 读/写操作。

其他情况下，地址变化发生在 CLKOUT 的下降沿。

④ $\overline{PS}$、$\overline{DS}$或$\overline{IS}$变化与地址线同时变化。

图 1-43 给出了存储器"读-读-写"操作定时图。

由图可见，虽然外部存储器写操作要花 2 个机器周期，而在同一分区中来回读($\overline{MSTRB}$在来回读期间保持低电平)，每次都是单周期寻址。

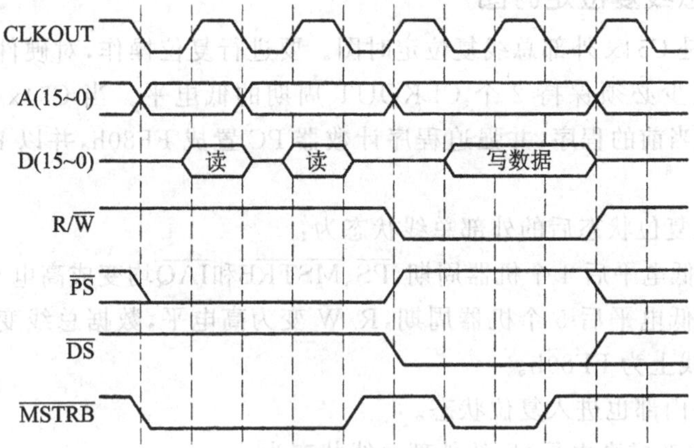

图 1-43　存储器"读-读-写"操作定时图

2. I/O 寻址定时图

在不插等待周期情况下，对 I/O 设备读/写操作要持续 2 个机器周期。在这期间，地址线变化一般都发生在 CLKOUT 的下降沿(若 I/O 寻址前是一次存储器寻址，则地址变化发生在上升沿)。I/O 设备选通信号$\overline{IOSTRB}$低电平有效是从 CLKOUT 的一个上升沿到下一个上升沿，持续一个机器周期。

图 1-44 是并行 I/O 口读—写—读操作定时图。由图可见 I/O 读/写操作都是两个机器周期。

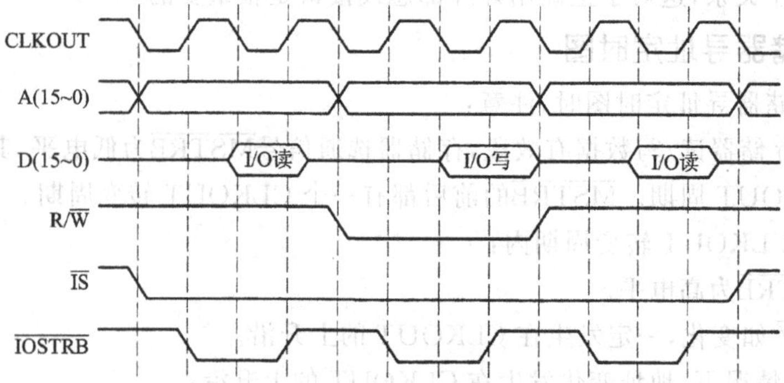

图1-44 并行I/O口"读-写-读"操作定时图

1.12.6 复位和IDLE3省电工作方式

当C54x进入或脱离IDLE1、IDLE2、复位或IDLE3这4种工作方式中的某一种时,CPU总是在工作和不工作之间转换。由于前2种方式(IDLE1和IDLE2)下加到CPU和在片外围电路的时钟还在工作,因此不需进行特别的讨论。这里着重介绍复位和IDLE3的时序关系。

1. 外部总线复位定时图

图1-45是C54x外部总线复位定时图。要进行复位操作,对硬件初始化,复位输入信号$\overline{RS}$至少必须保持2个CLKOUT周期的低电平。当C54x响应复位时,CPU终止执行当前的程序,并强迫程序计数器PC置成FF80h,并以FF80h驱动地址总线。

C54x进入复位状态后的外部总线状态为:

- $\overline{RS}$变为低电平后4个机器周期,$\overline{PS}$、$\overline{MSTRB}$和$\overline{IAQ}$均变成高电平。
- $\overline{RS}$变为低电平后5个机器周期,R/$\overline{W}$变为高电平,数据总线变为高阻状态,地址总线上为FF80h。

同时,器件内部也进入复位状态。

当$\overline{RS}$结束(变成高电平)后的外部总线状态为:

- $\overline{RS}$变成高电平后5个机器周期,$\overline{PS}$变成低电平。
- $\overline{RS}$变成高电平后6个机器周期,$\overline{MSTRB}$和$\overline{IACK}$变成低电平。

一个半周期之后,CPU准备读数并进入正常工作状态。

2. "唤醒"IDLE3省电方式的定时图

C54x CPU执行IDLE3指令,就是进入IDLE3省电工作方式。在这种方式下,PLL完全停止工作,以降低功耗。此时,输入时钟信号继续运行,但由于它与内部电路已经隔断,不会造成什么功耗。利用外部中断($\overline{INTn}$、$\overline{NMI}$和$\overline{RS}$)可以结束IDLE3省电工作方式。

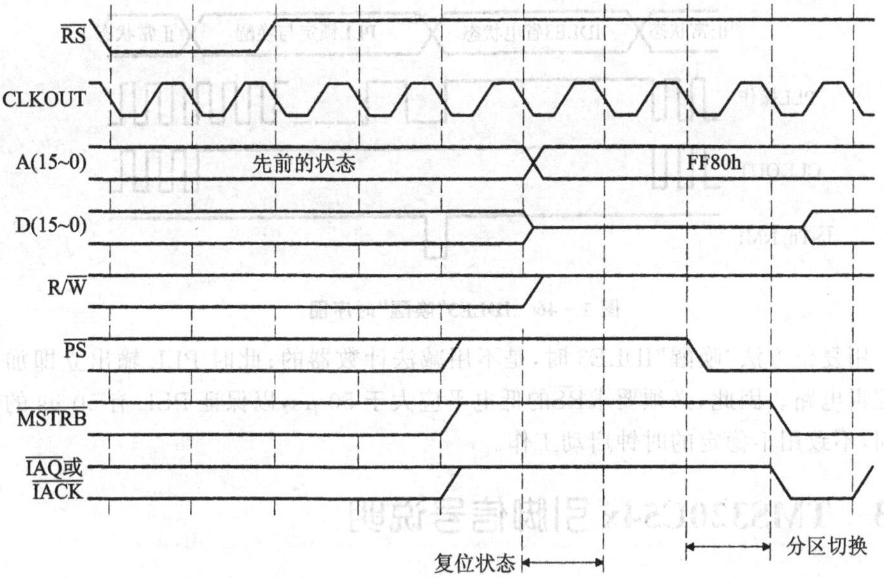

图 1-45 外部总线复位定时图

当 C54x 退出 IDLE3 省电工作方式时，必须重新启动 PLL，并在 CPU 重新恢复工作以前锁定好相位。表 1-54 列出了用$\overline{\text{INTn}}$和$\overline{\text{NM1}}$信号“唤醒”IDLE3 的时间。在软件可编程 PLL(参见 1.9.3 小节)中已对它们的设定进行了详细讨论。

表 1-54 减法计数时间与计数器初值以及 PLL 乘系数的关系

计数器起始值	PLL 乘系数	等效时钟周期 (N)	减法计数时间/μs (CLKOUT 频率为 40 MHz)
2048	1	2 048	51.2
2048	1.5	3 072	76.8
1024	2	2 048	51.2
1024	2.5	2 560	64
1024	3	3 072	76.8
512	4	2 048	51.2
512	4.5	2 304	57.6
512	5	2 560	64

当一个中断引脚为低电平时(中断脉冲宽度至少为 10 ns)，PLL 计数器对输入时钟进行减法计数。当计数器减到 0 后，锁相后的 PLL 输出加到 CPU，C54x 退出 IDLE3省电工作方式。PLL 计数器中的初始值，与 PLL 的乘系数有关。当 CLKOUT 频率为 40 MHz 时，表 1-54中的计数器初始值以及相应的 PLL 乘系数，能保证减法计数时间大于 50 μs，CPU 在锁相后的 PLL 输出时钟作用下正常工作。图 1-46是 IDLE3“唤醒”时序图。

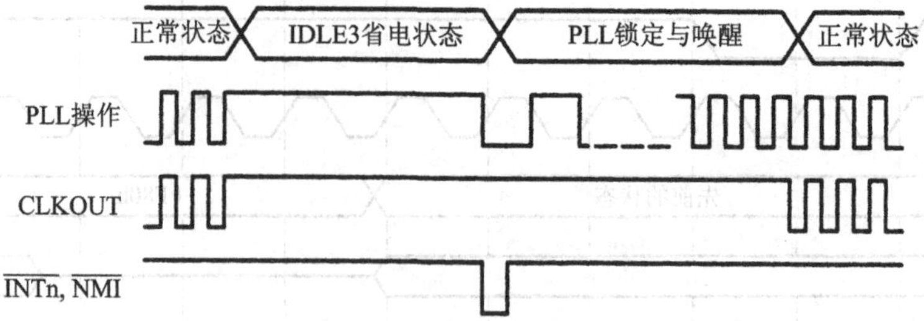

图 1-46　IDLE3"唤醒"时序图

当用复位方法"唤醒"IDLE3 时，是不用减法计数器的；此时 PLL 输出立即加到内部逻辑电路。因此，必须要求$\overline{\text{RS}}$的低电平应大于 50 μs，以保证 PLL 有 50 μs 的锁定时间，不致用不稳定的时钟启动工作。

1.13　TMS320C54x 引脚信号说明

表 1-55 列出了 TMS320C54x 引脚信号的说明。

表 1-55　TMS320C54x 信号引脚说明

引脚名称	I/O/Z	说　明
		数据信号
A22(MSB) A21 ⋮ A0(LSB)	O/Z	地址总线 A22(MSB)～A0(LSB)。低 16 位(A15～A0)为寻址外部数据/程序存储空间或 I/O 空间所复用。处理器保持方式时，A15～A0 处于高阻状态；当 EMU1/$\overline{\text{OFF}}$为低电平时，A15～A0 也变成高阻状态。7 个最高位(A22～A16)用于扩展程序存储器寻址
D15(MSB) D14 ⋮ D0(LSB)	I/O/Z	数据总线 D15(MSB)～D0(LSB)。D15～D0 为 CPU 与外部数据/程序存储器或 I/O 设备之间传送数据所复用。当没有输出或$\overline{\text{RS}}$、$\overline{\text{HOLD}}$信号有效时，D15～D0 处于高阻状态。若 EMU1/$\overline{\text{OFF}}$为低电平，则 D15～D0 也变成高阻状态
		初始化、中断和复位信号
$\overline{\text{IACK}}$	O/Z	中断响应信号。$\overline{\text{IACK}}$有效时，表示接受一次中断，程序计数器按照 A15～A0 所指令的位置取出中断向量。当 EMU1/$\overline{\text{OFF}}$为低电平时，$\overline{\text{IACK}}$也变成高阻状态
$\overline{\text{INT0}}$，$\overline{\text{INT1}}$ $\overline{\text{INT2}}$，$\overline{\text{INT3}}$	I	外部中断请求信号。$\overline{\text{INT0}}$～$\overline{\text{INT3}}$的优先级为：$\overline{\text{INT0}}$最高，依次下去，$\overline{\text{INT3}}$最低。这 4 个中断请求信号都可以用中断屏蔽寄存器和中断方式位屏蔽。$\overline{\text{INT0}}$～$\overline{\text{INT3}}$都可以通过中断标志寄存器进行查询和复位

续表 1-55

引脚名称	I/O/Z	说 明
$\overline{\text{NM1}}$	I	非屏蔽中断。$\overline{\text{NM1}}$是一种外部中断,不能用中断屏蔽寄存器和中断方式位对其屏蔽。当$\overline{\text{NM1}}$有效时,处理器从非屏蔽中断向量位置上取指
$\overline{\text{RS}}$	I	复位信号。$\overline{\text{RS}}$有效时,DSP结束当前正在执行的操作,强迫程序计数器变成0FF80h。当$\overline{\text{RS}}$变为高电平时,处理器从程序存储器的0FF80h单元开始执行程序。$\overline{\text{RS}}$对许多寄存器和状态位有影响
MP/$\overline{\text{MC}}$	I	微处理器/微型计算机方式选择引脚。如果复位时此引脚为低电平,就工作在微型计算机方式,片内程序ROM映像到程序存储器高地址空间。在微处理器方式时,DSP对片外存储器寻址
CNT	I	I/O电平选择引脚。当CNT下拉到低电平时,为5 V工作状态,所有输入和输出电压电平均与TTL电平兼容。当CNT为高电平时,为3 V工作状态,I/O接口电平与CMOS电平兼容
		多处理器信号
$\overline{\text{BIO}}$	I	控制分支转移的输入信号。当$\overline{\text{BIO}}$低电平有效时,有条件地执行分支转移。执行XC指令,是在流水线的译码阶段采样$\overline{\text{BIO}}$条件;执行其他条件指令时,是在流水线的读操作数阶段采样$\overline{\text{BIO}}$
XF	O/Z	外部标志输出端。这是一个可以锁存的、软件可编程信号,可以利用SSBX XF指令,将XF置高电平;用RSBX XF指令,将XF置成低电平;也可以用加载状态寄存器ST1的方法来设置。在多处理器配置中,利用XF向其他处理器发送信号,XF也可用作一般的输出引脚。当EMU1/$\overline{\text{OFF}}$为低电平时XF变成高阻状态,复位时XF变为高电平
		存储器控制信号
$\overline{\text{DS}}$ $\overline{\text{PS}}$ $\overline{\text{IS}}$	O/Z	数据、程序和I/O空间选择信号。$\overline{\text{DS}}$、$\overline{\text{PS}}$和$\overline{\text{IS}}$总是高电平,只有与一个外部空间通信时,相应的选择信号才为低电平。它们的有效期与地址信号的有效期相对应。在保持方式时,均变成高阻状态。当EMU1/$\overline{\text{OFF}}$为低电平时,$\overline{\text{DS}}$、$\overline{\text{PS}}$和$\overline{\text{IS}}$也变成高阻状态
$\overline{\text{MSTRB}}$	O/Z	存储器选通信号。$\overline{\text{MSTRB}}$平时为高电平,当CPU寻址外部数据或程序存储器时为低电平。在保持工作方式或EMU1/$\overline{\text{OFF}}$为低电平时,$\overline{\text{MSTRB}}$变成高阻状态

续表 1-55

引脚名称	I/O/Z	说 明
READY	I	数据准备好信号。READY 有效(高电平)时,表明外部器件已经作好传送数据的准备。如果外部器件没有准备好(READY 为低电平),处理器就等待一个周期,到时再检查 READY 信号。注意,如果软件编程 2 个以上等待状态,处理器要检测 READY 信号。不过,要等软件等待状态完成之后,CPU 才检测 READY 信号
R/$\overline{\text{W}}$	O/Z	读/写信号。R/$\overline{\text{W}}$ 指示与外部器件通信期间数据传送的方向。R/$\overline{\text{W}}$ 平时为高电平(读方式),只有当 DSP 执行一次写操作时才变成低电平。在保持工作方式和 EMU1/$\overline{\text{OFF}}$为低电平时,R/$\overline{\text{W}}$ 变成高阻状态
$\overline{\text{IOSTRB}}$	O/Z	I/O 选通信号。$\overline{\text{IOSTRB}}$平时为高电平,当 CPU 寻址外部 I/O 设备时为低电平。在保持工作方式或 EMU1/$\overline{\text{OFF}}$为低电平时,$\overline{\text{IOSTRB}}$变成高阻状态
$\overline{\text{HOLD}}$	I	保持输入信号。$\overline{\text{HOLD}}$低电平有效时,表示外部电路请求控制地址、数据和控制信号线。当 C54x 响应时,这些线均变成高阻状态
$\overline{\text{HOLDA}}$	O/Z	保持响应信号。$\overline{\text{HOLDA}}$低电平有效时,表示处理器已处于保持状态,数据、地址和控制线均处于高阻状态,外部电路可以利用它们。当 EMU1/$\overline{\text{OFF}}$为低电平时,$\overline{\text{HOLDA}}$也变成高阻状态
$\overline{\text{MSC}}$	O/Z	微状态完成信号。当内部编程的 2 个或 2 个以上软件等待状态执行到最后一个状态时,$\overline{\text{MSC}}$变为低电平。如果将$\overline{\text{MSC}}$连到 READY 线上,则可以在最后一个内部等待状态完成后,再插入一个外部等待状态。当 EMU1/$\overline{\text{OFF}}$为低电平时,$\overline{\text{MSC}}$也变成高阻状态
$\overline{\text{IAQ}}$	O/Z	指令地址采集信号。 当$\overline{\text{IAQ}}$低电平有效时,表示一条正在执行的指令的地址出现在地址总线上。当 EMU1/$\overline{\text{OFF}}$为低电平时,$\overline{\text{IAQ}}$变成高阻状态
		振荡器/定时器信号
CLKOUT	O/Z	主时钟输出信号。 CLKOUT 周期就是 CPU 的机器周期。内部机器周期是以这个信号的下降沿界定的。当 EMU1/$\overline{\text{OFF}}$为低电平时,CLKOUT 也变成高阻状态

续表 1-55

引脚名称	I/O/Z	说明
CLKMD1 CLKMD2 CLKMD3	I	外部/内部时钟工作方式输入信号。 利用CLKMD1、CLKMD2和CLKMD3,可以选择和配置不同的时钟工作方式,例如晶振方式、外部时钟方式以及各种锁相环系数
X2/CLKIN	I	晶体接到内部振荡器的输入引脚。 若不用内部晶体振荡器,该引脚就变成外部时钟输入端。内部机器周期由时钟工作方式引脚(CLKMD1、CLKMD2和CLKMD3)决定
X1	O	从内部振荡器连到晶体的输出引脚。 如果不用内部晶体振荡器,X1应空着不接。当EMU1/$\overline{\text{OFF}}$为低电平时,X1不会变成高阻状态
TOUT	O/Z	定时器输出端。 当片内定时器减法计数到0时,TOUT输出端发出一个脉冲。当EMU1/$\overline{\text{OFF}}$为低电平时,TOUT也变成高阻状态
		缓冲串行口0和缓冲串行口1的信号
BCLKR0 BCLKR1	I	接收时钟。 这个外部时钟信号对来自数据接收(BDR)引脚、传送至缓冲串行口接收移位寄存器(BRSR)的数据进行定时。在缓冲串行口传送数据期间,这个信号必须存在。如果不用缓冲串行口,可以把BCLKR0和BCLKR1作为输入端,通过缓冲串行口控制寄存器(BSPC)的IN0位检查它们的状态
BCLKX0 BCLKX1	I/O/Z	发送时钟。这个时钟用来对来自缓冲串行口发送移位寄存器(BXSR)、传送到数据发送引脚(BDX)的数据进行定时。如果BSPC寄存器的MCM位清0,BCLKX可以作为一个输入端,从外部输入发送时钟。当MCM位置1,它由片内时钟驱动。此时发送时钟频率等于CLKOUT频率×1/(CLKDV+1),其中CLKDV为发送时钟分频系数,其值为0～31。 如果不用缓冲串行口,可以把BCKLX0和BCKLX1作为输入端,通过BSPC中的IN1位检查它们的状态。当EMU1/$\overline{\text{OFF}}$为低电平时,BCLK0和BCLK1变成高阻状态
BDR0 BDR1	I	缓冲串行口数据接收端。串行数据由BDR0/BDR1端接收后,传送到缓冲串行口接收移位寄存器(BRSR)

续表 1-55

引脚名称	I/O/Z	说 明
BDX0 BDX1	O/Z	缓冲串行口数据发送端。来自缓冲串行口发送移位寄存器(BXSR)的数据经 BDX 引脚串行传送出去。当不发送数据或者 EMU1/$\overline{\text{OFF}}$为低电平时,BDX0 和 BDX1 变成高阻状态
BFSR0 BFSR1	I	用于接收输入的帧同步脉冲。BFSR 脉冲的下降沿对数据接收过程初始化,并开始对 BRSR 定时
BFSX0 BFSX1	I/O/Z	用于发送输出的帧同步脉冲。BFSX 脉冲的下降沿对数据发送过程初始化,并开始对 BRSX 定时,复位后,BFSX 的缺省操作条件是作为一个输入信号。 当 BSPC 中的 TXM 位置 1 时,由软件选择 BFSX0 和 BFSX1 为输出,帧发送同步脉冲由片内给出。当 EMU1/$\overline{\text{OFF}}$为低电平时,此引脚变成高阻状态
串行口 0 和串行口 1 的信号		
CLKR0 CLKR1	I	接收时钟。这个外部时钟信号对来自数据接收(DR)引脚、传送至串行口接收移位寄存器(RSR)的数据进行定时。在串行口传送数据期间,这个信号必须存在。 如果不用串行口,可以把 CLKR0 和 CLKR1 作为输入端,通过串行口控制寄存器(SPC)的 IN0 位检查它们的状态
CLKX0 CLKX1	I/O/Z	发送时钟。这个时钟对来自串行口发送移位寄存器(XSR)、传送到数据发送引脚(DX)的数据进行定时。如果 SPC 的 MCM 位清 0,CLKX 可以作为一个输入端,从外部输入发送时钟。当 MCM 位置 1,它由片内时钟驱动。此时发送时钟频率等于 1/4 CLKOUT 频率。如果不用串行口,可以把 CLKX0 和 CLKX1 作为输入端,通过 SPC 中的 IN1 位检查它们的状态。当 EMU1/$\overline{\text{OFF}}$为低电平时,CLKX0 和 CLKX1 变成高阻状态
DR0 DR1	I	串行口数据接收端。串行数据由 DR 端接收后,传送到串行口接收移位寄存器(RSR)
DX0 DX1	O/Z	串行口数据发送端。来自串行口发送移位寄存器(XSR)的数据经 DX0 和 DX1 引脚传送出去。当不发送数据或者 EMU1/$\overline{\text{OFF}}$为低电平时,DX0 和 DX1 变成高阻状态
FSR0 FSR1	I	用于接收输入的帧同步脉冲。FSR 脉冲的下降沿对数据接收过程初始化,并开始对 RSR 定时

续表 1-55

引脚名称	I/O/Z	说 明
FSX0 FSX1	I/O/Z	用于发送输出的帧同步脉冲。FSX 脉冲的下降沿对数据发送过程初始化,并开始对 XSR 定时。复位后,FSX 的缺省操作条件是作为一个输入信号。当 SPC 中的 TXM 位置 1 时,由软件选择 FSX0 和 FSX1 为输出,帧发送同步脉冲由片内给出。当 EMU1/$\overline{\text{OFF}}$为低电平时,此引脚变成高阻状态
		时分多路(TDM)串行口的信号
TCLKR	I	TDM 接收时钟
TDR	I	TDM 串行数据接收端
TFSR/TADD	I/O	TDM 帧接收同步脉冲或 TDM 地址
TCLKX	I/O/Z	TDM 发送时钟
TDX	O/Z	TDM 串行数据发送端
TFSX/TFRM	I/O/Z	TDM 帧发送同步脉冲
		主机接口(HPI)信号
HD0～HD7	I/O/Z	双向并行数据总线。当不传送数据时,HD0～HD7 处于高阻状态。EMU1/$\overline{\text{OFF}}$为低电平时,这些信号也变成高阻状态
HCNTL0 HCNTL1	I	控制信号。用于主机选择所要寻址的寄存器
HBIL	I	字节识别信号。识别主机传过来的是第 1 个字节(HBIL=0)还是第 2 个字节(HBIL=1)
$\overline{\text{HCS}}$	I	片选信号。作为 C54x HPI 的使能端
$\overline{\text{HDS1}}$ $\overline{\text{HDS2}}$	I	数据选通信号
$\overline{\text{HAS}}$	I	地址选通信号
HR/$\overline{\text{W}}$	I	读/写信号。高电平表示主机要读 HPI,低电平表示主机要写 HPI
HRDY	O/Z	HPI 准备好端。高电平表示 HPI 已准备执行一次数据传送,低电平表示 HPI 正忙
$\overline{\text{HINT}}$	O/Z	HPI 中断输出信号。当 DSP 复位时,此信号为高电平。EMU1/$\overline{\text{OFF}}$为低电平时,此信号变为高阻状态

续表 1-55

引脚名称	I/O/Z	说 明
HPIENA	I	HPI模块选择信号。要选择HPI,必须将此信号引脚连到高电平。如果此引脚处开路状态或接地,将不能选择HPI模块。当复位信号$\overline{RS}$变高时,采样HPIENA信号,在$\overline{RS}$再次变低以前不检查此信号
		电源引脚
CV_{DD}	电源	正电源。CV_{DD}是CPU专用电源
DV_{DD}	电源	正电源。DV_{DD}是I/O引脚用的电源
V_{SS}	电源	地。V_{SS}是C54x的电源地线
		IEEE 1149.1测试引脚
TCK	I	IEEE标准1149.1测试时钟。通常是一个占空比为50%的方波信号。在TCK的上升沿,将输入信号TMS和TDI在测试访问口(TAP)上的变化,记录到TAP的控制器、指令寄存器或所选定的测试数据寄存器。TAP输出信号(TDO)的变化发生在TCK的下降沿
TDI	I	IEEE标准1149.1测试数据输入端。此引脚带有内部上拉电阻。在TCK时钟的上升沿,将TDI记录到所选定的寄存器(指令寄存器或数据寄存器)
TDO	O/Z	IEEE标准1149.1测试数据输出端。在TCK的下降沿,将所选定的寄存器(指令或数据寄存器)中的内容移位到TDO端。除了在进行数据扫描时外,TDO均处在高阻状态。当EMU1/$\overline{OFF}$为低电平时,TDO也变成高阻状态
TMS	I	IEEE标准1149.1测试方式选择端。此引脚带有内部上拉电阻。在TCK时钟的上升沿,此串行控制输入信号被记录到TAP的控制器中
$\overline{TRST}$	I	IEEE标准1149.1测试复位信号。此引脚带有内部上拉电阻。当$\overline{TRST}$为高低平时,就由IEEE标准1149.1扫描系统控制C54x的工作;若$\overline{TRST}$不接或接低电平,则C54x按正常方式工作,可以不管IEEE标准1149.1的其他信号
EMU0	I/O/Z	仿真器中断0引脚。当$\overline{TRST}$为低电平时,为了启动EMU1/$\overline{OFF}$条件,EMU0必须为高电平。当$\overline{TRST}$为高电平时,EMU0作为加到或者来自仿真器系统的一个中断,是输出还是输入则由IEEE标准1149.1扫描系统定义

续表 1-55

引脚名称	I/O/Z	说 明
EMU1/$\overline{\text{OFF}}$	I/O/Z	仿真器中断1引脚/关断所有输出端。当$\overline{\text{TRST}}$为高电平时，EMU1/$\overline{\text{OFF}}$作为加到或来自仿真器系统的一个中断，是输出还是输入则由IEEE标准1149.1扫描系统定义。当$\overline{\text{TRST}}$为低电平时，EMU1/$\overline{\text{OFF}}$配置为$\overline{\text{OFF}}$，将所有的输出端都设置为高阻状态。注意，$\overline{\text{OFF}}$用于测试和仿真目的(不是多处理器应用)是相斥的。所以，为了满足$\overline{\text{OFF}}$条件，应当： · $\overline{\text{TRST}}$为低电平 · EMU0 为高电平 · EMU1/$\overline{\text{OFF}}$为低电平
TEST1	I	测试1。留作内部测试用。此脚必须空着(NC)

第2章

指令系统

TMS320C54x是TMS320系列中的一种定点数字信号处理器(DSP)。它的指令系统有两种形式:助记符形式和代数式形式。本章介绍助记符指令系统,内容包括指令的表示方法、指令的分类和特点,并列出了指令系统速查表,供使用时参考。

2.1 指令的表示方法

与所有的微处理器助记符指令一样,C54x的助记符指令也是由操作码和操作数两部分组成的。在汇编前,操作码和操作数都是用助记符表示的。例如:指令

```
LD  #0FFh,A
```

的执行结果是将立即数0FFh传送至累加器A。

2.1.1 指令系统中的符号和略语

在介绍C54x指令系统之前,先交待它所用到的符号和略语,见表2-1和表2-2。

表2-1 指令系统中的符号和略语

符号	含义	符号	含义
A	累加器A	B	累加器B
ALU	算术逻辑运算单元	BRAF	ST1中的执行块重复指令标志位
AR	辅助寄存器,泛指	BRC	块重复计数器
ARx	指定某一特定的辅助寄存器(0≤x≤7)	BITC	BITC是4位数,由它决定用位测试指令测试所指定数据存储单元中的哪一位(0≤BITC≤15)
ARP	ARP是ST0中的3位辅助寄存器指针位,指出当前辅助寄存器为AR(ARP)		
ASM	ST1中的5位累加器移位方式位(−16≤ASM≤15)	C16	ST1中的双16位/双精度算术运算方式位
		C	ST0中的进位位

续表 2-1

符号	含义	符号	含义
CC	2位条件码(0≤CC≤3)	lk	16位长立即数
CMPT	ST1中的ARP修正方式位	Lmem	利用长字寻址的32位单数据存储器操作数
CPL	ST1中的直接寻址编辑方式位		
Cond	表示一种条件的操作数,用于条件执行指令	mmr MMR	存储器映像寄存器
[d],[D]	延时选项	MMRx MMRy	存储器映像寄存器,AR0～AR7或SP
DAB	D地址总线		
DAR	DAB地址寄存器	n	XC指令后面的字数,n=1或2
dmad	16位立即数数据存储器地址(0≤dmad≤65 535)	N	RSBX和SSBX指令中指定修改的状态寄存器: N=0 状态寄存器ST0 N=1 状态寄存器ST1
Dmem	数据存储器操作数		
DP	ST0中的9位数据存储器页指针(0≤DP≤511)	OVA	ST0中的累加器A的溢出标志
		OVB	ST0中的累加器B的溢出标志
dst	目的累加器(A或B)	OVdst	目的累加器(A或B)的溢出标志
dst_	另一个目的累加器:如果dst=A,则dst_=B;如果dst=B,则dst_=A	OVdst_	另一个目的累加器(A或B)的溢出标志
EAB	E地址总线	OVsrc	源累加器(A或B)的溢出标志
EAR	EAB地址寄存器	OVM	ST1中的溢出方式位
extpmad	23位立即数程序存储器地址	PA	16位立即数口地址(0≤PA≤65 535)
FRCT	ST1中的小数方式位	PAR	程序存储器地址寄存器
hi(A)	累加器的高16位(位31～16)	PC	程序计数器
HM	ST1中的保持方式位	pmad	16位立即数程序存储器地址(0≤pmad≤65 535)
IFR	中断标志寄存器	Pmem	程序存储器操作数
INTM	ST1中的中断屏蔽位	PMST	处理器工作方式状态寄存器
K	少于9位的短立即数	prog	程序存储器操作数
k3	3位立即数(0≤k3≤7)	[R]	舍入选项
k5	5位立即数(-16≤k5≤15)	rnd	舍入
k9	9位立即数(0≤k9≤511)	RC	重复计数器
RTN	RETF[D]指令中用到的快速返回寄存器	T	暂存器
REA	块重复结束地址寄存器	TC	ST0中的测试/控制标志

续表 2-1

符 号	含 义	符 号	含 义
RSA	块重复起始地址寄存器	TOS	堆栈顶部
SBIT	用 RSBX 和 SSBX 指令所修改的指定状态寄存器的位号(4 位数)(0≤SBIT≤15)	TRN	状态转移寄存器
SHFT	4 位移位数(0≤SHFT≤15)	TS	由 T 寄存器的 5～0 位所规定的移位数(−16≤TS≤31)
SHIFT	5 位移位数(−16≤SHIFT≤15)	uns	无符号数
Sind	间接寻址的单数据存储器操作数	XF	ST1 中的外部标志状态位
Smem	16 位单数据存储器操作数	XPC	程序计数器扩展寄存器
SP	堆栈指针	Xmem	在双操作数指令以及某些单操作数指令中所用的 16 位双数据存储器操作数
src	源累加器(A 或 B)		
ST0,ST1	状态寄存器 0,状态寄存器 1	Ymem	在双操作数指令中所用的 16 位双数据存储器操作数
SXM	ST1 中的符号扩展方式位		

表 2-2 操作码中的符号和略语†

符 号	含 义
A	数据存储器的地址位
ARX	指定辅助寄存器的 3 位数区
BITC	4 位码区
CC	2 位条件码区
CCCC CCCC	8 位条件码区
COND	4 位条件码区
D	目的(dst)累加器位：D=0，累加器 A；D=1，累加器 B
I	寻址方式位：I=0，直接寻址方式；I=1，间接寻址方式
K	少于 9 位的短立即数区
MMRX	指定 9 个存储器映像寄存器中的某一个的 4 位数(0≤MMRX≤8)
MMRY	指定 9 个存储器映像寄存器中的某一个的 4 位数(0≤MMRY≤8)
N	单独一位数
NN	决定中断形式的 2 位数
R	舍入(rnd)选项位：R=0，不带舍入执行指令；R=1，对执行结果舍入处理
S	源(src)累加器位：S=0，累加器 A；S=1，累加器 B

续表 2-2

符 号	含 义
SBIT	状态寄存器的 4 位位号数
SHFT	4 位移位数(0≤SHFT≤15)区
SHIFT	5 位移位数(−16≤SHIFT≤15)区
X	数据存储器位
Y	数据存储器位
Z	延迟指令位：Z=0，不带延迟操作执行指令；Z=1，带延迟操作执行指令

† 这里列出的符号和略语是指令手册解释指令操作码的组成时用的。例如，指令

LD　Smem[,SHIFT],dst

是一条双字指令，它的操作码为：

15	14	13	12	11	10	9	8	7	6	5	4	3	2	1	0
0	1	1	0	1	1	1	1	1	A	A	A	A	A	A	A
0	0	0	0	1	1	0	D	0	1	0	S	H	I	F	T

2.1.2 指令系统中的记号和运算符

TMS320C54x 指令手册中解释指令所用的一些记号见表 2-3。

表 2-3 指令系统中所用的记号

记 号	含 义
黑体字符	指令手册中每条指令黑体字部分表示操作码。 例如：**ADD** *Xmem*, *Ymem*, *dst* 可以利用各种 *Xmem* 和 *Ymem* 值，但指令操作码必须用黑体
斜体符号	指令语句中的斜体符号表示变量。 例如：**ADD** *Xmem*, *Ymem*, *dst* 可以利用各种 *Xmem* 和 *Ymem* 值作为变量
[*X*]	方括号内的操作数是任选的。 例如：**ADD** *Smem* [, *SHIFT*], *src* [, *dst*] 必须用一个 *Smem* 值和源累加器，但移位和目的累加器是任选的
#	在立即寻址指令中所用的常数前缀。“#”用在那些容易与其他寻址方式相混淆的指令中。 例如：RPT　#15；短立即数寻址，下条指令重复执行 16 次。 RPT　15；直接寻址，下条指令重复执行的次数取决于存储器中的数值

续表 2-3

记 号	含 义
(abc)	小括号表示一个寄存器或一个存储单元中的内容。 例如： (src)表示源累加器中的内容
x→y	x 值被传送到 y(寄存器或存储单元)中。 例如： (Smem)→dst 指的是将数据存储单元中的内容加载到目的累加器
r(n－m)	寄存器或存储单元 r 的第 n～m 位。 例如： src(15～0)指的是源累加器中的第 15～0 位
<<nn	左移 nn 位(负数为右移)
‖	并行操作指令
\\	循环左移
//	循环右移
$\overline{X}$	X 取反(1 的补码)
|X|	X 取绝对值
AAh	AA 代表一个十六进制数

指令系统中所用的运算符号见表 2-4。

表 2-4 指令系统中所用的运算符号

符 号	运 算	求值顺序	符 号	运 算	求值顺序
+ - ～	一元加法、减法、1 的补码	从右到左	> ≥	大于，大于或等于	从左到右
* / %	乘法，除法，取模	从左到右	≠ !=	不等于	从左到右
+ -	加法，减法	从左到右	&	按位“与”运算	从左到右
<< >>	左移，右移	从左到右	∧	按位“异或”运算	从左到右
< ≤	小于，小于或等于	从左到右	|	按位“或”运算	从左到右

2.2 指令系统

2.2.1 指令系统概述

TMS320C54x 数字信号处理器有 7 种寻址方式(参见 1.6 节)：立即寻址、绝对寻址、累加器寻址、直接寻址、间接寻址、存储器映像寄存器寻址和堆栈寻址，构成了一套高度专业化的指令系统。其主要特点如下：

➢ 可同时读入 2 或 3 个操作数。

➢ 支持双精度运算的 32 位长操作数指令。

➢ 单条指令重复和块指令重复操作。

➢ 块存储器传送指令。

➢ 并行操作(并行存储和加载、并行存储和加/减法、并行存储和乘法、并行加载和乘法)指令。

➢ 条件存储指令。

➢ 延迟操作指令。

➢ 从中断快速返回指令。

➢ 特殊用途指令(支持 FIR 滤波、最小均方算法、多项式计算以及浮点运算)。

➢ 空转(省电方式)指令。

2.2.2 指令系统分类

TMS320C54x 指令系统共有指令 129 条，由于操作数的寻址方式不同，派生至 205 条。

TMS320C54x 指令系统有 2 种分类方法：

① 按指令的功能分类。

② 按执行指令所要求的周期分类。

按指令的功能，C54x 指令系统可以分成 4 大类：

① 算术运算指令。

② 逻辑运算指令。

③ 程序控制指令。

④ 加载和存储指令。

每一大类指令又可细分为若干小类。附录 E 列出了上述 4 大类指令一览表。在这些表中给出了指令的句法、表达式、功能以及指令的字数和执行周期数。需要说明的是，表中的指令字数和执行周期数均假定采用片内 DARAM 作为数据存储器。当利用长偏移间接寻址或者以 Smem 绝对寻址时，应当增加一个字和一个机器周期。需要更为详细的信息，可参阅TMS320C54x DSP Reference Set Volume 2：Mnemonic Instruction Set。

最后说一下重复指令问题。C54x 的重复指令可以使其下一条指令重复执行，重复执行的次数等于指令的操作数加 1，最大重复次数为 65 536。一旦重复指令被译码，包括$\overline{\text{NMI}}$在内的所有中断(不包括$\overline{\text{RS}}$)都被禁止，直到重复循环完成。但是 C54x 在执行一次重复循环时是可以响应$\overline{\text{HOLD}}$信号的，这取决于 ST1 中状态位 HM：若 HM=1，暂停重复操作；否则重复操作继续进行。

C54x 对乘法/累加、块传送等指令可以执行重复操作。重复操作的结果使这些多周期指令在第一次执行后变成单周期指令。当然，有些指令是不能重复的，在编程时需要注意。

为了便于读者查阅指令，附录 F 列出了按指令字符顺序排列的 TMS320C54x 指令系统一览表。

第3章

汇编语言程序开发工具

一个或多个 TMS320C54x DSP 汇编语言程序(源程序)经过汇编和链接，生成 COFF 格式(公共目标文件格式)的可执行文件，再通过软件仿真程序或硬件在线仿真器的调试，最后将程序加载到用户的应用系统。本章主要介绍汇编语言程序的编写方法，以及汇编器和链接器的使用方法。本章所介绍的内容也是学习第 4 章的重要基础。

3.1 TMS320C54x 软件开发过程

图 3-1 给出了 C54x DSP 软件开发的流程图。图中阴影部分是最常用的软件开发路径，其余部分是任选的。对图 3-1 的简要说明：

- C 编译器(C Compiler)：将 C 语言源程序自动地编译为 C54x 的汇编语言源程序。
- 汇编器(Assembler)将汇编语言源文件汇编成机器语言 COFF 目标文件。源文件中包括指令、汇编命令以及宏命令。
- 链接器(Linker)：将汇编生成的、可重新定位的 COFF 目标模块组合成一个可执行的 COFF 目标模块。当链接器生成可执行模块时，它要调整对符号的引用，并解决外部引用的问题。它也可以接受来自文档管理器中的目标文件，以及链接以前运行时所生成的输出模块。
- 文档管理器(Archiver)：将一组文件(源文件或目标文件)集中为一个文档文件库。例如，把若干个宏文件集中为一个宏文件库。汇编时，可以搜索宏文件库，并通过源文件中的宏命令来调用。也可以利用文档管理器，将一组目标文件集中到一个目标文件库。利用文档管理器，可以方便地替换、添加、删除和提取库文件。
- 助记符指令-代数式指令翻译器(Mnemonic-to-algbraic Translator utility)：将包含助记符指令的汇编语言源文件转换成包含代数指令的汇编语言源文件。
- 运行支持库(Runtime-support Library)：建立用户的 C 语言运行支持库。标准运行支持库在 rts. src 里提供源代码，在 rts. lib 里提供目标代码。运行支

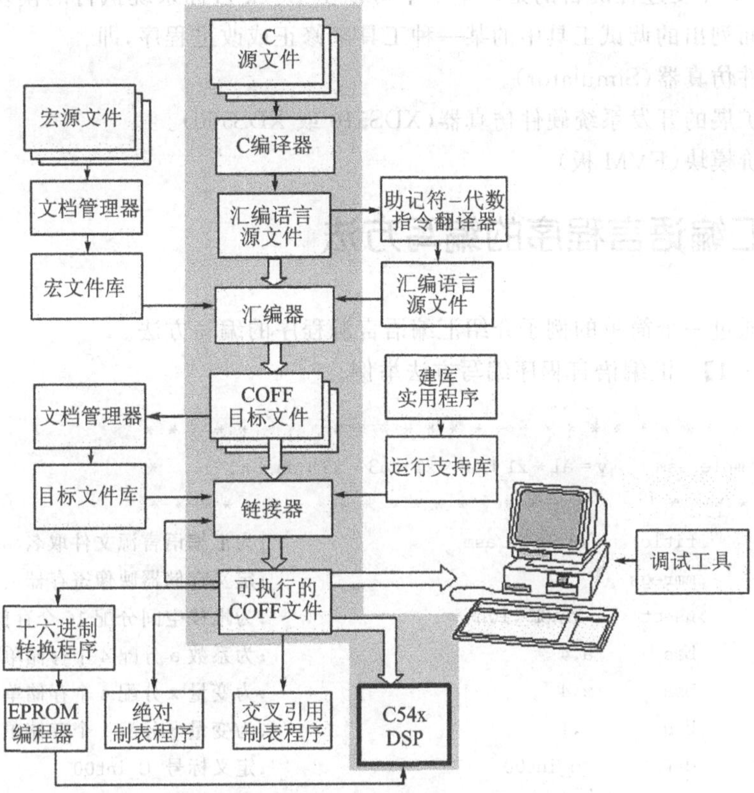

图3-1 TMS320C54x 软件开发流程图

持库包含 ANSI 标准 C 运行支持函数、编译器公用程序函数、浮点运行函数和被 C54x 编译器支持的 C 输入/输出函数。

- 建库实用程序(Library-build Utility):建立用户自己用的、C 语言编写的支持运行的库函数。链接时,用 rts. src 中的源文件代码和 rts. lib 中的目标代码提供标准的支持运行的库函数。
- 十六进制转换程序(Hex Conversion Utility):可以很方便地将 COFF 目标文件转换成 TI、Intel、Motorola 或 Tektronix 公司的目标文件格式。转换后生成的文件可以下载到EPROM编程器,以便对用户的 EPROM 进行编程。
- 绝对制表程序(Absolute Lister):将链接后的目标文件作为输入,生成. abs 输出文件。对. abs 文件汇编产生包含绝对地址(而不是相对地址)的清单。如果没有绝对制表程序,所生成清单可能是冗长的,并要求进行许多人工操作。
- 交叉引用制表程序(Cross-reference Lister):利用目标文件生成一个交叉引用清单,列出所链接的源文件中的符号及其定义和引用情况。

图 3-1 开发过程的目的是产生一个可以由 C54x 目标系统执行的模块。然后，可以用下面列出的调试工具中的某一种工具来修正或改进程序，即

- 软件仿真器(Simulator)。
- 可扩展的开发系统硬件仿真器(XDS510 或 XDS560)。
- 评价模块(EVM 板)。

3.2 汇编语言程序的编写方法

下面通过一个简单的例子介绍汇编语言源程序的编写方法。

【例 3-1】 汇编语言程序编写方法举例。

```
 * * * * * * * * * * * * * * * * * * * * * * * * * * * * *
*   example.asm     y = a1 * x1 + a2 * x2 + a3 * x3 + a4 * x4      *
 * * * * * * * * * * * * * * * * * * * * * * * * * * * * *
          .title   "example.asm"             ;为汇编语言源文件取名
          .mmregs                            ;定义存储器映像寄存器
STACK     .usect   "STACK",10h               ;为堆栈空间分配 16 个存储单元
          .bss     a,4                       ;为系数 a 分配 4 个存储单元
          .bss     x,4                       ;为变量 x 分配 4 个存储单元
          .bss     y,1                       ;为变量 y 分配 1 个存储单元
          .def     _c_int00                  ;定义标号_C_int00
          .data                              ;定义数据代码段
table:    .word    1,2,3,4                   ;为标号 table 开始的
          .word    8,6,4,2                   ;8 个存储单元赋初值
          .text                              ;定义文本代码段
_c_int00: STM      #0,SWWSR                  ;SWWSR 置 0,不插等待周期
          STM      #STACK + 10h,SP           ;设置堆栈指针
          STM      #a,AR1                    ;AR1 指向 a 的首地址
          RPT      #7                        ;从程序存储器向数据存储器
          MVPD     table, *AR1 +             ;重复传递共 8 个数据
          CALL     SUM                       ;调用乘法累加子程序 SUM
end:      B        end                       ;循环等待
SUM:      STM      #a,AR3                    ;将系数的首地址赋给 AR3
          STM      #x,AR4                    ;将变量 x 的首地址赋给 AR4
          RPTZ     A,#3                      ;将累加器清 0,重复执行下条指令 4 次
          MAC      *AR3 + , *AR4 + ,A        ;执行乘法累加运算,结果在 A 中
          STL      A,@y                      ;将结果(A 的低 16 位)送往变量 y 存储单元
          RET                                ;子程序返回
          .end                               ;源程序结束
```

C54x汇编语言源程序的结构要点和编写方法如下：

(1) 汇编语言源程序以.asm为其扩展名。

(2) 汇编语言源程序的每一行都可以由4个部分组成，句法如下：

[标号][:]　↑　助记符　↑　[操作数]　↑　[;注释]

用空格或按Tab键隔开

标号　供本程序的其他部分或其他程序调用。标号是任选项，标号后面可以加也可以不加冒号(:)。标号必须从第1列写起，标号最多可达32个字符(A～Z、a～z、0～9、_以及$)，但第1个字母不能以数字开头。引用标号时，标号的大小写必须一致。标号的值就是SPC(段程序计数器)的值。如果不用标号，则第一个字母必须为空格、分号或星号(*)。

助记符　助记符指令、汇编指令、宏指令和宏调用。作为助记符指令，一般用大写；汇编命令和宏命令，以点号(.)开始，且为小写。汇编命令可以形成常数和变量，当用它控制汇编和链接过程时，可以不占存储空间。指令和汇编命令都不能写在第1列。

操作数　指令中的运算数据或汇编命令中定义的内容。操作数之间必须用逗号(,)分开。有的指令无操作数，如NOP、RESET。

注释　注释从分号(;)开始，可以放在指令或汇编命令的后面，也可以放在单独的一行或数行。注释是任选项。如果注释从第1列开始，也可以用"*"号。

(3) 一个汇编语言程序中，包含有多种汇编命令。常用的汇编命令如表3-1所列。

表3-1　常用的汇编命令

汇编命令	作　用	举例和说明
.title	紧跟其后的是用双引号括起的源程序名	.title　"example.asm"
.end	结束汇编命令	放在汇编语言源程序的最后
.text	紧随其后的是汇编语言程序正文	例3-1中.text段是源程序正文。经汇编后，紧随.text后的是可执行程序代码
.data	紧跟其后的是已初始化数据	有两种数据形式：.int和.word
.int	.int用来设置一个或多个16位无符号整型量常数	table:　.word 1,2,3,4 　　　　.word 8,6,4,2
.word	.word用来设置一个或多个16位带符号整型量常数	表示在程序存储器标号为table开始的8个单元中存放初始化数据1、2、3、4、8、6、4和2

续表 3-1

汇编命令	作　用	举例和说明
.bss	.bss 为未初始化变量保留存储空间	.bss x,4 表示在数据存储器中空出 4 个存储单元存放变量 x1,x2,x3 和 x4
.sect	建立包含代码和数据的自定义段	.sect ".vectors" 定义向量表,紧随其后的是复位向量和中断向量,名为.vectors
.usect	为未初始化变量保留存储空间的自定义段	STACK .usect "STACK",10h 在数据存储器中留出 16 个单元作为堆栈区,名为 STACK

(4) 在汇编语言程序中会涉及到各种数据,汇编语言程序中的数据型式如表 3-2所列。

表 3-2 COFF 数据型式

型　式	举　例
二进制	1110001b 或 1111001B
八进制	226q 或 572Q
十进制	1234 或+1234 或-1234(缺省型)
十六进制	0A40h 或 0A40H 或 0xA40
浮点数	1.623e-23(仅 C 语言程序中能用,汇编程序中不能用)
字符	'D'
字符串	"this is a string"

3.3 汇编语言程序的编辑、汇编和链接过程

汇编语言源程序编好以后,必须经过汇编和链接才能运行。图 3-2 给出了汇编语言程序的编辑、汇编和链接过程。具体过程如下述:

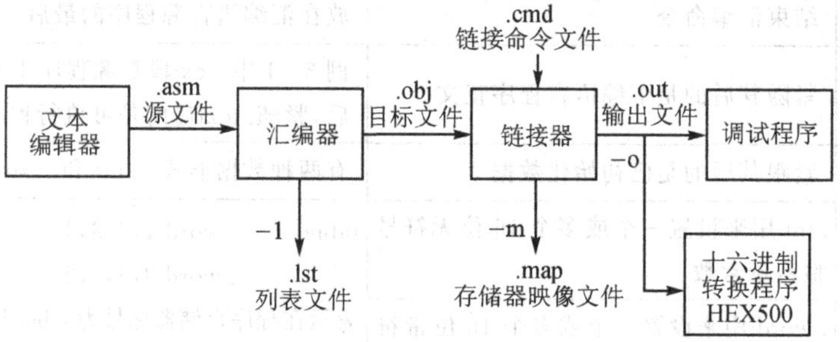

图 3-2 汇编语言程序的编辑、汇编和链接过程

1. 编 辑

可利用诸如 EDIT.COM 那样的文本编辑器,按照 3.2 节新介绍的格式和方法编写汇编语言源程序×××.asm。源程序名的字符数不能超过 8 个。

2. 汇 编

利用 C54x 的汇编器 ASM500 对已经编好的一个或多个源文件分别进行汇编,并生成.lst(列表)文件和.obj(目标)文件。常用的汇编器命令为:

asm500 %1 -s -l -x

其中:%1 用源文件名代入,如 example.asm(后缀.asm 可以缺省);

-s 将所有定义的符号放在目标文件的符号表中;

-l 产生一个列表文件;

-x 产生一个交叉汇编表,并把它附加到列表文件的最后。

假设源程序名为 example.asm,经汇编后生成目标文件 example.obj 和列表文件 example.lst,交叉汇编表在.lst 文件的最后。

3. 链 接

利用 C54x 的链接器 LNK500,根据链接器命令文件(.cmd)对已汇编过的一个或多个目标文件(.obj)进行链接,生成存储器映像文件(.map)和输出文件(.out)。

常用的链接器命令为:

lnk500 %1.cmd

其中,%1 为链接命令文件名。例 3-1 的链接器命令为(假设链接命令文件为example.cmd):

lnk500 example.cmd

.cmd 文件中除了指出输入文件和输出文件外,还说明系统中有哪些可用的存储器,程序段、数据段、堆栈以及复位向量和中断向量等安排在什么地方。

在链接后生成的.map 文件中,会给出存储器的配置情况,程序文本段、数据段、堆栈段、向量段、在存储器中的定位表,以及全局符号在存储器中的位置。链接后生成的.out 文件是一个可执行文件,将它加载到仿真系统或实际应用系统后就可以运行了。

4. 调 试

对输出文件(.out)调试有多种手段,现简要介绍如下:

(1) 利用软件仿真器进行调试

软件仿真器(Simulator)是一种很方便的软件调试工具,它不需要目标硬件,只要在 PC 机上运行就行了。它可以仿真 C54x DSP 芯片包括中断以及输入/输出在内的各种功能,从而可以在非实时条件下完成对用户程序的调试。在 DOS 环境下,软件仿真器靠命令启动;在集成开发环境下,它是 CCS 的一个选项。

有关软件仿真器的调试方法将在第 4 章中详细介绍。

(2) 利用硬件仿真器进行调试

C54x的硬件仿真器(Emulator)为可扩展的开发系统XDS510或DSK560,它是一块不带DSP芯片的、插在PC机上与用户目标系统之间的ISA卡,再加上仿真调试软件Emulator。它需要用户提供带C54x DSP芯片的系统级目标板。

TI公司早期产品的硬件仿真器,是将仿真器的电缆插头插入用户目标板DSP芯片的相应位置。其缺点是电缆引脚必须与DSP芯片引脚一一对应,限制了它的应用。由于C54x(以及C3x、C4x、C5x、C2xx和C62x/C67x等)DSP芯片上都有仿真引脚,它们的硬件仿真器称为扫描仿真器。C54x的硬件扫描仿真器采用JTAG IEEE 1149.1标准,仿真插头共有14个引脚,扫描仿真器通过仿真头将PC机中的用户程序代码下载到目标系统的存储器中,并在目标系统内实时运行,这给程序调试带来了很大的方便。

(3) 利用评价模块进行调试

C54x评价模块(EVM板)是一种带有DSP芯片的PC机ISA插卡。卡上还配置有一定数量的硬件资源,128K SRAM程序/数据存储器、模拟接口、IEEE 1149.1仿真口、主机接口、串行口以及I/O扩展接口等,以便进行系统扩展。用户建立的软件,可以在EVM板上运行。通过运行,可以评价DSP芯片的性能,以确定DSP芯片是否满足应用要求。

5. 固化用户程序

调试完成后,利用HEX500格式转换器对ROM编程(为掩膜ROM提供文件),或对EPROM编程,最后安装到用户的应用系统中。

3.4 COFF的一般概念

汇编器和链接器建立的目标文件,是一个可以在TMS320C54x器件上执行的文件。这些目标文件的格式称之为公共目标文件格式,即COFF(Common Object File Format)格式。

COFF会使模块化编程和管理变得更加方便,因为当编写一个汇编语言程序时,它可以按照段(如代码段和数据段)来考虑问题。汇编器和链接器都有一些命令建立并管理各种各样的段。

本节主要介绍COFF段的一般概念,以帮助读者理解汇编语言程序的编写、汇编和链接过程。

3.4.1 COFF文件中的段

段(Sections)是COFF格式目标文件中最重要的概念,也是目标文件中的最小单位。每个目标文件都分成若干个段。所谓段,就是在存储器图中占据相邻空间的代码或数据块。一个目标文件中的每一个段都是分开的和各不相同的。所有的

COFF 格式目标文件都包含以下3 种形式的段：

. text 段 此段通常包含可执行代码；

. data 段 此段通常包含初始化数据；

. bss 段 此段通常为未初始化变量保留存储空间。

此外，汇编器和链接器可以建立、命名和链接自定义段。这种自定义段是程序员自己定义的段，使用起来与. data、. text 以及. bss 段类似。它的好处是在目标文件中与. data、. text 以及. bss 分开汇编，链接时作为一个单独的部分分配到存储器。

段有两类：

1) 未初始化段

在存储器图中，它为未初始化数据保留存储空间。. bss 段是未初始化段；用汇编命令. usect建立的自定义段也是未初始化段。

2) 已初始化段

已初始化段中包含有数据或程序代码。. text 段和. data 段都是已初始化段；用. sect汇编命令建立的自定义段也是已初始化段。

汇编器在汇编的过程中，根据汇编命令用适当的段将各部分程序代码和数据连在一起，构成目标文件；链接器的一个任务就是分配存储单元，即把各个段重新定位到目标存储器中，如图 3-3 所示。

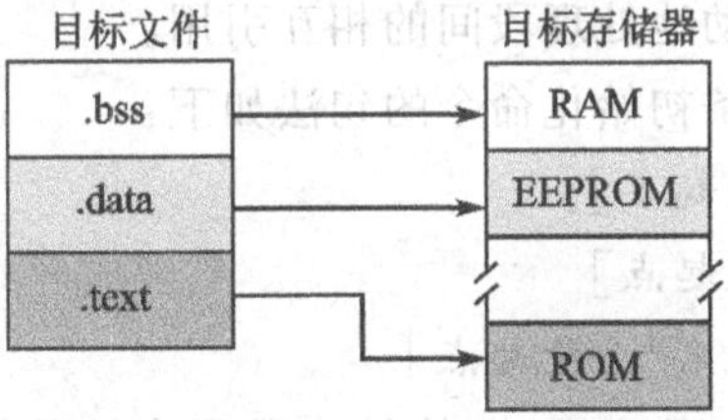

图 3-3 目标文件中的段与目标存储器之间的关系

由于大多数系统都有好几种形式的存储器，通过对各个段重新定位，可以使目标存储器得到更为有效的利用。

3.4.2 汇编器对段的处理

汇编器靠 5 条命令识别汇编语言程序的各个部分。这 5 条命令是：

. bss 未初始化段；

. usect 未初始化段；

. text 已初始化段；

. data 已初始化段；

. sect 已初始化段。

如果汇编语言程序中一个段命令都没有用，那么汇编器把程序中的内容都汇编到. text 段。

1. 未初始化段

.bss 和.usect 命令建立未初始化段。

未初始化段就是C54x存储器中的保留空间，通常将它们定位到RAM区。在目标文件中，这些段中没有确切的内容；在程序运行时，可以利用这些存储空间存放变量。

建立未初始化段的两条命令的句法如下：

```
        .bss      符号，字数
符号    .usect    "段名"，字数
```

其中，符号——对应于保留的存储空间第一个字的变量名称。这个符号可以让其他段引用，也可以用.global 命令定义为全局符号。

字数——表示在.bss 段或标有名字的段中保留多少个存储单元。

段名——程序员为自定义未初始化段起的名字。

2. 已初始化段

.text、.data 和.sect 命令建立已初始化段。已初始化段中包含有可执行代码或初始化数据。这些段中的内容都在目标文件中，当加载程序时再放到C54x的存储器中。每一个已初始化段都是可以重新定位的，并且可以引用其他段中所定义的符号。链接器在链接时会自动地处理段间的相互引用。

建立已初始化段的3条初始化命令的句法如下：

```
        .text     [段起点]
        .data     [段起点]
        .sect     "段名"[，段起点]
```

其中，段起点是任选项。如果选用，它就是为段程序计数器(SPC)定义的一个起始值。SPC值只能定义一次，而且必须在第一次遇到这个段时定义。如果缺省，则SPC从0开始。

当汇编器遇到.text 或.data 或.sect 命令时，将停止对当前段的汇编(相当于一条结束当前段汇编的命令)，然后将紧接着的程序代码或数据汇编到指定的段中，直到再遇到另一条.text、.data 或.sect 命令为止。

当汇编器遇到.bss 或.usect 命令时，并不结束当前段的汇编，只是暂时从当前段脱离出来，并开始对新的段进行汇编。.bss 和.usect 命令可以出现在一个已初始化段的任何位置，而不会对它的内容发生影响。

段的构成要经过一个反复过程。例如，当汇编器第一次遇到.data 命令时，这个.data 段是空的。接着将紧跟其后的语句汇编到.data 段，直到汇编器遇到一条.text或.sect 命令。如果汇编器再遇到一条.data 命令，它就将紧跟这条命令的语句汇编后加到已经存在的.data段中。这样，就建立了单一的.data 段，段内数据都是连续地安排到存储器中的。

3. 子 段

子段是大段中的小段。链接器可以像处理段一样处理子段。采用子段结构，可以使存储器图更加紧密。子段命名的句法为：

基段名:子段名

当汇编器在基段名后面发现冒号，则紧跟其后的段名就是子段名。对于子段，可以单独为其分配存储单元，或者在相同的基段名下与其他段组合在一起。例如，若要在.text段内建立一个称之为_func的子段，可以用如下命令：

```
.sect ".text:_func"
```

子段也有2种：用.sect命令建立的是已初始化段，而用.usect命令建立的段是未初始化段。

4. 段程序计数器(SPC)

汇编器为每个段都安排了一个单独的程序计数器——段程序计数器(SPC)。SPC表示一个程序代码段或数据段内的当前地址。一开始，汇编器将每个SPC置0。当汇编器将程序代码或数据加到一个段内时，相应的SPC就增加。如果再继续对某个段汇编，则相应的SPC就在先前的数值上继续增加。链接器在链接时要对每个段进行重新定位。

3.4.3 链接器对段的处理

链接器在处理段的时候，有两个主要任务：

① 把一个或多个COFF目标文件中的各种段作为链接器的输入段，经链接后在一个可执行的COFF输出模块中建立各个输出段。

② 为各个输出段选定存储器地址。

链接器有2条命令支持上述任务，即

① MEMORY命令。此条命令用来定义目标系统的存储器配置图，包括对存储器各部分命名，以及规定它们的起始地址和长度。

② SECTIONS命令。此命令告诉链接器如何将输入段组合成输出段，以及将输出段放在存储器中的什么位置。

以上命令是链接命令文件(.cmd)的主要内容。

图3-4说明了两个文件的链接过程。链接器对目标文件file1.obj和fiel2.obj进行链接。每个目标文件中，都有.text、.data和.bss段，此外还有自定义段。链接器将两个文件的.text段组合在一起，以形成一个.text段，然后再将两个文件的.data段、.bss段，最后是自定义段组合在一起。如果链接命令文件中没有MEMORY和SECTIONS命令(缺省情况)，则链接器就从地址0080h开始一个段接着一个段地进行配置。大多数情况下，系统中配置有各种型式的存储器(RAM、ROM和EPROM等)，因此必须将各个段放在所指定的存储器中。

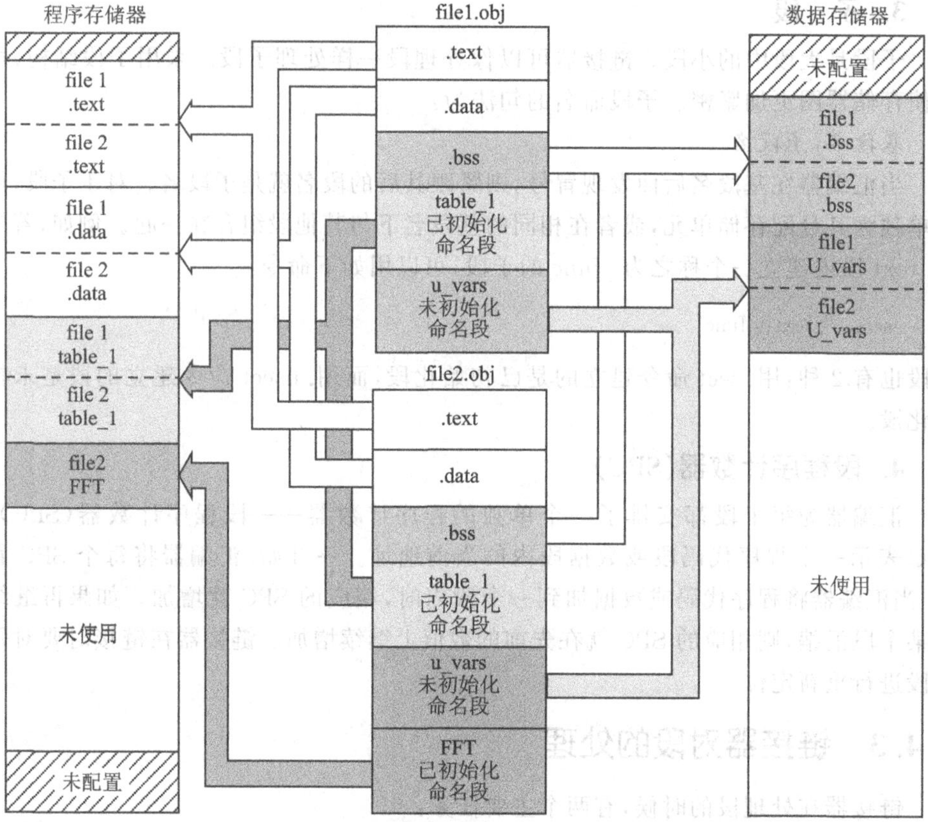

图 3-4　链接器将输入段组合成一个可执行的目标模块

下面介绍程序重定位。

汇编器处理每个段都是从地址 0 开始，而所有需要重新定位的符号(标号)在段内都是相对于地址 0 的。事实上，所有段都不可能从存储器中地址 0 单元开始，因此链接器必须通过以下方法对各个段进行重新定位，即

➢ 将各个段定位到存储器图中，这样一来每个段都从一个恰当的地址开始。
➢ 将符号的数值调整到相对于新的段地址的数值。
➢ 调整对重新定位后符号的引用。

汇编器在需要引用重新定位的符号处都留了一个重定位入口。链接器在对符号重定位时，利用这些入口修正对符号的引用值。下面举一个例子说明有一段汇编后的列表文件如下：

【例 3-2】一段汇编后的列表文件需要重新定位。

```
1      0100      X      .set   0100h
2      0000             .text
```

```
3    0000    F073       B  Y          ;生成一个重定位入口
     0001    0004'
4    0002    F020       LD  #X,A      ;生成一个重定位入口
     0003    0000!
5    0004    F7E0    Y:  RESET
```

在本例中,有两个符号X和Y需要重新定位。Y是在这个模块的.text段中定义的;X是在另一个模块中定义的(这里仅给变量X赋初值,X所在的地址在另一个模块中定义)。当程序汇编时,X的值为0(汇编器假设所有未定义的外部符号的值为0),Y的值为4(相对于.text段地址0的值)。就这一段程序而言,汇编器形成了两个重定位入口:一个是X,另一个是Y。在.text段对X的引用是一次外部引用(列表文件中用符号"!"表示),而.text段内对Y的引用是一次内部引用(用符号"'"表示)。

假设链接时X重新定位在地址7100h,.text段重新定位到从地址7200h开始,那么Y的重定位值为7204h。链接器利用两个重定位入口,对目标文件中的两次引用进行修正:

```
F073    B   Y        变成    F073
0004'                        7204'
F020    LD  #X,A     变成    F020
0000!                        7100!
```

在COFF目标文件中有一张重定位入口表。链接器在处理完之后就将重定位入口消去,以防止在重新链接或加载时再次重新定位。一个没有重定位入口的文件称为绝对文件,它的所有的地址都是绝对地址。

3.4.4 COFF文件中的符号

COFF文件中有一张符号表,用来存放程序中的符号信息,链接时对符号进行重新定位要用到它,调试程序时也要用到它。

外部符号

所谓外部符号,是在一个模块中定义、又可在另一个模块中引用的符号。可以用.def、.ref或.global命令来指出某些符号为外部符号,即

.def 在当前模块中定义,并可在别的模块中使用的符号。

.ref 在当前模块中使用,但在别的模块中定义的符号。

.global 可以是上面的随便哪一种情况。

例如:

```
x:    ADD    #56h,A     ;定义标号x
      B      y          ;引用标号y
      .def   x          ;x在此模块中定义,可为别的模块引用
```

```
        .ref     y        ;y在这里引用,它在别的模块中定义
```

汇编时,汇编器把 x 和 y 都放在目标文件的符号表中。当这个文件与其他目标文件链接时,一遇到符号 x,就定义了其他文件不能辨别的 x。同样,遇到符号 y 时,链接器就检查其他文件对 y 的定义。总之,链接器必须使所引用的符号与相应的定义相匹配。如果链接器不能找到某个符号的定义,它就给出不能辨认所引用符号的出错信息。

3.5 汇　编

3.3 节中已经对汇编过程作了初步的介绍,这里将对汇编命令、汇编产生的列表文件以及宏指令的汇编等进行详细说明。

如图 3-1 所示,汇编器(汇编程序)的作用,就是将汇编语言源程序转换成机器语言目标文件。这些目标文件都是公共目标文件格式(COFF)。

汇编语言源程序文件中可能包含下列汇编语言要素:

① 汇编命令。

② 汇编语言指令。

③ 宏命令。

汇编器的功能如下:

① 将汇编语言源程序汇编成一个可重新定位的目标文件(.obj 文件)。

② 如果需要,可以生成一个列表文件(.lst 文件)。

③ 将程序代码分成若干个段,每个段的目标代码都有一个 SPC(段程序计数器)管理。

④ 定义和引用全局符号,如果需要还可以在列表文件后面附加一张交叉引用表。

⑤ 对条件程序块进行汇编。

⑥ 支持宏功能,允许定义宏命令。

3.5.1 运行汇编程序

C54x 的汇编程序(汇编器)名为 asm500.exe。要运行汇编程序,可键入如下命令:

asm500　[input file[object file[listing file]]][-options]

其中,asm 500　　运行汇编程序 asm 500.exe 的命令。

input file　　汇编语言源程序名。如果不键入扩展名,则汇编程序就用缺省扩展名.asm;如果不键入文件名,则汇编程序会提示输入一个文件名。

object file 由汇编程序建立的目标文件名。如果没有提供目标文件名,则汇编程序就用输入文件名为目标文件名;如果没有提供扩展名,则汇编程序就用.obj 作为扩展名。

listing file 汇编程序建立的列表文件名。如果没有提供列表文件名,则汇编程序就不建立列表文件,除非用-l(小写 L)选项。在后一种情况下,汇编程序就用输入文件名作为列表文件名,如果没有提供扩展名,则汇编程序就用.lst 作为扩展名。

-options 选项。

选项对大小写不敏感。选项前一定要有一短划(连字符)。选项可以出现在命令行上命令后的任何位置。无参数单字选项可以组合在一起,例如,-lc 就等于-l -c。有参数的单字选项,例如-i,必须单独选用。asm500 的选项列于表 3-3。

表 3-3 汇编器 asm500 的选项

选 项	含 义
-a	建立一个绝对列表文件。当选用-a 时,汇编器不产生目标文件
-c	使汇编语言文件中大小写没有区别
-d	为名字符号设置初值。格式为-d name[=value],这与汇编文件开始处插入 name .set[=value]是等效的。如果 value 漏掉了,此名字符号置为 1
-hc	将选定的文件复制到汇编模块。格式为-hc file name,所选定的文件被插入到源文件语句的前面,复制的文件将出现在汇编列表文件中
-hi	将选定的文件包含到汇编模块。格式为-hi file name,所选定的文件包含到源文件语句的前面,所包含的文件不出现在汇编列表文件中
-i	规定一个目录。汇编器可以在这个目录下找到.copy、.include 或.mlib 命令所命名的文件。格式为-i path name,最多可规定 10 个目录,每一条路径名的前面都必须加上-i 选项
-l	(小写 L)生成一个列表文件
-mg	源文件是代数式指令
-q	抑制汇编的标题以及所有的进展信息
-s	把所有定义的符号放进目标文件的符号表中。汇编程序通常只将全局符号放进符号表中。当利用-s 选项时,所定义的标号以及汇编时定义的常数也都放进符号表内
-x	产生一个交叉引用表,并将它附加到列表文件的最后,还在目标文件上加上交叉引用信息。即使没有要求生成列表文件,汇编程序总还是要建立列表文件的

表 3-3 所列选项中,-l、-s 以及-x 选项用得最多,这样,运行汇编程序的命令为:

asm500 %1 -l -s -x

其中,%1 为源程序名。该源程序经汇编后将生成一个列表文件、目标文件、符号表

(在目标文件中)以及交叉引用表(在列表文件中)。

3.5.2 列表文件

汇编器对源程序汇编时,如果采用-l(小写L)选项,汇编后将生成一个列表文件。列表文件中包括源程序语句和目标代码。例3-3给出了一个列表文件的例子,用来说明它的各部分内容。

【例3-3】列表文件举例。

```
 1                                   .global RESET,INT0,INT1,INT2
 2                                   .global TINT,RINT,XINT,USER
 3                                   .global ISR0,ISR1,ISR2
 4                                   .global time,rcv,xmt,proc
 5
 6                          initmac  .macro
 7                          * initialize macro
 8                                   SSBX OVM          ;disable oflow
 9                                   LD   #0,DP        ;dp = 0
10                                   LD   #7,ARP       ;arp = ar7
11                                   LD   #037h,A      ;acc = 03fh
12                                   RSBX INTM         ;enable ints
13                                   .endm
14                          * * * * * * * * * * * * * * * * * * * * *
15                          *        Reset and interrupt vectors     *
16                          * * * * * * * * * * * * * * * * * * * * *
17      000000                       .sect "reset"
18      000000  F073        RESET:   B    init
        000001  0008+
19      000002  F073        INT0:    B    ISR0
        000003  0000!
20      000004  F073        INT1:    B    ISR1
        000005  0000!
21      000006  F073        INT2:    B    ISR2
        000007  0000!
22
23                          *
24      000000                       .sect "ints"
25      000000  F073        TINT     B    time
        000001  0000!
26      000002  F073        RINT     B    rcv
        000003  0000!
```

```
      27    000004   F073   XINT     B   xmt
            000005   0000!
      28    000006   F073   USER     B   proc
            000007   0000!
      29                    * * * * * * * * * * * * * * * * * * * * *
      30                    *       Initialize   processor          *
      31                    * * * * * * * * * * * * * * * * * * * * *
      32    000008          init:  initmac
1                           * initialize macro
1           000008   F7B9          SSBX OVM ;disable oflow
1           000009   EA00          LD   #0,DP ;dp = 0
1           00000a   F4A7          LD   #7,ARP ;arp = ar7
1           00000b   E837          LD   #037h,A ;acc = 03fh
1           00000c   F6BB          RSBX  INTM          ;enable ints
\_________/ \______/ \___/  \____________________________________/
  Field 1   Field 2  Field 3              Field 4
```

每个列表文件的顶部有两行汇编程序的标题、一行空行以及页号行。.title 命令提供的文件名打印在页号行左侧；页号打印在此行的右侧。(为简化起见，这几行例 3-3 中均未列出。)

源文件的每一行都会在列表文件中生成一行。这一行的内容包括行号、SPC(段程序计数器)的数值、汇编后的目标代码，以及源程序语句。一条指令可以生成 1 或 2 个字的目标代码。汇编器为第 2 字单独列一行，列出了 SPC 的数值和目标代码。

如例 3-3 所示，列表文件可以分成 4 个部分：

Field 1　源程序语句的行号，用十进制数表示。有些语句(如.title)只列行号，不列语句。

汇编器可能在一行的左边加一个字母，表示这一行是从一个包含文件汇编的。

汇编器还可能在一行的左边加一个数字，表示这是嵌入的宏展开或循环程序块。

Field 2　段程序计数器(SPC)，用十六进制数表示。所有的段(包括.text、.data、.bss 以及标有名字的段)都有 SPC。有些命令对 SPC 不发生影响，此时这部分为空格。

Field 3　目标代码，用十六进制数表示。所有指令经汇编都会产生目标代码。目标代码后面的一些记号表示在链接时需要重新定位：

!　　未定义的外部引用部分。

'　　.text 段需重新定位部分。

"　　.data 段需重新定位部分。

+　　.sect 段需重新定位部分。

— .bss 和.usect 段需重新定位部分。

Field 4 源程序语句。这一部分包含被汇编器搜索到的源程序的所有字符。汇编器可以接受的每行为200个字符。

下面介绍交叉引用清单。

在运行汇编程序时,只要利用-x选项,就可以在列表文件的最后有专门一页列出交叉引用清单。清单中列出了交叉引用的符号、定义和引用的位置。例如,紧接例3-3列表文件之后的交叉引用清单如下:

```
LABEL     VALUE     DEFN     REF
INT0      0002+      19       1
INT1      0004+      20       1
INT2      0006+      21       1
ISR0      REF                 3     19
ISR1      REF                 3     20
ISR2      REF                 3     21
RESET     0000+      18       1
RINT      0002+      26       2
TINT      0000+      25       2
USER      0006+      28       2
XINT      0004+      27       2
init      0008+      32      18
proc      REF                 4     28
rcv       REF                 4     26
time      REF                 4     25
xmt       REF                 4     27
```

其中,Lable 此栏列出了汇编时定义和引用的每一个符号。

Value 此栏列出了一个赋给符号的4位十六进制数值,或者是说明符号属性的字符或名称(参见表3-4)。

DEFN 即Definition。此栏列出了定义符号的语句编号。如果此符号未加定义,则此栏是空格。

REF 即Reference。此栏列出了引用此符号的语句的行号。如果此栏是空格,表示此符号还没有被引用过。

表3-4 交叉引用清单中符号的属性

字符或名称	含 义	字符或名称	含 义
REF	外部引用(.globa符号)	"	在.data段定义的符号
UNDF	未曾定义过	+	在.sect段定义的符号
'	在.text段定义的符号	—	在.bss或.usect段定义的符号

3.5.3　汇编命令

从本章开始,已经陆续介绍了一些汇编命令。汇编命令是用来为程序提供数据和控制汇编进程的。C54x 汇编器共有 64 条汇编命令,根据它们的功能,可以将汇编命令分成8 类:

① 对各种段进行定义的汇编命令。

② 对常数(数据和存储器)进行初始化的汇编命令。

③ 调整 SPC(段寄存器)的汇编命令。

④ 对输出列表文件格式化的汇编命令。

⑤ 引用其他文件的汇编命令。

⑥ 控制条件汇编的命令。

⑦ 在汇编时定义符号的命令。

⑧ 执行其他汇编功能的命令。

附录 G 列出了 TMS320C54x 汇编命令一览表,供编程时查阅。由于篇幅原因,在此不一一介绍了。

3.5.4　宏定义和宏调用

C54x 汇编器支持宏指令语言。如果程序中有一段程序需要执行多次,就可以把这一段程序定义(称为宏定义)为一条宏指令,然后在需要重复执行这段程序的地方调用这条宏指令(称为宏调用)。利用宏指令和宏调用,可以使源程序变得简短。

宏指令与子程序一样,都是重复执行某一段程序,那么二者又有什么区别呢? 宏指令与子程序的主要区别有两点:

➢ 宏指令和子程序都可以被多次调用,但是把子程序汇编成目标代码的过程只进行一次,而在用到宏指令的每个地方都要对宏指令中的语句逐条地进行汇编。

➢ 在调用前,由于子程序不使用参数,故子程序所需要的寄存器等都必须事先设置好;而对于宏指令而言,由于可以使用参数,调用时只要直接代入参数就行了。

本小节主要介绍宏定义和宏调用的使用方法,更详细的信息可参阅 C54x 的有关资料。

宏指令可以在源程序的任何位置上定义,当然必须在用到它之前先定义好。宏定义也可以嵌套,即在一条宏指令中调用其他宏指令。

1. 宏定义的格式

macname　.macro [parameter 1][,…,parameter n]

**　　model statements or macro directives**

[.mexit]

.endm

其中,macname	宏指令名,必须放在源程序语句的标号位置。
.macro	作为宏定义第 1 行的记号,必须放在助记符操作码位置。
[parameters]	是任选的替代符号,就像是宏指令的操作数。
model statements	这些都是每次宏调用时要执行的指令或汇编命令。
macro directives	用于控制宏指令展开的命令。
[.mexit]	相当于一条 goto .endm 语句。当检测确认宏展开将失败时,.mexit 命令是有用的。
.endm	结束宏定义。

宏指令定义好之后,就可以在后面的源程序中调用它了。

2. 宏调用的格式

[label][:]　macname　[parameter 1][,…,parameter n]

其中,标号是任选项,macname 为宏指令名,写在助记符操作码的位置上,其后是替代的参数,参数的数目应与宏指令定义的相等。

当源程序中调用宏指令时,汇编时就将宏指令展开。在宏展开时,汇编器将实在参数传递给宏参数,再用宏定义替代宏调用语句,并对其进行汇编。

例 3-4 是宏定义、宏调用和宏展开的一个例子。这里宏定义的一条宏指令名为 add3,它有 p1、p2、p3 和 ADDRP 等 4 个形式参数。程序的后半部分是宏调用经汇编后用实在参数 abc、def、ghi 和 adr 替代后的语句。

【例 3-4】 宏定义、宏调用和宏展开举例。

```
*

*          add3
*
*          ADDRP = p1 + p2 + p3

add3       .macro    p1,p2,p3,ADDRP

           LD        p1,A
           ADD       p2,A
           ADD       p3,A
           STL       A,ADDRP
           .endm


           .global abc, def, ghi, adr
```

```
      17
      18     000000            add3  abc,  def, ghi, adr
1
1            000000     1000!            LD       abc,A
1            000001     0000!            ADD      def,A
1            000002     0000!            ADD      ghi,A
1            000003     8000!            STL      A,adr
```

3.6 链 接

3.3 节中已经对链接过程作了初步介绍。这里将对链接命令选项、链接器命令文件以及多个文件的链接等作较为详细的说明。

链接器的主要任务是:根据链接命令或链接命令文件(.cmd 文件),将一个或多个COFF 目标文件链接起来,生成存储器映像文件(.map)和可执行的输出文件(.out)(COFF 目标模块),如图 3-5 所示。

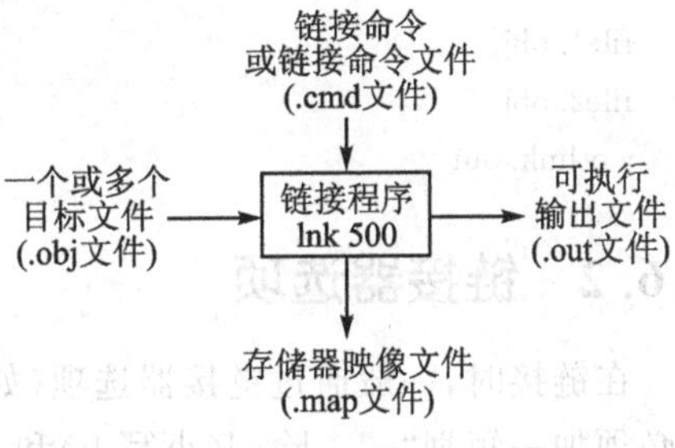

图 3-5 链接时的输入、输出文件

在链接过程中,链接器将各个目标文件合并起来,并完成以下工作:

➤ 将各个段配置到目标系统的存储器。

➤ 对各个符号和段进行重新定位,并给它们指定一个最终的地址。

➤ 解决输入文件之间未定义的外部引用。

本节主要介绍 C54x 链接器的运行方法、链接命令文件的编写以及多个文件的链接等内容。

3.6.1 运行链接程序

C54x 的链接器(链接程序)名为 lnk500.exe。运行链接器有 3 种方法:

① 键入命令: **lnk500**

此时链接器就会提示:

Command files	要求键入一个或多个命令文件。
Object files[.obj]	要求键入一个或多个需要链接的目标文件名。缺省扩展名为.obj,文件名之间要空格或逗号分开。
Output file[a.out]	要求键入一个输出文件名,也就是链接器生成的输出模块名。如果此项缺省,链接器将生成一个名为 a.out 的输出文件。
Options	这是附加的链接选项,选项前应加一短划,选项的内容将在后面介绍。也可以在命令文件中安排链接选项。

如果没有链接器命令文件(有关.cmd 文件,将在后面详细介绍),或者缺省输出文件名,或者不给出链接选项,则只要在相应的提示行后键入回车键即可。但是,目标文件名是一定要给出的,其后缀(扩展名)可以缺省。

② 键入命令: **lnk500** file1.obj file2.obj -o link.out

上述链接器命令是链接 file1 和 file2 的两个目标文件,生成一个名为 link.out 的可执行输出文件。选项-o link.out 缺省时,将生成一个名为 a.out 的输出文件。

③ 键入命令: **lnk500** linker.cmd

执行上述命令前,已把要链接的目标文件名、链接选项以及存储器配置要求等编写到链接器命令文件 linker.cmd 中。有关链接器命令文件的编写方法将在后面介绍。

以第②种方法所举链接命令为例,如写成链接命令文件 linker.cmd,则应包含如下内容:

```
file1.obj
file2.obj
-o link.out
```

3.6.2 链接器选项

在链接时,一般通过链接器选项(如前面的-o 选项)控制链接操作。链接器选项前必须加一短划"-"。除-l(小写 L)和-i 选项外,其他选项的先后顺序并不重要。选项之间可以用空格分开。

表 3-5 中列出了常用的 C54x 链接器 lnk500 选项。

表 3-5 链接器 lnk500 常用选项

选 项	含 义
-a	生成一个绝对地址的、可执行的输出模块。所建立的绝对地址输出文件中不包含重新定位信息。如果既不用-a 选项,也不用-r 选项,链接器就像规定-a 选项那样处理
-ar	生成一个可重新定位、可执行的目标模块。这里采用了-a 和-r 两个选项(可以分开写成-a -r,也可以连在一起写作-ar),与-a 选项相比,-ar 选项还在输出文件中保留有重新定位的信息
-e global _ symbol	定义一个全局符号,这个符号所对应的程序存储器地址,就是使用开发工具调试这个链接后的可执行文件时程序开始执行时的地址(称为入口地址)。当加载器将一个程序加载到目标存储器时,程序计数器(PC)被初始化到入口地址,然后从这个地址开始执行程序
-f fill _ value	对输出模块各段之间的空单元设置一个 16 位数值(fill _ value)如果不用-f 选项,则这些空单元统统置 0

续表 3-5

选 项	含 义
-i dir	更改搜索文档库算法,先到 dir(目录)中搜索。此选项必须出现在-l 选项之前
-l filename	命名一个文档库文件作为链接器的输入文件;filename 为文档库的某个文件名。此选项必须出现在-i 选项之后
-m filename	生成一个. map 映像文件,filename 是映像文件的文件名。. map 文件中说明了存储器配置、输入、输出段布局以及外部符号重定位之后的地址等
-o filename	对可执行输出模块命名。如果缺省,则此文件名为 a. out
-r	生成一个可重新定位的输出模块。当利用-r 选项且不用-a 选项时,链接器生成一个不可执行的文件。例如 **lnk500** -r file1. obj file2. obj 此链接命令将 file1. obj 和 file2. obj 两个目标文件链接起来,并建立一个名为 a. out(缺省情况)的可重新定位的输出模块。输出文件 a. out 可以与其他的目标文件重新链接,或者在加载时重新定位

3.6.3 链接器命令文件

1. 链接命令和链接器命令文件

对于如下链接器命令:

```
lnk500   a.obj   b.obj   -m   prog.map   -o   prog.out
```

可以将其内容写成一个链接器命令文件 link. cmd(扩展名为. cmd,文件名自定),其内容如下:

```
a.obj                 /* 要链接的第一个目标文件 */
b.obj                 /* 要链接的第二个目标文件 */
-m prog.map           /* 规定存储器映像文件的选项 */
-o prog.out           /* 规定输出文件的选项 */
```

执行链接器命令:

lnk500 link. cmd

就可以将两个目标文件 a. obj 和 b. obj 链接起来,并生成一个映像文件 prog. map 和一个可执行的输出文件 prog. out,其效果与前面带-m 和-o 选项的链接器命令完全一样。

链接器按照命令文件中的先后次序处理输入文件。如果链接器认定一个文件为目标文件,就对它链接;否则就假定它是一个命令文件,并从中读出命令并进行处理。链接器对命令文件名的大小写是敏感的。空格和空行是没有意义的,但可以用作定界符。

例 3－5 给出了链接器命令文件的一个例子。

【例 3－5】 链接器命令文件举例。

```
a.obj  b.obj              /＊要链接的输入文件＊/
－o prog.out              /＊规定生成的输出文件＊/
－m prog.map              /＊规定映像文件＊/
MEMORY                    /＊目标存储器配置命令＊/
{
PAGE 0:  ROM:origin = 1000h,   length = 0100h
PAGE 1:  RAM:origin = 0100h,   length = 0100h
}
SECTIONS                           /＊段定位命令＊/
{
  .text:   > ROM
  .data:   > ROM
  .bss:    > RAM
}
```

链接器命令文件都是 ASCII 码文件，由例 3－5 可见，它主要包含如下内容：

➤ 输入文件名，就是要链接的目标文件和文档库文件，或者是其他的命令文件。如果要调用另一个命令文件作为输入文件，此句一定要放在本命令文件的最后，因为链接器不能从新调用的命令文件返回。

➤ 链接器选项。这些选项既可以用在链接器命令行，也可以编在命令文件中。

➤ MEMORY 和 SECTIONS 都是链接器命令。MEMORY 命令定义目标存储器的配置，SECTIONS 命令规定各个段放在存储器的什么位置。

链接器命令文件中，也可以加注释。注释的内容应当用"/＊"和"＊/"符号括起来。

注意： 在链接器命令文件中，不能采用下列符号作为段名或符号名：

align	DSECT	len	o	run
ALIGN	f	length	org	RUN
attr	fill	LENGTH	origin	SECTIONS
ATTR	FILL	load	ORIGIN	spare
block	group	LOAD	page	type
BLOCK	GROUP	MEMORY	PAGE	TYPE
COPY	l(小写 L)	NOLOAD	range	UNION

2. MEMORY 命令

链接器应当确定输出各段放在存储器的什么位置。要达到这个目的，首先应当有一个目标存储器的模型。MEMORY 命令就是用来规定目标存储器的模型。通过这条命令，可以定义系统中所包含的各种形式的存储器，以及它们占据的地址范围。

C54x DSP 芯片的型号不同或者所构成的系统的用处不同,其存储器配置也可能是不相同的。通过 MEMORY 命令,可以进行各种各样的存储器配置,在此基础上再用 SECTIONS 命令将各输出段定位到所定义的存储器。

下面先举一个例子。例中给了的链接命令文件的部分内容,除了输入文件和-o 选项外,就是MEMORY命令。

```
/* Example command file with MEMORY directive */
file1.obj  file2.obj            /* 输入要链接的目标文件 */
-o prog.out                      /* 链接后生成输出文件 */
MEMORY
{
PAGE 0:  ROM:      origin = c00h,  length = 1000h
PAGE 1:  SCRATCH:  origin = 60h,   length = 20h
         ONCHIP:   origin = 80h,   length = 200h
```

本例中 MEMORY 命令所定义的系统的存储器配置如下:

程序存储器　4K 字 ROM,起始地址为 C00h,取名为 ROM。

数据存储器　32 字 RAM,起始地址为 60h,取名为 SCRATCH。

　　　　　　512 字 RAM,起始地址为 80h,取名为 ONCHIP。

MEMORY 命令的一般句法如下:

MEMORY

{

　PAGE 0:　name 1[(attr)]:　origin=constant,　length=constant;

　PAGE n:　name n[(attr)]:　origin=constant,　length=constant;

}

在链接器命令文件中,MEMORY 命令用大写字母,紧随其后并用大括号括起的是一个定义存储器范围的清单。

其中,PAGE　对一个存储空间加以标记,每一个 PAGE 代表一个完全独立的地址空间。页号 n 最多可规定为 255,取决于目标存储器的配置。通常 PAGE 0 定为程序存储器,PAGE 1 定为数据存储器。如果没有规定 PAGE,则链接器就当作 PAGE 0。

name　对一个存储器区间取名。一个存储器名字可以包含 8 个字符,A～Z、a～z、$ 、.、_均可。对链接器而言,这个名字并没有什么特殊的含义,它们只不过用来标记存储器的区间而已。

attr　这是一个任选项,为命名区规定 1～4 个属性。如果有选项,应写在括号内。当输出段定位到存储器时,可利用属性加以限制。

属性选项一共有 4 项:

R　规定可以对存储器执行读操作。

W 规定可以对存储器执行写操作。

X 规定存储器可以装入可执行的程序代码。

I 规定可以对存储器进行初始化。

如果一项属性都没有选，就可以将输出段不受限制地定位到任何一个存储器位置。任何一个没有规定属性的存储器(包括所有缺省方式的存储器)都有全部 4 项属性。

origin 规定一个存储区的起始地址。键入 origin、org 或 o 都可以。这个值是一个 16 位二进制常数，也可以用十进制、八进制或十六进制数表示。

length 规定一个存储区的长度，键入 length、len 或 l 都可以。这个值是一个16 位二进制常数，也可以用十进制、八进制或十六进制数表示。

3. SECTIONS 命令

SECTIONS 命令的任务如下：

- 说明如何将输入段组合成输出段。
- 在可执行程序中定义输出段。
- 规定输出段在存储器中的存放位置。
- 允许重新命名输出段。

SECTIONS 命令的一般句法如下：

```
SECTIONS
{
  name:[property,property,property,…]
  name:[property,property,property,…]
  name:[property,property,property,…]
}
```

在链接器命令文件中，SECTIONS 命令用大写字母，紧随其后并用大括号括起的是关于输出段的详细说明。每一个输出段的说明都从段名开始。段名后面是一行说明段的内容和如何给段分配存储单元的性能参数。一个段常用的性能参数有：

(1) load allocation

由它定义将输出段加载到存储器中的什么位置。

句法： load＝allocation
　　　 ＞allocation （或者用大于号代替“load＝”）
　　　 allocation （或者省掉“load＝”）

其中 allocation 是关于输出段地址的说明，即给输出段分配存储单元。具体写法有多种形式，例如：

```
.text:   load = 0x1000      将输出段.text定位到一个特定的地址
.text:   load>ROM           将输出段.text定位到命名为ROM的存储区
.bss:    load>(RW)          将输出段.bss定位到属性为R、W的存储区
.text:   align = 0x80       将输出段.text定位到从地址0x80开始
xn:      align(n){}         将输出段xn定位到一个n字存储器块的任何一个位置，n为
                            2的幂次
.text:   PAGE 0             将输出段.text定位到PAGE 0
```

如果要用到一个以上参数，可以将它们排成一行，例如：

```
.text:    >ROM    align 16    PAGE 2
```

或者，为阅读方便，可用括号括起来：

```
.text:    load=(ROM    align (16) PAGE(2))
```

(2) run allocation

由它定义输出段在存储器的什么位置上开始运行。

句法： run=allocation

run>allocation　　(或者用大于号代替等号)

链接器为每个输出段在目标存储器中分配两个地址：一个是加载的地址，另一个是执行程序的地址。通常，这两个地址是相同的，可以认为每个输出段只有一个地址。有时要想把程序的加载区和运行区分开(先将程序加载到ROM，然后在RAM中以较快的速度运行)，只要用SECTIONS命令让链接器对这个段定位两次就行了：一次是设置加载地址，另一次是设置运行地址。例如：

```
.fir:    load=ROM, run=RAM
```

(3) input sections

用它定义由哪些输入段组成输出段。

句法： {input _ sections}

大多数情况下，在SECTIONS命令中是不列出每个输入文件的输入段的段名的，例如：

```
SECTIONS
{
  .text:
  .data:
  .bss
}
```

这样，在链接时，链接器就将所有输入文件的.text段链接成.text输出段(其他段也一样)。当然，也可以明确地用文件名和段名来规定输入段：

```
SECTIONS
{
  .text:                    /* 构建.text 输出段 */
  {
  f1.obj(.text)             /* 链接 f1.obj 中的.text 段 */
  f2.obj(sec1)              /* 链接 f2.obj 中的.text 段 */
  f3.obj                    /* 链接 f3.obj 中的.text 段 */
  f4.obj(.text,sec2)        /* 链接 f4.obj 中的.text 段 */
  }
}
```

段命令还不止这些，这里就不一一介绍了。需要说明的是，在实际编写链接命令文件时，许多参数是不一定要用的，因而可以大大简化。

4. MEMORY 和 SECTIONS 命令的缺省算法

如果没有利用 MEMORY 和 SECTIONS 命令，链接器就按缺省算法来定位输出段，例如：

```
MEMORY
{
  PAGE 0: PROG: origin = 0x0080,   length = 0xFF00
  PAGE 1: DATA: origin = 0x0080,   length = 0xFF80
}
SECTIONS
{
  .text:   PAGE = 0
  .data:   PAGE = 0
  .cinit:  PAGE = 0
  .bss:    PAGE = 1
}
```

在缺省 MEMORY 和 SECTIONS 命令情况下，链接器将所有的.text 输入段，链接成一个.text 输出段——可执行的输出文件；所有的.data 输入段组合成.data 输出段。又将.text和.data 段定位到配置为 PAGE 0 上的存储器，即程序存储空间。所有的.bss 输入段则组合成一个.bss 输出段，并由链接器定位到配置为 PAGE 1 上的存储器，即数据存储空间。

如果输入文件中包含有自定义已初始化段(如上面的.cinit 段)，则链接器也将它们定位到程序存储器，紧随.data段之后。如果输入文件中包括有自定义未初始段，则链接器也将它们定位到数据存储器，并紧随.bss 段之后。

3.6.4 多个文件的链接

在实际应用系统中，往往要求将多个源文件(包括向量文件)的目标文件(.obj 文件)链接在一起，生成可执行的输出文件(.out 文件)。这里，将举例说明向量文件的编写和多个文件的链接方法。最后给出链接后生成的存储器映像文件(.map 文件)。

1. 向量文件

向量文件是一个源文件。向量文件，又称为向量表，是专门用来安排复位向量及其他中断向量的入口地址的。一般在向量表的位置上安排一条转移指令，一旦复位或中断发生，便跳转到主程序或相应的中断服务程序入口地址。通常，把复位向量的入口地址用标号"_c_int00"表示。例 3-6 给出了复位向量文件的例子。

【例 3-6】复位向量文件举例：为本章例 3-1 编写一个复位向量文件。

```
*****************
*   Reset vector for example.asm   *
*****************
      .title  "examp_v.asm"
****   Reset-Vector   *****
      .ref     _c_int00
      .sect    ".vectors"
      B        _c_int00
      .end
```

例 3-5 中引用了例 3-1 主程序 example.asm 中定义的入口地址标号_c_int00。复位向量安排在.vectors 已初始化段。

2. 编程、汇编和多个文件链接实例

【例 3-7】上机编写 y=a1×x1+a2×x2+a3×x3+a4×x4(其中，a1、a2、a3、a4 分别为 1、2、3、4；x1、x2、x3、x4 分别为 8、6、4、2)乘法累加运算的汇编语言源程序、复位向量文件和链接命令文件，并进行汇编和链接，生成可执行的输出文件(.out 文件)供调试时使用。

(1) 准备工作

为了上机进行编程、汇编、链接综合练习，事前必须做好以下准备工作：

① 在 Windows 或 DOS 环境下为安装工具软件和存放应用程序创建文件夹：

C:\C54x\asmlink	此文件夹下安装汇编程序和链接程序。
C:\C54x\sim	此文件夹下安装 Simulator 软件仿真程序。
C:\C54x\labs	此文件夹下存放用户应用程序，也是编程、汇编、链接、仿真调试的操作平台。

② 在 Windows 或 DOS 环境下安装工具软件。

- 将 TI 公司提供的汇编、链接程序(asm500. exe、lnk500. exe 等)安装在 C:\C54x\asmlink 文件夹下,供汇编和链接使用;
- 将软件仿真程序(sim54xw. exe 等)安装在 C:\C54x\sim 文件夹下,供调试时使用。

③ 从 Windows 进入 DOS 环境。本节所介绍的汇编和链接操作都是在 DOS 环境下进行的,因此,首先要从 Windows 进入 DOS 环境,主要方法有 3 个:

- 选择"开始"→"程序"→"附件"→"命令提示符",就可以进入DOS 环境,屏幕上出现:C:\>,就可以进行操作了。如果在单击"命令提示符"以前,右击"命令提示符"→"创建快捷方式",就会在桌面上出现"命令提示符"快捷图标,以后只要双击此图标即可进入 DOS 环境。
- 选择"开始"→"运行",键入 command(或 cmd),然后单击"确定",即可进入 DOS 环境。
- 启动计算机时,按 F8,出现启动菜单后,选择"带命令行提示的安全模式",也可以进入 DOS 环境。

④ 建立批处理文件。为了使汇编、链接以及调试方便,在操作平台 C:\C54x\labs>下,利用 DOS 屏幕编辑器(或其他编辑工具)建立批处理文件。例如,键入命令:

C:\C54x\labs\>edit　A. bat

出现屏幕编辑窗口,在此窗口键入 A. bat 批处理文件的以下内容:

C:\C54x\asmlink\asm500　%1　-s　-l　-x

然后,按 Alt 键→F→S 保存,再按 Alt 键→F→X 退出,批处理文件 A. bat 就建立了。其中,%1 为文件名;-s、-l 和-x 为选项。

要建立的批处理文件有 5 个:

- 汇编批处理文件 A. bat
  内容:C:\C54x\asmlink\asm500　%1　-s　-l　-x
  用法:C:\C54x\labs\>A　文件名
- 链接批处理文件 L. bat
  内容:C:\C54x\asmlink\lnk500　%1. cmd
  用法:C:\C54x\labs\>L　文件名
- 仿真调试批处理文件 S. bat
  内容:C:\C54x\sim\sim54xw　%1
  用法:C:\C54x\labs\>S　文件名
- 汇编、链接批处理文件 AL. bat
  内容:C:\C54x\asmlink\asm500　%1　-s　-l　-x
  　　　C:\C54x\asmlink\lnk500　%1. cmd
  用法:C:\C54x\labs\>AL　文件名

· 汇编、链接、仿真调试批处理文件 ALS.bat

内容：C:\C54x\asmlink\asm500　%1　-s　-l　-x

C:\C54x\asmlink\lnk500　%1.cmd

C:\C54x\sim\sim54xw　%1

用法：C:\C54x\labs\>ALS　文件名

利用以上批处理文件操作，将使汇编、链接和仿真调试命令变得简单，甚至还可以将汇编-链接、汇编-链接-仿真调试命令一道执行。

(2) 上机编程、汇编、链接操作

分 6 个步骤进行：

第 1 步　编写汇编语言源程序。根据本例要求，编写汇编语言源程序 example.asm，程序清单见例 3-1。

第 2 步　编写向量文件。本例中只有一个初始复位向量，编写的复位向量文件名为 examp_v.asm，程序清单见例 3-6。

第 3 步　编写链接命令文件。本例为链接两个目标文件(example.obj 和 examp_v.obj)，而编写的链接命令文件名为 example.cmd，程序清单如下：

```
example.obj
examp_v.obj
-o example.out
-m example.map
MEMORY
{
  PAGE 0:
    EPROM : org = 0E000h,   len = 100h
    VECS:   org = 0FF80h,   len = 04h
  PAGE 1:
    SPRAM:  org = 0060h,    len = 20h
    DARAM:  org = 0080h,    len = 100h
}
SECTIONS
{
    .text    : >EPROM   PAGE 0
    .data    : >EPROM   PAGE 0
    .bss     : >SPRAM   PAGE 1
    STACK    : >DARAM   PAGE 1
    .vectors : >VECS    PAGE 0
```

第 4 步　汇编。利用"C:\C54x\labs\>A　example"和"C:\C54x\labs\>A　examp_v"命令，分别对源程序和向量文件进行汇编。若无错误，则屏幕上会显示"No Errors, No Warnings"；若提示出错和警告，就应当根据屏幕提示的出错和警告信息查找原因,修改程序,直到程序通过汇编为止。

源程序和向量文件经汇编之后都会生成.obj 目标文件和.lst 列表文件,后者可供用户查阅。

第5步　链接。利用"C:\C54x\labs\>L　exampl"命令,对上述两个目标文件(example.obj 和 examp_v.obj)进行链接。在链接过程中,若有出错信息,必须查明出错原因,修改程序后再进行汇编和链接,直至程序通过汇编和链接为止。链接后生成存储器配置文件 example.map 和可执行的输出文件 example.out。存储器配置文件 example.map 的清单如下:

```
OUTPUT FILE NAME:    <example.out>
ENTRY POINT SYMBOL: "_c_int00"   address: 0000e000
MEMORY CONFIGURATION
                  name     origin      length       attributes     fill
                  ---      ---         ---------    ---
PAGE 0: EPROM    0000e000  000000100   RWIX
        VECS     0000ff80  000000004   RWIX
PAGE 1: SPRAM    00000060  000000020   RWIX
        DARAM    00000080  000000100   RWIX
SECTION ALLOCATION MAP
output                                  attributes/
section    page    origin      length       input sections
---        ---     ----        ----         ---------
.text      0       0000e000    00000016
                   0000e000    00000016     example.obj (.text)
                   0000e016    00000000     examp_v.obj (.text)
.data      0       0000e016    00000008
                   0000e016    00000008     example.obj (.data)
                   0000e01e    00000000     examp_v.obj (.data)
.bss       1       00000060    00000009     UNINITIALIZED
                   00000060    00000009     example.obj (.bss)
                   00000069    00000000     examp_v.obj (.bss)
STACK      1       00000080    00000010     UNINITIALIZED
                  00000080    00000010      example.obj (STACK)
.vectors   0      0000ff80    00000002
                  0000ff80    00000002      examp_v.obj (.vectors)
.xref      0      00000000    0000008e      COPY SECTION
                  00000000    00000078      example.obj (.xref)
                  00000078    00000016      examp_v.obj (.xref)
GLOBAL SYMBOLS
address    name                        address    name
```

```
-------                          -------
00000060 .bss                    00000060 .bss
0000e016 .data                   00000069 end
0000e000 .text                   0000e000 _c_int00
0000e000 _c_int00                0000e000 .text
0000e01e edata                   0000e016 etext
00000069 end                     0000e016 .data
0000e016 etext                   0000e01e edata
[7 symbols]
```

第 6 步 仿真调试。有了链接后生成的可执行的输出文件(.out 文件)就可以利用"C:\C54x\labs\>S exampl"命令进行仿真调试了。有关调试的操作方法详见第 4 章。本例运行后得到的乘法累加结果 y 在数据存储器的 0068h 单元中,y=0028h(十进制数为 40)。

第4章

集成开发环境(CCS5.4)

内容提要*本章以CCS5.4为基础,对DSP的集成开发环境(Code Composer Studio)进行了介绍。内容包括CCS的基本特点和安装方法,并通过两种典型工程(汇编语言工程和C语言工程),介绍了CCS5.4的基本操作方法,主要包括工程的建立、构建和调试等。

4.1 CCS概述

4.1.1 集成开发环境CCS概述

早期的CCS是一种针对TMS320系列DSP的集成开发环境,不支持MSP430系列单片机和ARM微控制器,而且对于不同的DSP系列有不同的CCS版本。CCS5不但支持不同系列的DSP,而且支持MSP430系列单片机和ARM微控制器的开发。

CCS5是基于Eclipse开放源软件架构的TI嵌入式处理器集成开发环境。Eclipse软件架构是作为一种建立开发工具的开放架构发展起来的,目前已广泛应用于建立软件开发环境,成为一种被很多嵌入式软件开发商采用的标准架构。CCS5将Eclipse软件架构的优点和TI先进的嵌入式调试技术结合在一起,为嵌入式技术的开发者们提供了一种强大的开发环境。

CCS的功能十分强大,它集成了代码的编辑、编译、链接和调试等诸多功能,而且支持C/C++和汇编的混合编程,其主要功能如下:

① 具有集成可视化代码编辑界面,用户可通过其界面直接编写C、汇编、.cmd文件等。

② 含有集成代码生成工具,包括汇编器、优化C编译器、链接器等,将代码的编辑、编译、链接和调试等诸多功能集成到一个软件环境中。

③ 高性能编辑器支持汇编文件的动态语法加亮显示,使用户很容易阅读代码,发现语法错误。

④ 工程项目管理工具可对用户程序实行项目管理。在生成目标程序和程序库

---

* 本章以TMS320CC5x为例讲述CCS5.4的操作方法

的过程中,建立不同程序的跟踪信息,通过跟踪信息对不同的程序进行分类管理。

⑤ 基本调试工具具有装入执行代码、查看寄存器、存储器、反汇编、变量窗口等功能,并支持 C 源代码级调试。

⑥ 断点工具,能在调试程序的过程中,完成硬件断点、软件断点和条件断点的设置。

⑦ 数据的图形显示工具,可以将运算结果用图形显示,包括显示时域/频域波形、眼图、星座图、图像等,并能进行自动刷新。

⑧ 分析工具,可用于模拟和监视硬件的功能、评价代码执行的时钟。

⑨ 提供 GEL 工具。利用 GEL 扩展语言,用户可以编写自己的控制面板/菜单,设置 GEL 菜单选项,方便直观地修改变量、配置参数等。

⑩ 支持多 DSP 的调试。

⑪ 支持 RTDX 技术,可在不中断目标系统运行的情况下,实现 DSP 与其他应用程序的数据交换。

⑫ 提供 SYS BIOS 工具,增强对代码的实时分析能力。

CCS5 有两种基本工作模式,即:

① 软件仿真器模式(Simulator):可以脱离 DSP 芯片,在 PC 机上模拟 DSP 的指令集和工作机制,主要用于前期算法的实现和调试。

② 硬件仿真器模式(Emulator):可以实时运行在 DSP 芯片上,与硬件开发板相结合在线编程和调试应用程序。

4.1.2 CCS5.4 软件的安装

系统配置要求:

① 操作系统:Windows 2000/XP/Win7。

② PC:1 GB 以上 RAM,4 GB 以上的剩余硬盘空间。

CCS5.4 软件的 TI 官方下载(需要邮箱登录申请)地址:http://processors.wiki.ti.com /index.php/Download_CCS。

CCS5.4 的安装过程十分简单。双击安装程序 ccs_setup_5.4.0.xxxxx,然后按照提示操作即可。

建议:

- 运行安装程序前关闭杀毒软件和防火墙。
- 选择安装所有部件。
- 将系统安装在 D 盘上。以下假设系统安装目录为 D:\ccs54。

安装完毕,把 CCS5.4 软件许可证文件(如 CCSv5 - China - University - Site_License.lic)复制到 ccs54\ccsv5\ccs_base\DebugServer 路径下。

安装成功,桌面上会出现如图 4-1 所示的 CCS5.4 图标。

图 4-1 CCS5.4 快捷方式图标

4.2 汇编语言工程的建立和调试

4.2.1 进入 CCS 主界面

双击图标即可启动 CCS5.4,弹出如图 4-2 所示的 Workspace Launcher 对话框。在 Workspace 栏中输入工作区(用于存放用户所编写的应用程序)路径,单击 OK 按钮即可进入 CCS5.4 主窗口。首次进入新设置工作区时的 CCS5.4 欢迎界面如图 4-3 所示。

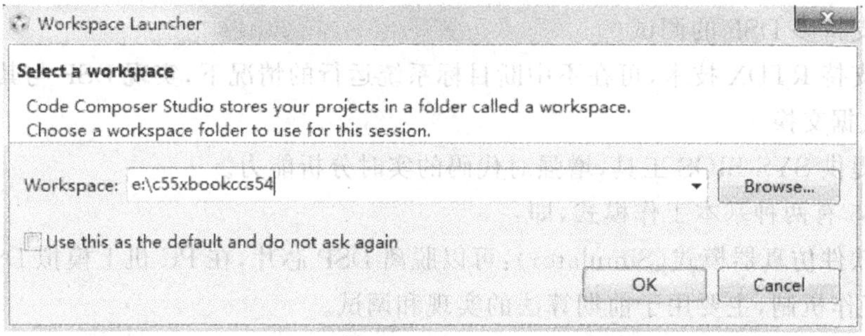

图 4-2 Workspace Launcher 对话框

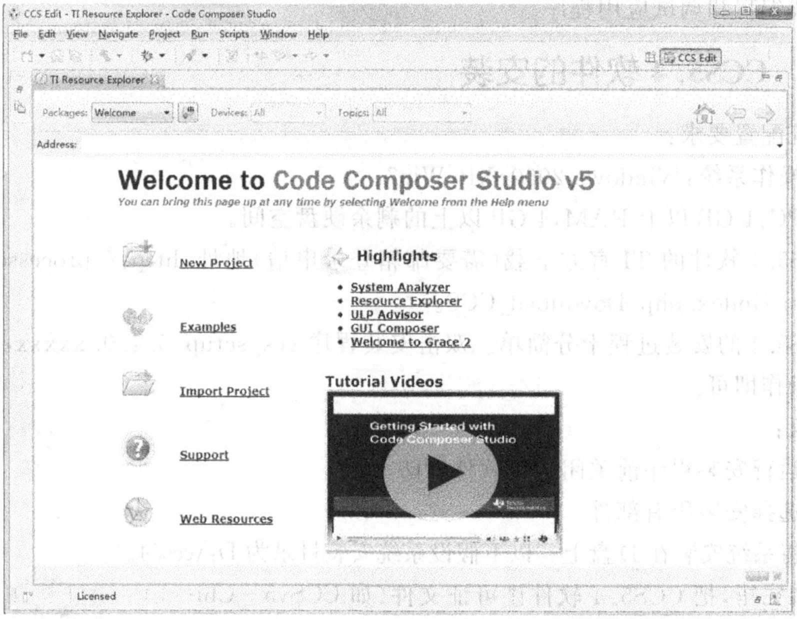

图 4-3 首次进入新设置工作区时的 CCS5.4 欢迎界面

强烈建议:不要选中 Use this as the default and do not ask again 选项。如果选中此项,再次启动 CCS5.4 时就不再显示该对话框,而是按上次设置的工作区路径直接进入主界面。需要说明的是,用户不能修改工作区了。

在 CCS5.4 欢迎界面中，直接打开了 TI Resource Explorer 窗口。关闭该窗口可以得到如图 4－4 所示的 CCS Edit 工作界面。在该界面下可以完成工程与源文件的建立、编辑、存储、打开、编译、汇编、链接等操作。与 CCS Edit 界面对应的是 CCS Debug 界面，当执行程序调试指令系统会自动由 CCS Edit 界面进入 CCS Debug 界面。在 CCS Debug 界面下，可以完成对代码的运行控制，执行单步、多步、全速运行操作，打开寄存器、存储器、变量、表达式等观察窗口，设置、取消断点。

以下结合两个实例，分别介绍一下在 CCS5.4 下汇编语言程序和 C 程序的基本调试方法。

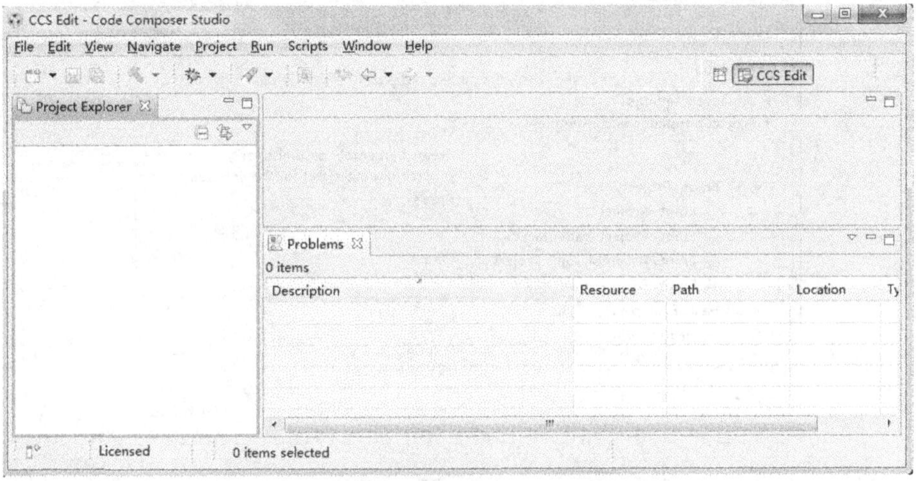

图 4－4 CCS Edit 工作界面

4.2.2 汇编语言工程的创建

选择 File→New→CCS Projectz 菜单项，则弹出如图 4－5 所示的 New CCS Project 对话框。在 Project name 栏中输入 Ex3_1.pjt；在 Output type 栏中选择 Executable 并选中 Use default location 选项。Location 栏中将出现启动 CCS 时设置的 Workspace 路径；在 Device－Family 下拉选单中，选择 C55xx；在 Device－Variant 下拉选单中，选择 TMS320VC5509A；对于 Device－Connection 下拉选单中，选择空白；对于 Advanced settings 的各栏，均按系统默认设置；在 Project templates and examples 中，选择 Empty Assembly－only Project；单击 Finish 按钮，完成 Ex3_1 工程的建立。

此时，在 CCS5.4 的 Project Explorer 窗口中可以看到相关信息(见图 4－6)；也可以通过资源管理器察看相关信息(见图 4－7)。目前，只是建立了一个新工程框架，里边的内容是空的。

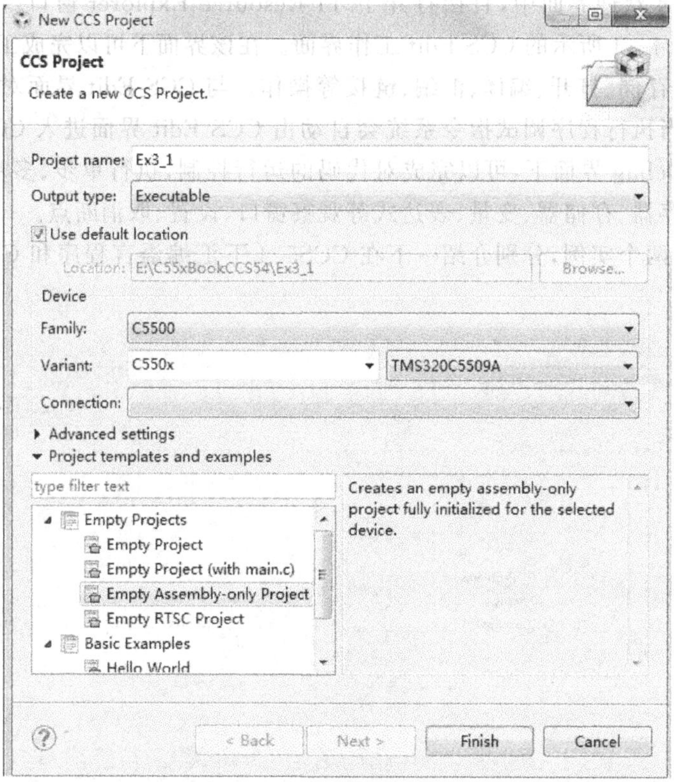

图4-5　New CCS Project 对话框

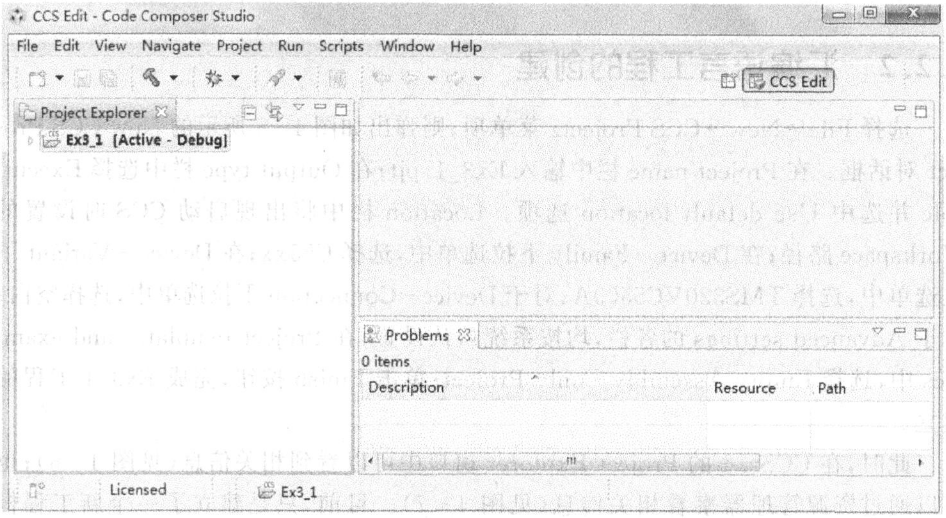

图4-6　在 Project Exploer 窗口查看当前工作区工程文件

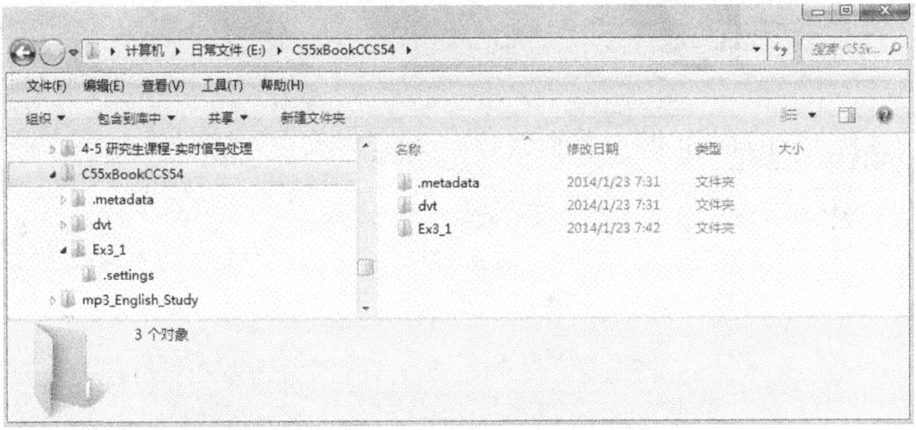

图 4-7　在计算机硬盘上生成的当前工程文件

4.2.3　汇编源文件和命令文件的创建

在汇编语言工程中，汇编源程序文件(扩展名为.asm)和命令文件(扩展名为.cmd)是必须的。下面在工程 Ex3_1 中新建一个名字为 Ex3_1.asm 的汇编源文件和一个名字为 Ex3_1.cmd 的命令文件。步骤如下：

① 选择 File→New→Source File 菜单项，弹出如图 4-8 所示的对话框。输入汇编源程序名称为 Ex3_1.asm。单击 Finish 按钮，完成 Ex3_1.asm 的建立。此时，在 CCS5.4 的 Project Explorer 窗口中可以看到相关信息，同时在屏幕上出现已打开的 Ex3_1.asm 空白文件，如图 4-9 所示。

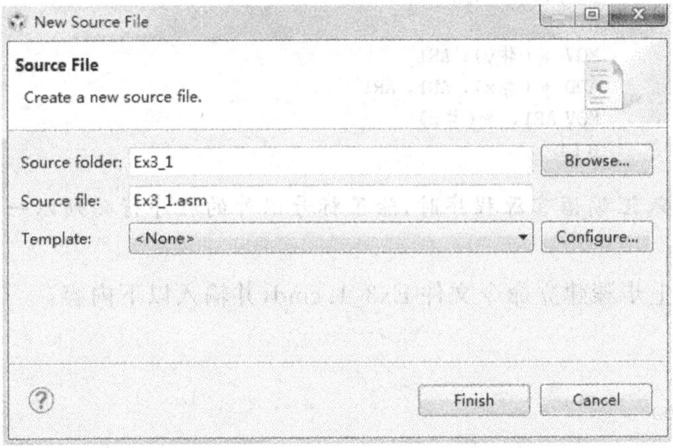

图 4-8　New Source File 对话框

② 将以下源程序代码输入 Ex3_1.asm 空白文件，并保存，即可完成 Ex3_1.asm 的输入。

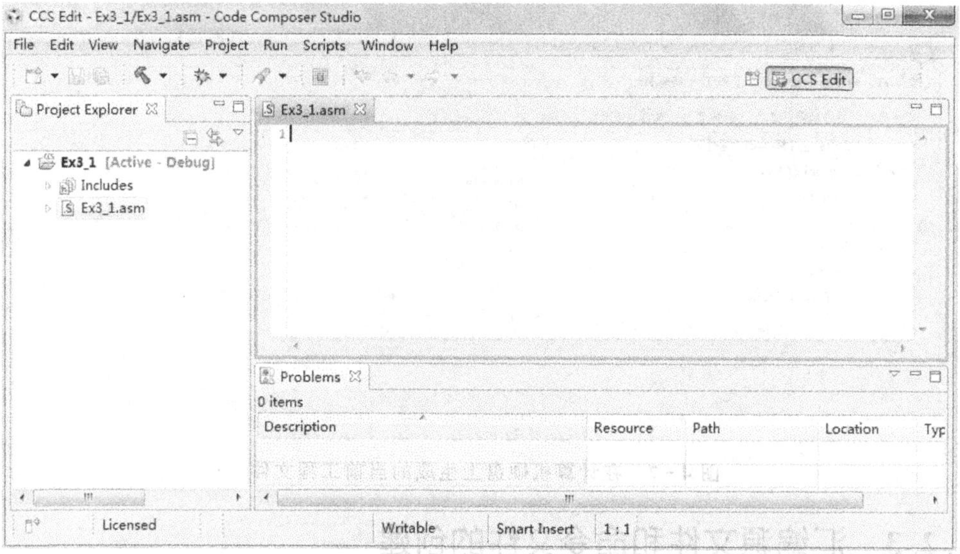

图 4-9　CCS Edit 工作界面(创建汇编源程序文件)

```
            .global    x,y,z
            .bss    x,1
            .bss    y,1
            .bss    z,1
            .text
            .global start
start:
            MOV #2, *(#y)
            MOV #1, *(#x)
L1:
            MOV *(#y), AR1
            ADD *(#x), AR1, AR1
            MOV AR1, *(#z)
            B L1
```

注意:在输入汇编语言源程序时,除了标号以外的程序行必须以一个空格或 Tab 制表字符开始。

③ 按照以上步骤建立命令文件 Ex3_1.cmd,并输入以下内容:

```
-e start
-stack 500
-sysstack 500
MEMORY
{
    DARAM1: o = 0x100, l = 0x7f00
    DARAM2: o = 0x8000, l = 0x8000
}
SECTIONS
```

```
{
    .text: {} > DARAM1
    .bss: {} > DARAM2
    .stack {} > DARAM2
}
```

说明：

- 在汇编语言工程中，汇编源文件和命令文件是不可缺少的组成部分。
- 如果在其他工程中已有相应的源文件和命令文件，可以直接将其添加到当前工程中。方法如下：将鼠标移至 Project Exploer 窗口中的当前工程文件 Ex3_1 处右击，在弹出的右键快捷菜单中选择 Add Files，按照提示进行操作即可。
- 不同工程的汇编源文件通常是不同的，但是可以使用相同的命令文件。

4.2.4　工程的构建(Build)

在 CCS 中，对于汇编语言工程来讲，工程构建相当于"汇编＋链接"操作。方法如下：在 CCS5.4 的 Project Explorer 窗口中，单击工程 Ex3_1，进行激活(出现 Active Debug 标示)。此时单击工具按钮即可进行工程 Ex3_1 的构建。构建过程中，会自动打开 Console 和 Problems 窗口，显示汇编、链接进程中的有关信息和出现的问题(见图 4－10)。用户可据此发现问题，有针对性地加以解决。

完成构建后，在 Project Explorer 窗口的 Ex3_1－Debug 下，会出现包括 Ex3_1.obj、Ex3_1.out 等在内的相关文件。其中，Ex3_1.out 为可执行程序文件。

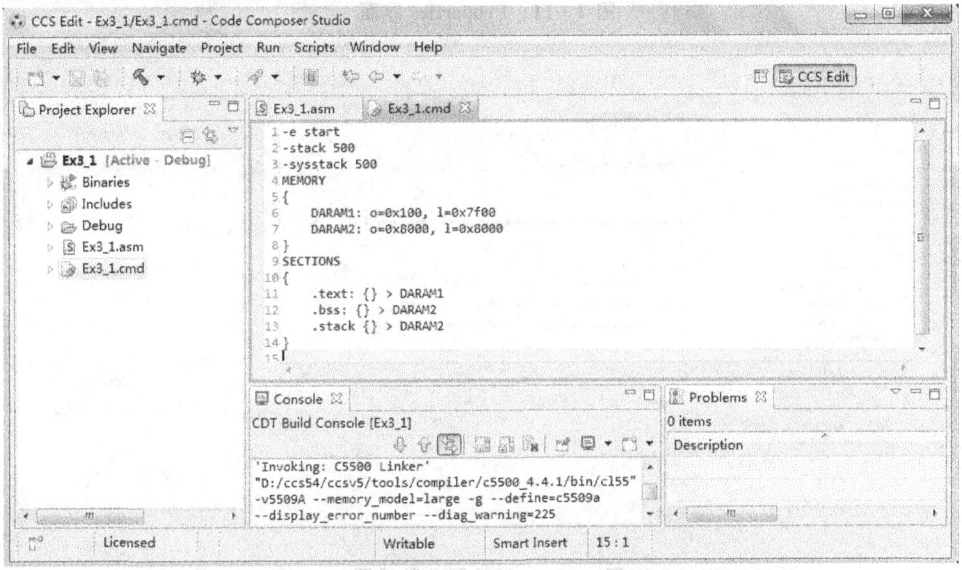

图 4－10　CCS Edit 工作界面(汇编文件、命令文件已创建)

4.2.5 构建操作的参数设置

构建参数包括汇编器参数和链接器参数(对于 C 程序,还包括编译器参数)。

构建参数可以通过下述方法进行设置:将鼠标移至工程 Ex3_1 上右击,在弹出的右键快捷菜单中选择 Properties 即可打开 Properties 窗口(见图 4-11)。从中可以完成对编译器、汇编器、链接器等构建参数的设置。

在 Build - C55x Compiler - Advanced Options 中选择 Assembly Options,可以进一步打开 Assembler Options 界面(见图 4-12),在其中可以方便地设置相应的汇编器参数。

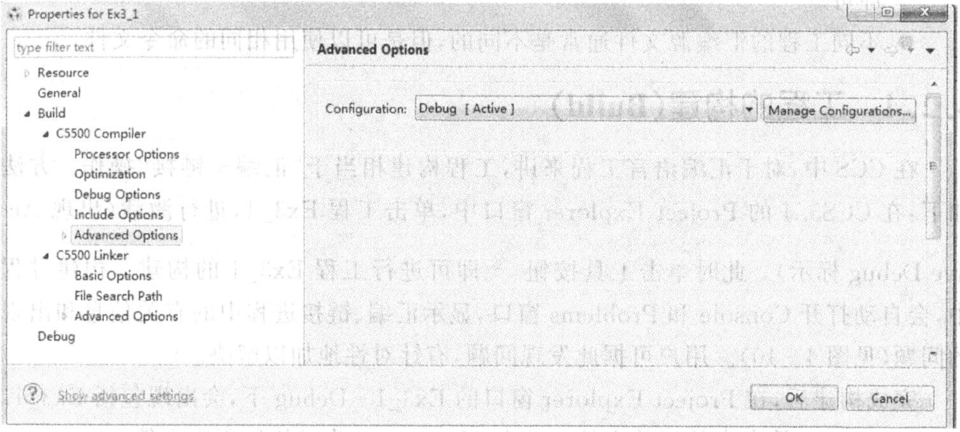

图 4-11 Properties 界面

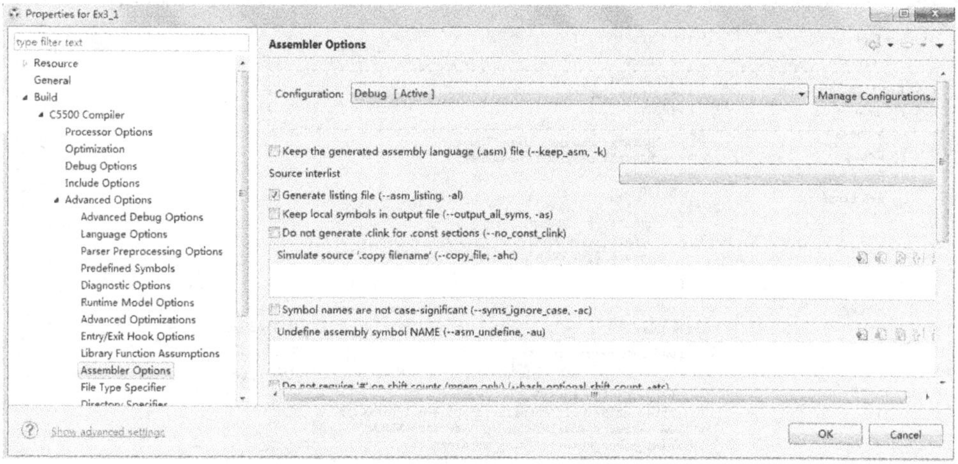

图 4-12 汇编器参数设置

如果想使汇编器产生列表文件(.lst),可在图 4-12 中选中 Generate listing file (选择了汇编器参数"-l"),单击 OK 按钮退出。然后,单击工具按钮 对工程 Ex3_1 重新构建。可以发现在 Project Explorer 界面的 Ex3_1-Debug 下出现了 Ex3_1.lst 文件,如图 4-13 显示。

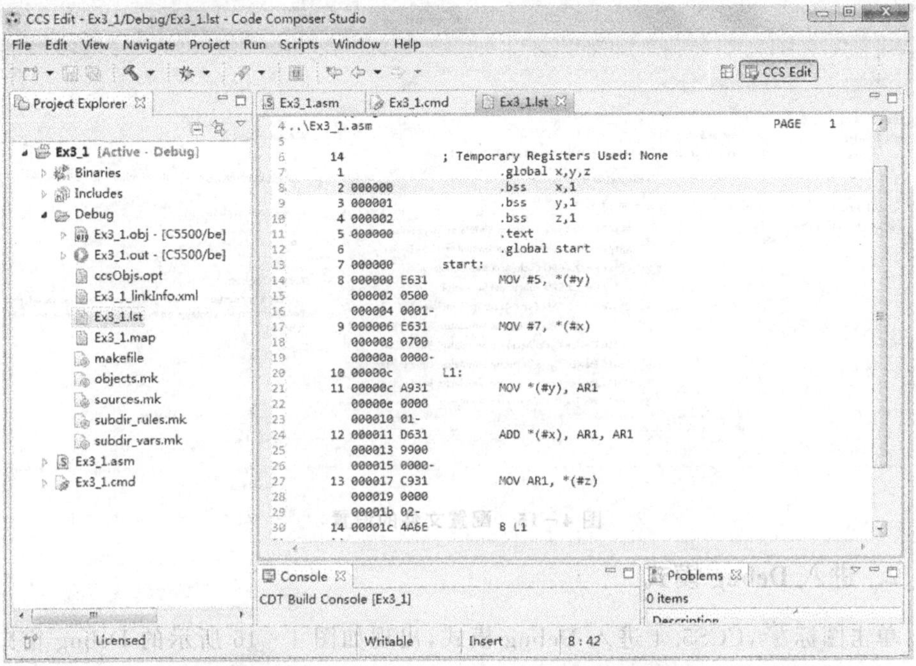

图 4-13　生成列表文件的 CCS Edit 界面

4.2.6　汇编工程的调试

1. 建立配置文件

选择菜单 File→New→New Target Configuration 菜单项,弹出如图 4-14 所示的

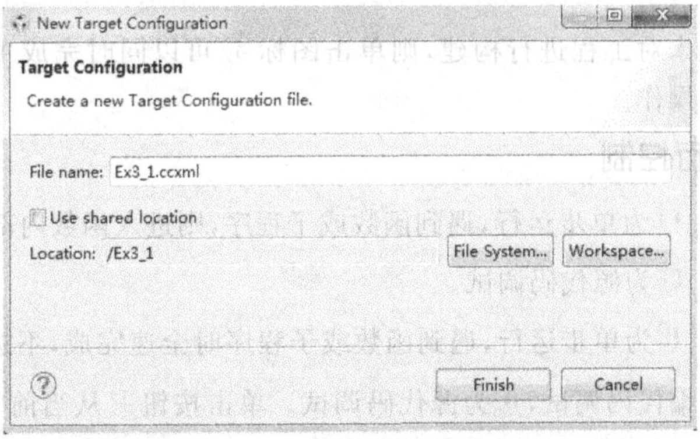

图 4-14　New Target Configuration 对话框

New Target Configuration 对话框,填入配置文件名字:Ex3_1.ccxml,单击 Finish 按钮,弹出如图 4-15 所示的配置文件设置对话框。在 Connection 栏中选择 Texas Instrument Simulator;在 Board or Device 栏中选择 C55xx Rex2.x CPU Cycle Accurate Simulator;单击 Save 按钮退出即可完成配置文件的建立。

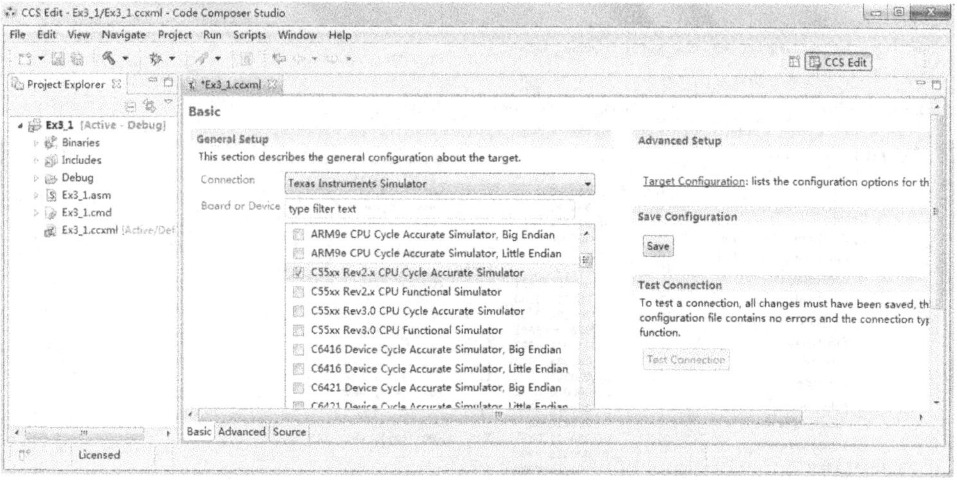

图 4-15 配置文件的设置

2. 进入 Debug 模式

单击图标,CCS5.4 进入 Debug 模式,出现如图 4-16 所示的 Debug 窗口。对于汇编语言工程来讲,程序的入口地址为命令文件中-e 选项所指定的全局符号 start 处。

注意:

- 默认情况下,系统自动完成程序 Ex3_1.Out 的装载。如果想修改 Debug 参数,可打开工程 Properties 窗口,在 Debug 对话框中选择、修改相关 Debug 参数。
- 如果前边未对工程进行构建,则单击图标可以同时完成工程构建和进入 Debug 的操作。

3. 程序运行控制

单击按钮、为单步运行,遇到函数或子程序,则进入函数内部或子程序。为汇编代码调试,为源代码调试。

单击按钮、为单步运行,遇到函数或子程序时全速完成,不进入函数内部或子程序。为汇编代码调试,为源代码调试。单击按钮从当前 PC 位置开始执行程序,直到遇到断点后停止。单击按钮暂停当前程序的执行。如果再次单击

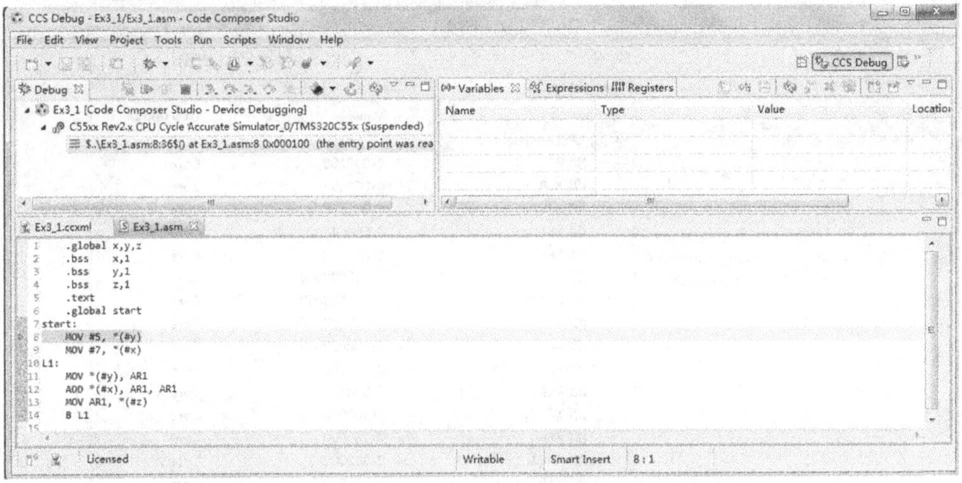

图 4-16　CCS-Debug 窗口

按钮,则继续执行程序。单击按钮使程序回到初始位置。单击按钮使 CPU 复位。

注意:

程序运行控制还可以通过执行菜单 Run 中的相应命令完成,或者通过相应的热键完成。

4. 断点的设置/取消

断点的作用是暂停程序的运行,以便观察程序的状态,检查或修正变量,查看调用的堆栈、存储器和寄存器的内容等。断点可以设置在编辑窗口中源代码行上,也可以设置在反汇编窗口中的反汇编指令上。

注意:设置断点时应当避免以下两种情形:

- 将断点设置在属于分支或调用的语句上。
- 将断点设置在块重复操作的倒数第一或第二条语句上。

在 CCS5 中断点的设置/取消十分简单。在未设置断点语句的第一列单击一次,即可在该处设置断点。在已设置断点语句的第一列单击一次,即取消该处断点。

4.2.7　寄存器的观察和修改

执行菜单命令 View-Registers,可以打开寄存器窗口,如图 4-17 所示。通过寄存器窗口可以查看 C55x CPU 各个寄存器的数值。如果想修改某寄存器的值,可以选中该寄存器的数值部分,然后输入新的数值,单击鼠标左键或按回车键即可确认。

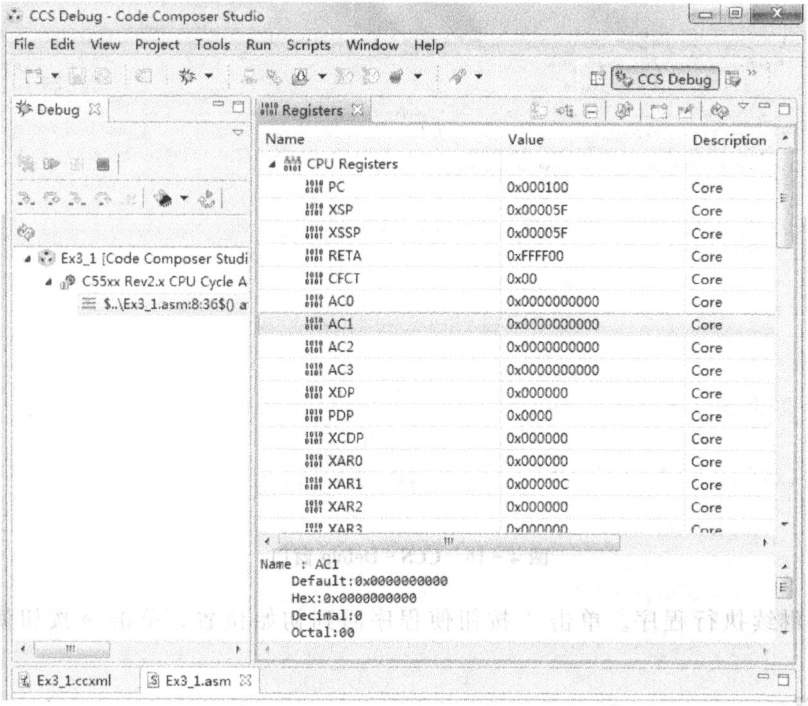

图 4-17　寄存器窗口

4.2.8　存储器的观察和修改

执行菜单命令 View - Memory Browser,可以打开存储器观察窗口,如图 4-18 所示。通过存储器观察窗口可以查看存储器的数值。如果想修改某存储器单元的值,可以选中相应的存储器单元,然后输入新的数值,单击鼠标左键或按回车键即可确认。

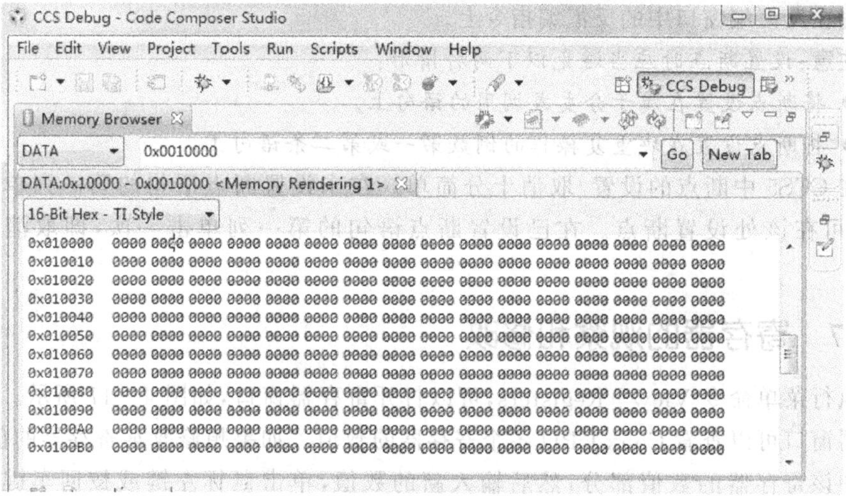

图 4-18　存储器观察窗口

4.3　C 语言工程的建立和调试

4.3.1　进入 CCS 主界面

双击图标启动 CCS5.4,进入 CCS5.4 主窗口。设所选择工作区依然为 C55xBookCCS54。

4.3.2　C 语言工程的创建

选择 File→New→CCS Project 菜单项,则弹出如图 4－19 所示的 New CCS

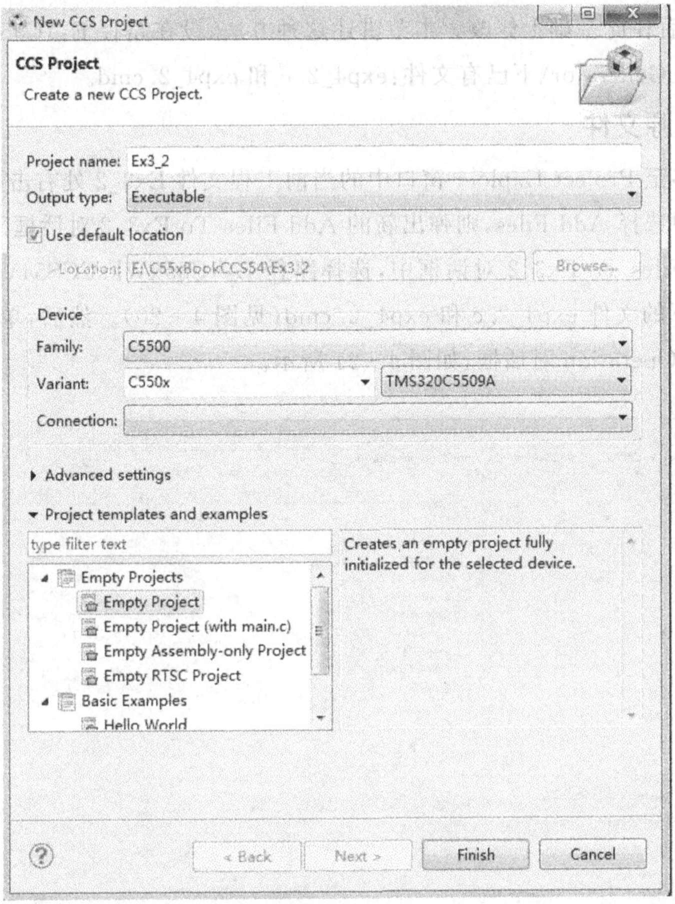

图 4－19　New CCS Project 对话框

Project 对话框。在 Project name 栏中输入 Ex3_2. pjt；在 Output type 栏中选择 Executable；选中 Use default location 单选项，Location 栏中将出现启动 CCS 时设置的 Workspace 路径；在 Device - Family 下拉选单中选择 C55xx；在 Device - Variant 下拉选单中选择 TMS320VC5509A；对于 Device - Connection 下拉选单中选择空白；对于 Advanced settings 的各栏均选择默认项；在 Project templates and examples 中选择 Empty Project；单击 Finish 按钮，完成 Ex3_2 工程的建立。

4.3.3　C 源文件和命令文件的创建、添加和编辑

在 C 语言工程中，C 源程序文件和命令文件是必须的。在工程中加入这些文件有多种方法。依然可以采用如前节所述建立新文件的办法(通过选择 File→New→CCS Project 菜单项选择)，更常用的方法是：向工程中加入已存在的其他 C 源程序文件和命令文件，然后在此基础上修改。本节讲述这种方法，设在路径 E:\C55xWksCCS54\exp4_2 - C - Generator\下已有文件：exp4_2. c 和 exp4_2. cmd。

1. 添加源文件

将鼠标移至 Project Exploer 窗口中的当前工程文件 Ex3_2 处右击，在弹出的右键快捷菜单中选择 Add Files，则弹出新的 Add Files To Ex3_2 对话框。

在 Add Files To Ex3_2 对话框中，选择路径 E:\C55xWksCCS54\exp4_2 - C - Generator \下的文件 exp4_2. c 和 exp4_2. cmd(见图 4 - 20)。然后，单击“打开”按钮，弹出 File Operation 对话框，如图 4 - 21 所示。

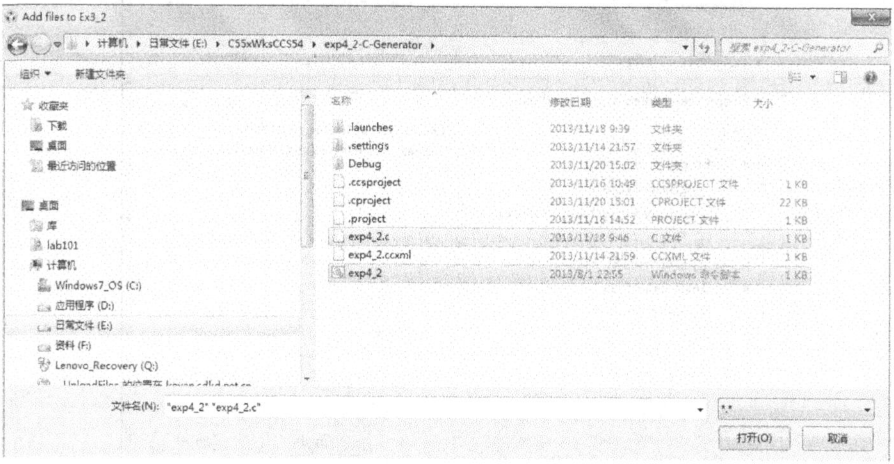

图 4 - 20　Add Files To Ex3_2 对话框

在 File Operation 对话框中选择 Copy files，单击 OK 按钮，选中的两个文件即被

复制到当前工作区的 Ex3_2 工程目录下，如图 4－22 所示。

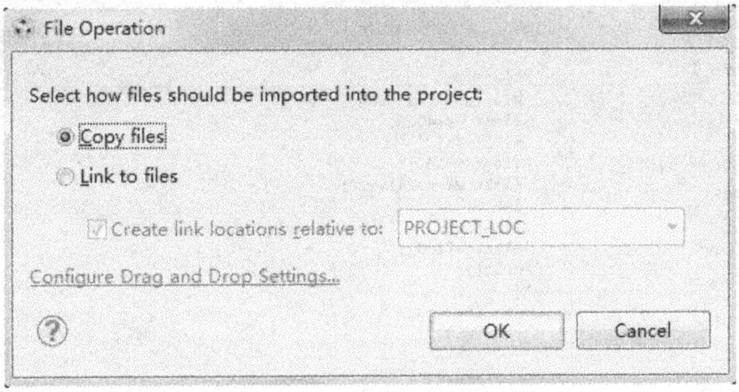

图 4－21　File Operation 对话框

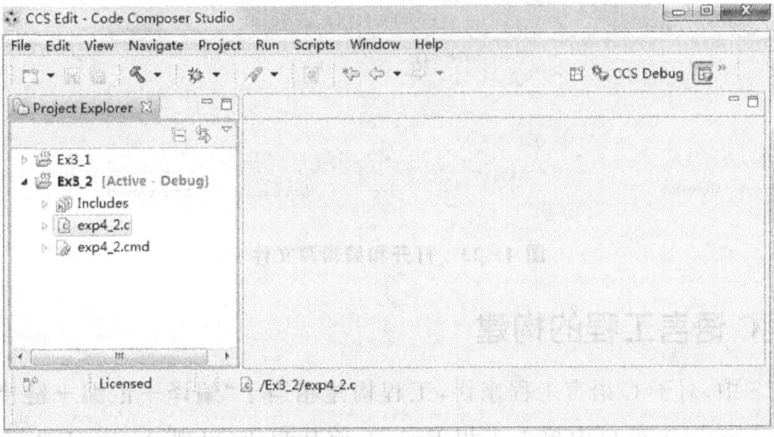

图 4－22　复制到 Ex3_2 工程目录下的两个文件

2. 源文件改名

将鼠标移至 exp4_2.c 或 exp4_2.cmd 文件名处右击，在弹出的右键快捷菜单中选择 Rename，在新弹出的对话框中将两个文件分别改为 ex3_2.c 或 ex3_2.cmd。

说明：

- 如果不修改文件名，并不影响后边的操作；
- 工程名也可按照此种方法修改。

3. 源文件的打开和编辑

双击 ex3_2.c 或 ex3_2.cmd，即可打开相应的文件，进行查看或编辑，如图 4－23 所示。

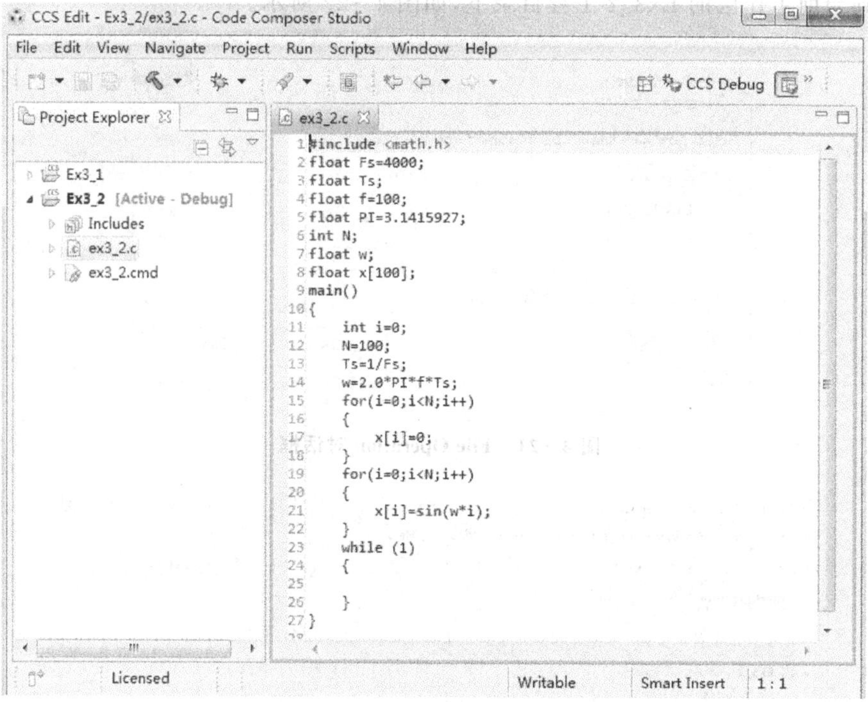

图 4-23　打开和编辑源文件

4.3.4　C 语言工程的构建

在 CCS 中，对于 C 语言工程来讲，工程构建相当于“编译＋汇编＋链接”操作。在 Project Explorer 窗口中单击工程 Ex3_2，使其激活(出现 Active Debug 标示)。此时单击工具按钮即可进行工程 Ex3_2 的构建。构建过程中，会自动打开 Console 和 Problems 窗口，显示汇编、链接进程中的有关信息和出现的问题。

完成构建后，在 Project Explorer 窗口的 Ex3_2－Debug 下，会出现包括 Ex3_2.obj、Ex3_2.out 等在内的相关文件。其中，Ex3_2.out 为可执行程序文件。

4.3.5　C 语言工程的调试

1. 建立配置文件

对于 C 语言工程，其配置文件的建立方法与汇编语言工程是完全相同的。

选择 File→New→New Target Configuration 菜单项，弹出 New Target Configuration 对话框，填入配置文件名字 Ex3_2.ccxml，单击 Finish 按钮。在弹出的配置文件设置对话框中的 Connection 栏中选择 Texas Instrument Simulator，在 Board or

Device 栏中选择 C55xx Rex2.x CPU Cycle Accurate Simulator。单击 Save 按钮退出,即可完成配置文件的建立。

2. 进入 Debug 模式

单击图标进入 Debug 模式,出现如图 4-24 所示的 Debug 窗口。对于 C 语言工程来讲,程序的入口地址为 main()函数入口处。

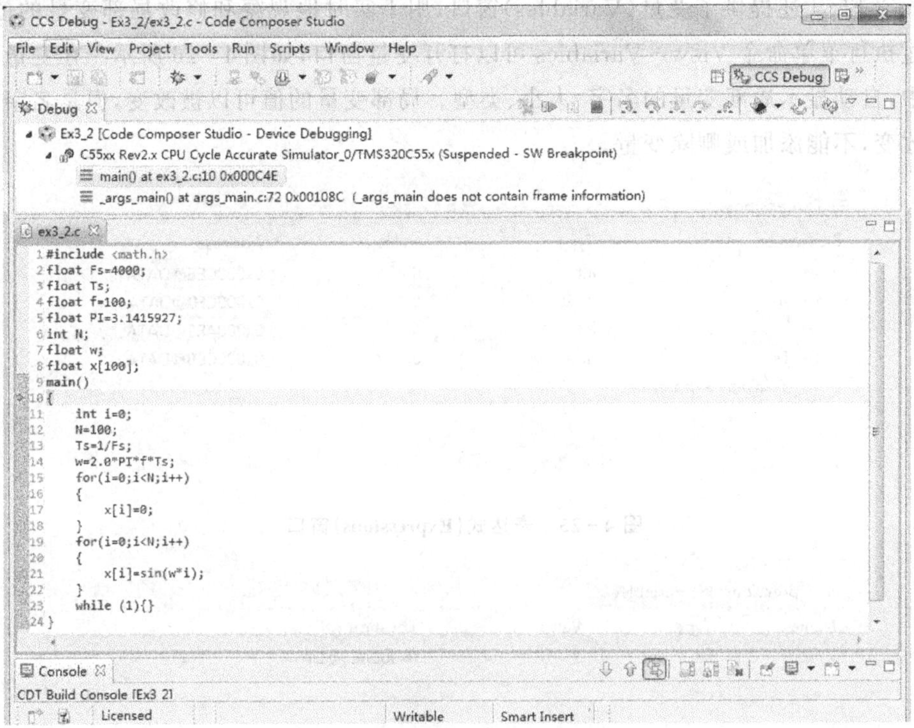

图 4-24 CCS-Debug 窗口

3. 程序运行控制

C 语言工程中单步运行、连续运行、断点的设置与取消等程序运行控制的方法与汇编语言工程基本相同。

4.3.6 寄存器、存储器的观察和修改

通过执行菜单命令 View-Registers 或 View-Memory Browser,可以打开寄存器窗口或存储器观察窗口,查看或修改 C55x CPU 寄存器的数值或存储器单元的数值。

4.3.7 表达式窗口和变量窗口的使用

CCS5.4 提供了表达式(Expressions)窗口,用于实时地观察和修改全局变量和局部变量的值。通过执行菜单命令 View - Expressions 可以打开表达式窗口,如图 4 - 25 所示。在 Expressions(表达式)窗口中,显示局部和全局变量以及指定表达式的名字、大小、类型,也可以添加或删除变量。

CCS5.4 还提供了变量(Variables)窗口,用于实时地观察和修改局部变量的值。通过执行菜单命令 View - Variables 可以打开变量窗口,如图 4 - 26 所示。在变量窗口中,自动显示局部变量的名字、大小、类型。局部变量的值可以被改变,但是名字不能改变,不能添加或删除变量。

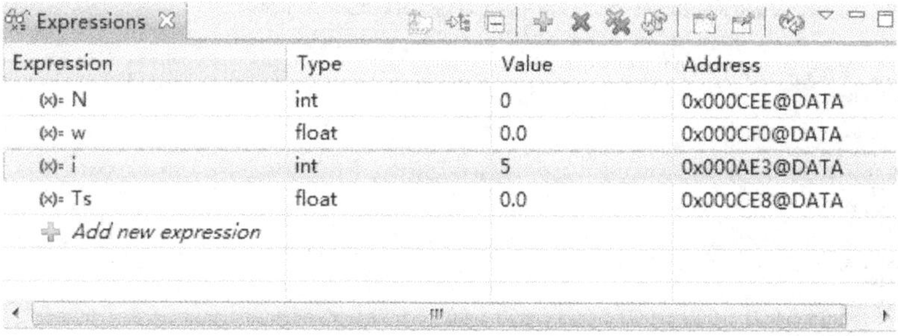

Expressions
Expression
Type
Value
Address
(x)= N
int
0
0x000CEE@DATA
(x)= w
float
0.0
0x000CF0@DATA
(x)= i
int
5
0x000AE3@DATA
(x)= Ts
float
0.0
0x000CE8@DATA
Add new expression

图 4 - 25 表达式(Expressions)窗口

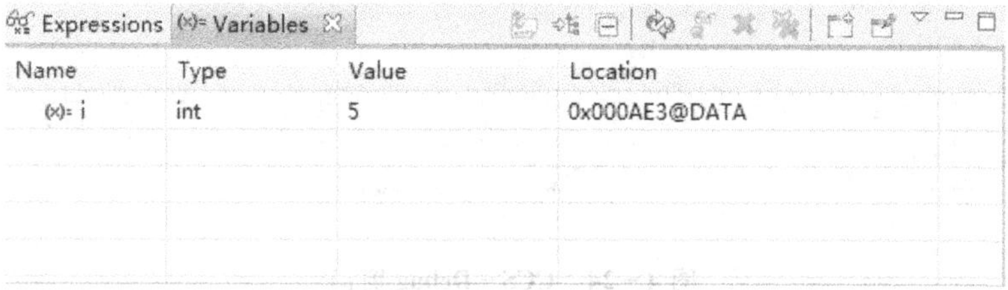

图 4 - 26 变量(Variables)窗口

4.3.8 反汇编窗口的使用

反汇编窗口主要用来显示反汇编后的指令和调试所需的符号信息,包括反汇编指令、指令所存放的地址和相应的操作码(机器码)。执行菜单命令 View - Disassembly,可以打开反汇编窗口,如图 4 - 27 所示。其中,左边窗口为 C 源程序,右边的反汇编窗口显示的是对应的反汇编程序。

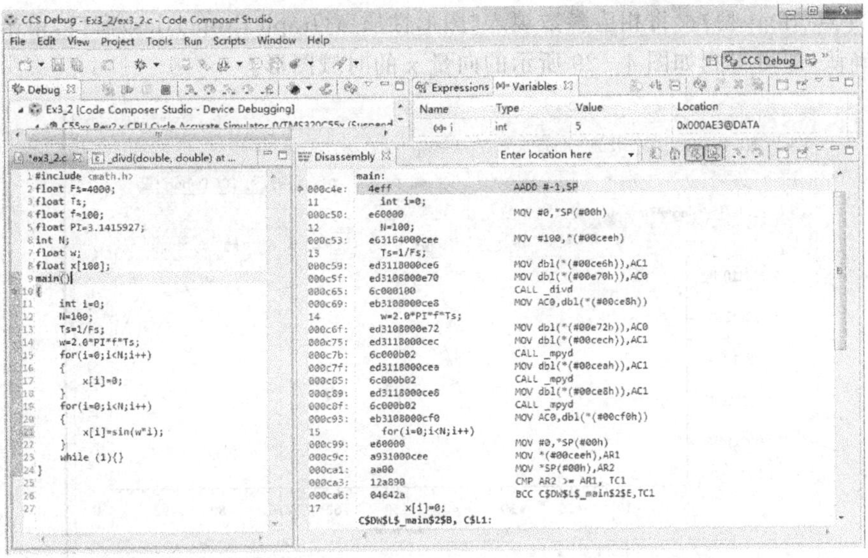

图 4-27 反汇编窗口

4.3.9 图形显示工具

CCS5.4 提供了强大的图形显示工具,可以将内存中的数据以各种图形的方式显示给用户,帮助用户直观了解数据的意义。图形工具在数字信号处理中非常有用,可以从总体上分析处理前和处理后的数据,以观察程序运行的效果。

执行菜单命令 Tools→Graph→XX,可以打开相应的图形显示窗口。例如,执行菜单命令 Tools→Graph→Single Time 可以打开相应的"图形性质"(Graph Properties)窗口(见图 4-28)。这里要显示的是向量 x 的图形,其长度为 100,数据类型为

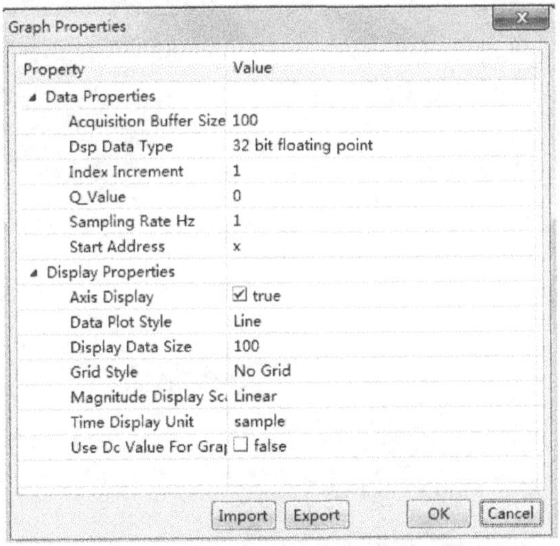

图 4-28 图形性质(Graph Properties)窗口

32 位浮点(float 型)。将相应参数填入"图形性质"(Graph Properties)窗口,单击 OK 按钮确认,即可得到如图 4-29 所示的向量 x 的时域图形。

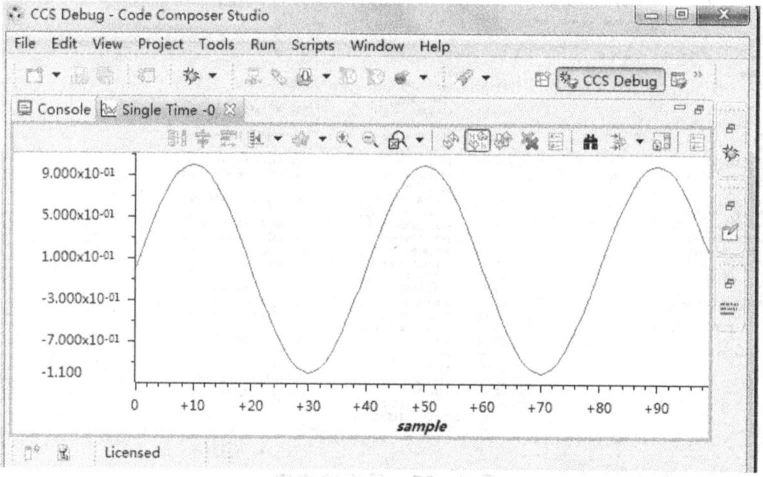

图 4-29　时域图形(Single Time)显示窗口

第5章 汇编语言程序设计

本章主要介绍 TMS320C54x 汇编语言程序设计的一些基本方法，有关 C54x 的应用将在第 6 章中讨论。

5.1 程序的控制与转移

C54x 具有丰富的程序控制与转移指令，利用这些指令可以执行分支转移、循环控制以及子程序操作。基本的程序控制指令如表 5-1 所列。

表 5-1 基本的程序控制指令

分支转移指令	执行周期	子程序调用指令	执行周期	子程序返回指令	执行周期
B next	4	CALL sub	4	RET	5
BACC src	6	CALA src	6		
BC next, cnd	5/3	CC sub, cnd	5/3	RC cnd	5/3

注：5/3 表示条件成立为 5 个机器周期，不成立为 3 个机器周期。

分支转移指令改写 PC，以改变程序的流向。子程序调用指令将一个返回地址压入堆栈，执行返回指令时复原。

1. 条件算符

条件分支转移指令或条件调用、条件返回指令都是用条件来限制分支转移、调用和返回操作。条件算符分成两组，每组又分成 2 类或 3 类（详见 1.7.4 小节）：

第 1 组

EQ	NEQ	OV
LEQ	GEQ	NOV
LT	GT	

第 2 组

TC	C	BIO
NTC	NC	NBIO

选用条件算符时应当注意：

➤ 第 1 组：组内两类条件可以“与”/“或”，但不能在组内同一类中选择两个条件算符“与”/“或”。当选择两个条件时，累加器必须是同一个。例如，可以同时选择 AGT 和 AOV，但不能同时选择 AGT 和 BOV。

➤ 第 2 组：可以从组内 3 类算符中各选一个条件算符“与”/“或”，但不能在组内同一类中选2个条件算符“与”/“或”。例如,可以同时测试TC、C和BIO,但不能同时测试NTC和TC。

➤ 组与组之间的条件只能“或”。

【例5-1】条件分支转移。

```
RC  TC              ;若TC=1,则返回,否则往下执行
CC  sub, BNEQ       ;若累加器B≠0,则调用sub,否则往下执行
BC  new, AGT,AOV    ;若累加器A>0且溢出,则转至new,否则往下执行
```

单条指令中的多个(2～3个)条件是“与”的关系。如果需要两个条件相“或”,只能分两句写(写成两条指令)。例如,例5-1中最后一条指令改为“若累加器A大于0或溢出,则转移至new”,可以写成如下两条指令:

```
BC    new, AGT
BC    new, AOV
```

2. 循环操作:BANZ

在程序设计时,经常需要重复执行某一段程序。利用BANZ(当辅助寄存器不为0时转移)指令执行循环计数和操作是十分方便的。

【例5-2】计算 $y=\sum_{i=1}^{5} x_i$,主要程序如下:

```
        .bss      x,5
        .bss      y,1
        STM       #x,AR1
        STM       #4,AR2
        LD        #0,A
loop:   ADD       *AR1+,A
        BANZ      loop,*AR2-
        STL       A,@y
```

本例中用AR2作为循环计数器,设初值为4,共执行5次加法。也就是说,应当用迭代次数减1后加载循环计数器。

3. 比较操作:CMPR

编程时,经常需要数据与数据进行比较,这时利用比较指令CMPR是很合适的。CMPR指令是测试所规定的AR寄存器(AR1～AR7)与AR0的比较结果。如果所给定的测试条件成立,则TC位置1。然后,条件分支转移指令就可以根据TC位的状态进行分支转移。注意,所有比较的数据,都是无符号操作数。

【例5-3】比较操作后条件分支转移。

```
        STM     #5,AR1
        STM     #10,AR0
loop:           ⋮
                ⋮
        MAR     *AR1+
                ⋮
        CMPR    LT,AR1
        BC      loop,TC
```

5.2 堆栈的使用方法

C54x 提供一个用 16 位堆栈指针(SP)寻址的软件堆栈。当向堆栈中压入数据时,堆栈指针从高地址向低地址移动。堆栈指针是减在前,加在后,即压入操作时,先 SP－1,再压入数据;弹出操作时,先弹出数据,后 SP＋1。

如果程序中要用到堆栈,必须先进行设置,方法如下:

```
size    .set      100
stack   .usect    "STK",size
        STM       #stack+size,SP
```

上述语句是在数据 RAM 空间开辟一个堆栈区。前 2 句是在数据 RAM 中自定义一个名为 STK 的保留空间,共 100 个单元。第 3 句是将这个保留空间的高地址(#stack＋size)赋给 SP,作为栈底,参见图 5-1(a)。自定义未初始化段 STK 究竟定位在数据 RAM 中的什么位置,应当在链接命令文件中规定。

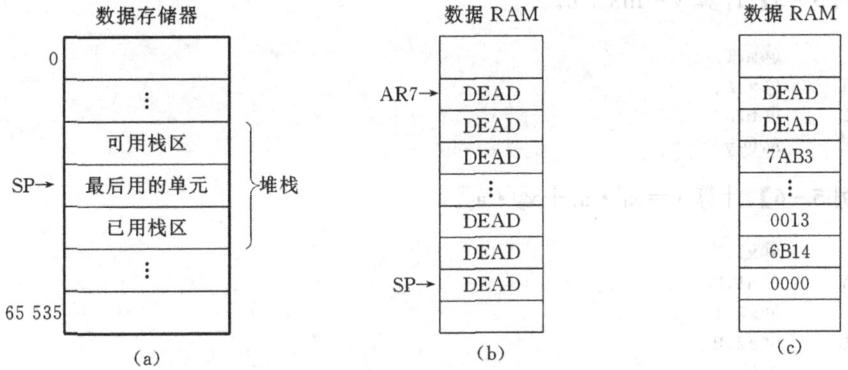

图 5-1 堆 栈

设置好堆栈之后,就可以使用堆栈了。例如:

```
        CALL   pmad   ;(SP)-1→SP,   (PC)+2→TOS
                      ;pmad→PC
        RET           ;(TOS)→PC,    (SP)+1→SP
```

堆栈区应开辟多大？可按照以下步骤来确定：

① 开辟一个大堆栈区，并用已知数充填：

```
        LD      # -8531,A
        STM     #length,AR1
        MVMM    SP,AR7
loop:   STL     A, * AR7 -
        BANZ    loop, * AR1 -
```

执行以上程序后，堆栈区中的所有单元均充填0DEADh(十进制数为－8531)，如图5-1(b)所示。

② 运行程序，执行所有的操作。

③ 暂停。检查堆栈中的数值，如图5-1(c)所示。从中可以看出堆栈用了多少个存储单元。

④ 用过的堆栈区才是实际需要的堆栈空间。

5.3 加、减法和乘法运算

在数字信号处理中，乘法和加法运算是非常普遍的，这里举几个例子。

【例5-4】计算 $z=x+y-w$。

```
LD      @x,A
ADD     @y,A
SUB     @w,A
STL     A,@z
```


【例5-5】计算 $y=mx+b$。

```
LD      @m,T
MPY     @x,A
ADD     @b,A
STL     A,@y
```

【例5-6】计算 $y=x_1 \cdot a_1 + x_2 \cdot a_2$。

```
LD      @x1,T
MPY     @a1,B
LD      @x2,T
MAC     @a2,B
STL     B,@y
STH     B,@y+1
```

上述例子说明加、减法，求解直线方程以及计算一个简单的乘积和是如何实现的。所举例子中的指令都是单周期指令。

【例5-7】计算 $y=\sum_{i=1}^{4} a_i x_i$。

这是一个典型的乘法累加运算，在数字信号处理中用得很多。有关它的编程设计已在例 3－1中介绍过了，这里不再重复。

【例 5－8】 在例 5－7 的 4 项乘积 $a_i x_i$($i=1,2,3,4$)中找出最大值，并存放在累加器 A 中。

```
        STM    #a,AR1
        STM    #x,AR2
        STM    #2,AR3
        LD     *AR1+,T
        MPY    *AR2+,A              ;第一个乘积在累加器 A 中
loop1   LD     *AR1+,T
        MPY    *AR2+,B              ;其他乘积在累加器 B 中
        MAX    A                    ;累加器 A 和 B 比较,选大的存在 A 中
        BANZ   loop1,*AR3_          ;此循环中共进行 3 次乘法和比较
```

5.4 重复操作

C54x 有 3 条重复操作指令：RPT(重复下条指令)、RPTZ(累加器清 0 并重复下条指令)以及 RPTB(块重复指令)。利用这些指令进行循环比用 BANZ 指令要快得多。

1. 重复执行单条指令

重复指令 RPT 或 RPTZ 允许重复执行紧随其后的那一条指令。如果要重复执行 n 次，则重复指令中应规定计数值为 n－1。由于要重复的指令只需要取指一次，与利用 BANZ 指令进行循环相比，效率要高得多。特别是对于那些乘法累加和数据传送的多周期指令(如 MAC、MVDK、MVDP 和 MVPD 等指令，参见表 1－26)，在执行一次之后就变成了单周期指令，大大提高了运行速度。

【例 5－9】 对一个数组进行初始化：x[5]＝{0,0,0,0,0}。

```
        .bss       x,5
        STM        #x,AR1
        LD         #0,A
        RPT        #4
        STL        A,*AR1+
```

或者

```
        .bss       x,5
        STM        #x,AR1
        RPTZ       A,#4
        STL        A,*AR1+
```

应当指出的是，在执行重复操作期间，CPU 是不响应中断的($\overline{RS}$除外)。当 C54x

响应$\overline{HOLD}$信号时，若 HM＝0，CPU 继续执行重复操作；若 HM＝1，则暂停重复操作。

2. 块程序重复操作

块程序重复操作指令 RPTB 将重复操作的范围扩大到任意长度的循环回路。由于块程序重复指令 RPTB 的操作数是循环回路的结束地址，而且，其下条指令就是重复操作的内容，因此必须先用 STM 指令将所规定的迭代次数加载到块重复计数器(BRC)。

RPTB 指令的特点是：对任意长的程序段的循环开销为 0；其本身是一条 2 字 4 周期指令；循环开始地址(RSA)是 RPTB 指令的下一行，结束地址(REA)由 RPTB 指令的操作数规定。

【例 5－10】对数据组 x[5]中的每个元素加 1。

```
        .bss    x,5
begin:  LD      #1,16,B
        STM     #4,BRC              ; BRC←4
        STM     #x,AR4
        RPTB    next-1              ; next-1 为循环结束地址
        ADD     *AR4,16,B,A
        STH     A,*AR4+
next:   LD      #0,B
        ⋮
```

在本例中，用 next－1 作为结束地址是恰当的。如果用循环回路中最后一条指令(STH 指令)的标号作为结束地址，那么若最后一条指令是单字指令倒也可以，若是双字指令，就不对了。

与 RPTB 指令相比，RPT 指令一旦执行，就不会停止操作，即使有中断请求也不响应；而 RPTB 指令是可以响应中断的，这一点在程序设计时需要注意。

3. 循环的嵌套

执行 RPT 指令时用到了 RPTC 寄存器(重复计数器)；执行 RPTB 指令时要用到 BRC(块重复计数器)、RSA(块重复起始地址)和 RSE(块重复结束地址)寄存器。由于两者用了不同的寄存器，因此 RPT 指令可以嵌套在 RPTB 指令中，实现循环的嵌套。当然，只要保存好有关的寄存器，RPTB 指令也可以嵌套在另一条 RPTB 指令中，但效率并不高。

下面是一个三重循环嵌套结构，内层、中层和外层三重循环分别采用 RPT、RPTB 和 BANZ 指令，重复执行 N、M 和 L 次。

```
            STM    #L－1, AR7      ; 2T
lst:        外部
            STM    #M－1, BRC      ; 2T
            STM    2nd－1          ; 4T
            中间
            中间
            RPT    #N－1           ; 1T
            内部
            中间
            中间
2nd:        外部
            外部
            BANZ   lst, *AR7－     ; 4T
```

(3 — 外层循环 lst…BANZ；2 — 中层循环；1 — 内层循环 RPT)

上述三重循环的开销如下：

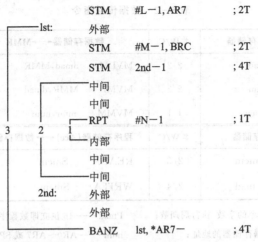

循　环	指　令	开销(机器周期数)
1(内层)	RPT	1
2(中层)	RPTB	4+2(加载 BRC)
3(外层)	BANZ	4N+2(加载 AR)

5.5 数据块传送

C54x 有 10 条数据传送指令见表 5－2，这些指令的特点如下：

- 传送速度比加载和存储指令要快；
- 传送数据不需要通过累加器；
- 可以寻址程序存储器；
- 与 RPT 指令相结合(重复时，这些指令都变成单周期指令)，可以实现数据块传送。

1. 程序存储器→数据存储器

重复执行 MVPD 指令，实现程序存储器至数据存储器的数据传送，这在系统初始化过程中是很有用的。这样，就可以将数据表格与文本一道驻留在程序存储器中，复位后将数据表格传送到数据存储器，从而不需要配置数据 ROM，使系统的成本降低。

表 5-2 数据传送指令

数据存储器←→数据存储器	#W/C	数据存储器←→MMR	#W/C
MVDK Smem,dmad	2/2	MVDM dmad,MMR	2/2
MVKD dmad,Smem	2/2	MVMD MMR,dmad	2/2
MVDD Xmem,Ymem	1/1	MVMM mmr,mmr	1/1
程序存储器←→数据存储器	**#W/C**	**程序存储器(Acc)←→数据存储器**	**#W/C**
MVPD Pmad,Smem	2/3	READA Smem	1/5
MVDP Smem,Pmad	2/4	WRITA Smem	1/5

注：#W/C ——指令的字数/执行周期数；
Smem ——数据存储器的地址；
MMR ——任何一个存储映像寄存器；
dmad ——16 位立即数数据存储器地址。
Pmad ——16 位立即数程序存储器地址；
mmr —— AR0～AR7 或 SP；
Xmem、Ymem ——双操作数数据存储器地址；

【例 5-11】数组 x[5]={1,2,3,4,5}初始化。

```
        .data
TBL:    .word       1,2,3,4,5
        .bss        x,5
        .text
        STM         #x,AR5
        RPT         #4
        MVPD        TBL, *AR5+
        ⋮
```

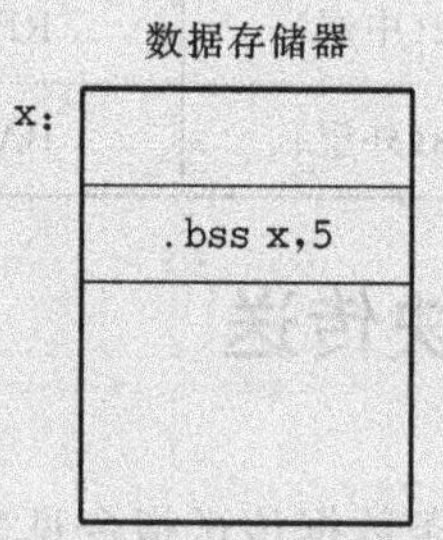

2. 数据存储器→数据存储器

在数字信号处理(如 FFT)时，经常需要将数据存储器中的一批数据传送到数据存储器的另一个地址空间。

【例 5-12】编写一段程序将数据存储器中的数组 x[20]复制到数组 y[20]。

```
        .bss        x,20
        .bss        y,20
        ⋮
        STM         #x,AR2
        STM         #y,AR3
        RPT         #19
        MVDD        *AR2+, *AR3+
```

5.6 双操作数乘法

C54x 片内的多总线结构,允许在一个机器周期内通过两个 16 位数据总线(C 总线和 D 总线)寻址两个数据和系数,如图 5-2 所示。

如果要求 y=mx+b,单操作数方法和双操作数方法分别为:

单操作数方法		双操作数方法	
LD	@m,T	MPY	*AR2,*AR3,A
MPY	@x,A	ADD	@b,A
ADD	@b,A	STL	A,@y
STL	A,@y		

用双操作数指令编程的特点为:

- 用间接寻址方式获得操作数,且辅助寄存器只能用 AR2~AR5;
- 占用的程序空间小;
- 运行的速度快。

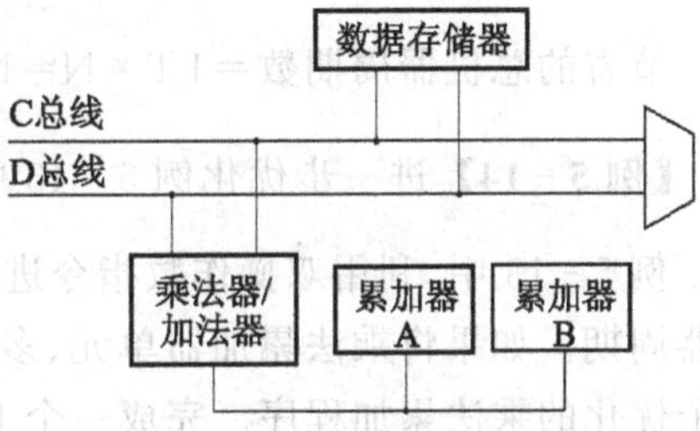

图 5-2　双操作数乘法

双操作数 MAC 型的指令有 4 种,见表 5-3。注意,MACP 指令与众不同,它规定了一个程序存储器的绝对地址,而不是 Ymem。因此,这条指令就多一个字(双字指令),执行时间也长(需 3 个机器周期)。

表 5-3　MAC 型双操作数指令

指　令	功　能
MPY　Xmem,Ymem,dst	dst=Xmem · Ymem
MAC　Xmem,Ymem,src [,dst]	dst=src+Xmem · Ymem
MAS　Xmem,Ymem,src [,dst]	dst=src−Xmem · Ymem
MACP　Smem,Pmad,src [,dst]	dst=src+Smem · Pmad

注:Smem ——数据存储器地址;　dst ——目的累加器;
Xmem、Ymem ——双操作数数据存储器地址;　Pmad —— 16 位立即数程序存储器地址;
src ——源累加器。

对 Xmem 和 Ymem,只能用以下辅助寄存器及寻址方式:

辅助寄存器　AR2,AR3,AR4,AR5

寻址方式　*ARn,*ARn+,*ARn−,*ARn+0%　(其中,n=2、3、4 或 5)

【例 5-13】 编制求解 $y=\sum_{i=1}^{20} a_i x_i$ 的程序段。

本例主要说明在迭代运算过程中,利用双操作数指令可以节省机器周期。迭代次数越多,节省的机器周期数也越多。

单操作数指令方案

```
        LD      #0,B
        STM     #a,AR2
        STM     #x,AR3
        STM     #19,BRC
        RPTB    done-1
     ⎧  LD      *AR2+,T
 3 T ⎨  MPY     *AR3+,A
     ⎩  ADD     A,B
done:   STH     B,@y
        STL     B,@y+1
```

双操作数指令方案

```
        LD      #0,B
        STM     #a,AR2
        STM     #x,AR3
        STM     #19,BRC
        RPTB    done-1
 2 T ⎧  MPY     *AR2+,*AR3+,A
     ⎩  ADD     A,B
done:   STH     B,@y
        STL     B,@y+1
```

节省的总机器周期数=1 T * N=N T (N 为迭代次数)。

【例 5-14】 进一步优化例 5-13 中求解 $y=\sum_{i=1}^{20} a_i x_i$ 的程序段。

例 5-13 中,利用双操作数指令进行乘法累加运算,完成 N 项乘积求和需 2N 个机器周期。如果将乘法累加器单元、多总线以及硬件循环操作结合在一起,可以形成一个优化的乘法累加程序。完成一个 N 项乘积求和的操作,只需要 N+2 个机器周期。程序如下:


```
STM     #x,AR2
STM     #a,AR3
RPTZ    A,#19                   ;2 个机器周期
MAC     *AR2+,*AR3+,A           ;1 个机器周期
STH     A,@y
STL     A,@y+1
```

5.7 长字运算和并行运算

1. 长字指令

C54x 可以利用长操作数(32 位)进行长字运算。长字指令,如:

```
DLD     Lmem,dst                ;dst = Lmem
DST     src,Lmem                ;Lmem = src
DADD    Lmem,src[,dst]          ;dst = src + Lmem
DSUB    Lmem,src[,dst]          ;dst = src - Lmem
DRSUB   Lmem,src[,dst]          ;dst = Lmem - src
```

除 DST 指令(存储 32 位数要用 E 总线 2 次,需 2 个机器周期)外,都是单字单周期指令,也就是在单个周期内同时利用 C 总线和 D 总线,得到 32 位操作数。

长操作数指令中有一个重要问题——高 16 位和低 16 位操作数在存储器中的排列问题。有一点是肯定的,即按指令中给出的地址存取的总是高 16 位操作数。这样,就有两种数据排列方法:

➢ 偶地址排列法——指令中给出的地址为偶地址,存储器中低地址存放高 16 位操作数。例如:

```
DLD   *AR3+,A
执行前:A=00 0000 0000         执行后:A=00 6CAC BD90
       AR3=0100                      AR3=0102
       (0100h)=6CAC(高字)            (0100h)=6CAC
       (0101h)=BD90(低字)            (0101h)=BD90
```

➢ 奇地址排列法——指令中给出的地址为奇地址,存储器中低地址存放低 16 位操作数。例如:

```
DLD   *AR3+,A
执行前:A=00 0000 0000         执行后:A=00 BD90 6CAC
       AR3=0101                      AR3=0103
       (0100h)=6CAC(低字)            (0100h)=6CAC
       (0101h)=BD90(高字)            (0101h)=BD90
```

在使用时,应选定一种方法。这里,推荐采用偶地址排列法,将高 16 位操作数放在偶地址存储单元中。编写汇编语言程序时,就应注意将高位字放在数据存储器的偶地址单元中,如:

.long　12345678h

程序存储器

偶地址:1234

奇地址:5678

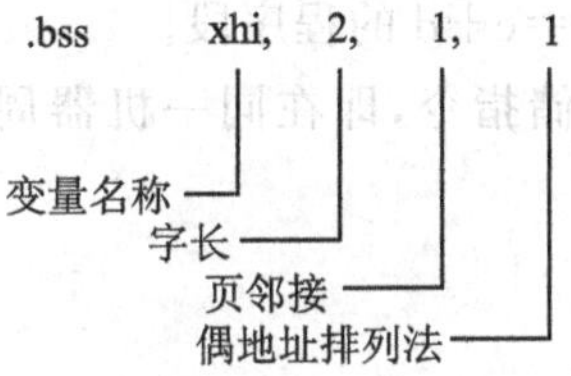

数据存储器

偶地址:xhi

奇地址:xlo

【例 5-15】计算 $Z_{32}=X_{32}+Y_{32}$。

标准运算

```
LD      @xhi,16,A
ADDS    @xlo,A
ADD     @yhi,16,A
ADDS    @ylo,A
STH     A,@Zhi
STL     A,@Zlo
(6 个字,6 个 T)
```

长字运算

```
DLD     @xhi,A
DADD    @yhi,A
DST     A,@zhi
(3 个字,3 个 T)
```

2. 并行运算

并行运算,就是同时利用 D 总线和 E 总线。其中,D 总线是用来执行加载或算术运算,E 总线是用来存放先前的结果。

并行指令有 4 种:并行加载和乘法指令、并行加载和存储指令、并行存储和乘法指令,以及并行存储和加/减法指令。

所有并行指令都是单字单周期指令。

表 5-4 列出了并行运算指令的例子。注意,并行运算时存储的是前面的运算结果,存储之后再进行加载或算术运算。这些指令都工作在累加器的高位,且大多数并行运算指令都受 ASM(累加器移位方式)位影响。

表 5-4 并行运算指令举例

指 令	举 例		操作说明
LD ‖ MAC[R] LD ‖ MAS[R]	LD ‖ MAC[R]	Xmem, dst Ymem[, dst_2]	dst=Xmem<<16 dst2=dst2+T・Ymem
ST ‖ LD	ST ‖ LD	src, Ymem Xmem, dst	Ymem=src>>(16−ASM) dst=Xmem<<16
ST ‖ MPY ST ‖ MAC[R] ST ‖ MAS[R]	ST ‖ MAC[R]	src, Ymem Xmem, dst	Ymem=src>>(16−ASM) dst=dst+T・Xmem
ST ‖ ADD ST ‖ SUB	ST ‖ ADD	src, Ymem Xmem , dst	Ymem=src>>(16−ASM) dst=dst+Xmem

【例 5-16】 编写计算 z=x+y 和 f=e+d 的程序段。

在此程序段中用到了并行加载/存储指令,即在同一机器周期内利用 D 总线加载和 E 总线存储。

```
        .bss      x,3
        .bss      d,3
        STM       #x,AR5
        STM       #d,AR2
        LD        #0,ASM
        LD        *AR5+,16,A
        ADD       *AR5+,16,A
        ST        A,*AR5
        ||LD      *AR2+,B
        ADD       *AR2+,16,B
        STH       B,*AR2
```

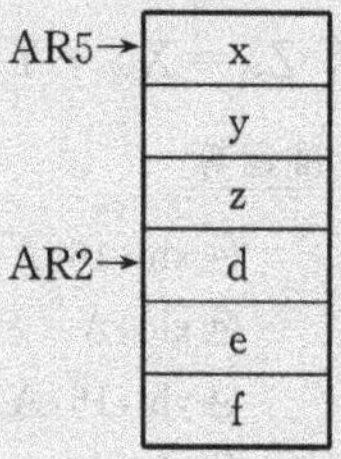

3. 64位加法和减法运算

【例5-17】 编写计算 $Z_{64}=W_{64}+X_{64}-Y_{64}$ 的程序段。

W、X、Y和结果Z都是64位数，它们都由两个32位的长字组成。利用长字指令可以完成64位数的加/减法。

```
     w3   w2        w1   w0      (W64)
 +   x3   x2   C    x1   x0      (X64)  低32位相加产生进位C
 -   y3   y2   C'   y1   y0      (Y64)  低32位相减产生借位C'
 -----------------------------   ------
     z3   z2        z1   z0      (Z64)
```

```
DLD     @w1,A          ;A = w1w0
DADD    @x1,A          ;A = w1w0 + x1x0，产生进位C
DLD     @w3,B          ;B = w3w2
ADDC    @x2,B          ;B = w3w2 + x2 + C
ADD     @x3,16,B       ;B = w3w2 + x3x2 + C
DSUB    @y1,A          ;A = w1w0 + x1x0 - y1y0，产生借位C'
DST     A,@z1          ;z1z0 = w1w0 + x1x0 - y1y0
SUBB    @y2,B          ;B = w3w2 + x3x2 + C - y2 - C'
SUB     @y3,16,B       ;B = w3w2 + x3x2 + C - y3y2 - C'
DST     B,@z3          ;z3z2 = w3w2 + x3x2 + C - y3y2 - C'
```

由于没有长字带进(借)位加/减法指令，所以上述程序中只能用16位带进(借)位指令ADDC和SUBB。

4. 32位乘法运算

【例5-18】 编写计算 $W_{64}=X_{32}\cdot Y_{32}$ 的程序段。

32位乘法算式如下：

```
                 x1      x0          S   U
        ×        y1      y0          S   U
        -------------------       ---------
                 x0  ·   y0          U · U
           y1 ·  x0              S · U
           x1 ·  y0              S · U
  y1 · x1                    S · S
  ---------------------------  -----------
  w3     w2      w1      w0    S   U   U   U
```

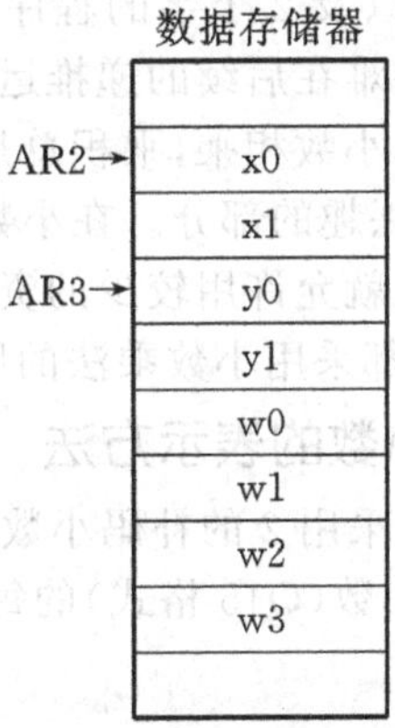

其中，S——带符号数；U——无符号数。

由上算式可见，在32位乘法运算中，实际上包括三种乘法运算：U·U、S·U及

S·S。一般的乘法运算指令都是两个带符号数相乘，即 S·S。因此，在编程时，还要用到以下两条乘法指令：

```
MACSU  Xmem,Ymem,src          ;无符号数与带符号数相乘并累加
                              ;src = U(Xmem) * S(Ymem) + src
MPYU   Smem,dst               ;无符号数相乘
                              ;dst = U(T) * U(Smem)
```

32 位乘法的程序段如下：

```
STM      #x0,AR2
STM      #y0,AR3
LD       *AR2,T               ;T = x0
MPYU     *AR3+,A              ;A = ux0 * uy0
STL      A,@w0                ;w0 = ux0 * uy0
LD       A,-16,A              ;A = A >> 16
MACSU    *AR2+,*AR3-,A        ;A+ = y1 * ux0
MACSU    *AR3+,*AR2,A         ;A+ = x1 * uy0
STL      A,@w1                ;w1 = A
LD       A,-16,A              ;A = A >> 16
MAC      *AR2,*AR3,A          ;A+ = x1 * y1
STL      A,@w2                ;w2 = A 的低 16 位
STH      A,@w3                ;w3 = A 的高 16 位
```


5.8　小数运算

两个 16 位整数相乘，乘积总是“向左增长”。这就意味着多次相乘后乘积将会很快超出定点器件的数据范围。而且要将 32 位乘积保存到数据存储器，就要开销 2 个机器周期以及 2 个字的程序和 RAM 单元。更糟糕的是，由于乘法器都是 16 位相乘，因此很难在后续的递推运算中，将 32 位乘积作为乘法器的输入。

然而，小数相乘，乘积总是“向右增长”。这就意味着超出定点器件数据范围的将是不太感兴趣的部分。在小数乘法情况下，既可以存储 32 位乘积，也可以存储高 16 位乘积，这就允许用较少的资源保存结果，也可以用于递推运算。这就是为什么定点 DSP 芯片都采用小数乘法的原因。

1. 小数的表示方法

C54x 采用 2 的补码小数，其最高位为符号位，数值范围为−1～+1。一个 16 位 2 的补码小数(Q15 格式)的每一位的权值为：

MSB		…			LSB
−1.	½	¼	⅛	…	2^{-15}

一个十进制小数乘以 32768 之后，再将其十进制整数部分转换成十六进制数，

就能得到这个十进制小数的 2 的补码表示：

~1				7FFFh
0.5		正数：乘以 32768		4000h
0	⇒		⇒	0000h
−0.5		负数：其绝对值部分		C000h
−1		乘以 32768 再取反加 1		8000h

在汇编语言程序中，是不能直接写入十进制小数的。如果要定义一个系数 0.707，可以写成“.word 32768 * 707 /1000”，不能写成“32768 * 0.707”。

2. 小数乘法与冗余符号位

先看一个小数乘法的例子(假设字长 4 位，累加器 8 位)：

```
          0 1 0 0   (0.5)
      ×   1 1 0 1  (−0.375)
    ----------------------
          0 1 0 0
        0 0 0 0
      0 1 0 0
    1 1 0 0          (−0100)
    ----------------------
    1 1 1 0 1 0 0 (−0.187 5)
```

上述乘积是 7 位，当将其送到累加器时，为保持乘积的符号，必须进行符号位扩展。这样，累加器中的值为 11110100(−0.09375)，出现了冗余符号位。原因是：

```
          S x x x   (Q3 格式)
      ×   S y y y   (Q3 格式)
    ------------------------
    S S z z z z z z (Q6 格式)
```

即两个带符号数相乘，得到的乘积带有 2 个符号位，造成错误的结果。

解决冗余符号位的办法是：在程序中设定状态寄存器 ST1 中的 FRCT(小数方式)位为 1，在乘法器将结果传送至累加器时就能自动地左移 1 位，累加器中的结果为 Szzzzzz0(Q7 格式)，即 11101000(−0.1875)，自动地消去了两个带符号数相乘时产生的冗余符号位。

因此，在小数乘法编程时，应当事先设置 FRCT 位：

```
SSBX    FRCT
  ⋮
MPY     * AR2, * AR3, A
STH     A, @Z
```

这样，C54x 就完成了 Q15 * Q15 = Q15 的小数乘法。

【例 5-19】 编制计算 $y=\sum_{i=1}^{4} a_i x_i$ 的程序段。其中数据均为小数：

$a_1=0.1 \quad a_2=0.2 \quad a_3=-0.3 \quad a_4=0.4$

$x_1=0.8 \quad x_2=0.6 \quad x_3=-0.4 \quad x_4=-0.2$

```
          .def      _c_int00
          .bss      x,4
          .bss      a,4
          .bss      y,1
          .data
table:    .word     1 * 32768/10
          .word     2 * 32768/10
          .word     -3 * 32768/10
          .word     4 * 32768/10
          .word     8 * 32768/10
          .word     6 * 32768/10
          .word     -4 * 32768/10
          .word     -2 * 32768/10
          .text
_c_int00: SSBX      FRCT
          STM       #x,AR1
          RPT       #7
          MVPD      table, * AR1 +
          STM       #x,AR2
          STM       #a,AR3
          RPTZ      A,#3
          MAC       * AR2 + , * AR3 + ,A
          STH       A,@y
done:     B         done
```


结果 y＝0x1EB7＝0.24。

5.9 除法运算

在一般的 DSP 中，都没有除法器硬件，那是因为除法器硬件代价很高，所以就没有专门的除法指令。同样在 C54x 中也没有一条单周期的 16 位除法指令。但是，利用一条条件减法指令(SUBC 指令)，加上重复指令“RPT　#15”就可以实现两个无符号数的除法运算。

条件减法指令的功能如下：

```
SUBC  Smem,src          ;(src) - (Smem)<<15→ALU 输出端
                        ;如果 ALU 输出端≥0,则(ALU 输出端)<<1 + 1→src
                        ;否则(src)<<1→src
```

除法运算有两种情况：

1. |被除数|<|除数|，商为小数

【例 5 - 20】 编写 0.4÷(－0.8)的程序段。

```
          .bss       num,1
          .bss       den,1
          .bss       quot,1
          .def       _c_int00
          .data
table:    .word      4 * 32768/10     ;0.4
          .word      - 8 * 32768/10   ;- 0.8
          .text
_c_int00: STM        # num,AR1
          RPT        # 1
          MVPD       table, * AR1 +   ;传送 2 个数据至分子、分母单元
          LD         @den,16,A        ;将分母移到累加器 A(31 - 16)
          MPYA       @num             ;(num) * (A(32 - 16))→B,获取商的符号(在累加器 B 中)
          ABS        A                ;分母取绝对值
          STH        A,@den           ;分母绝对值存回原处
          LD         @ num,16,A       ;分子→A(32 - 16)
          ABS        A                ;分子取绝对值
          RPT        # 14             ;15 次减法循环,完成除法
          SUBC       @den,A
          XC         1,BLT            ;如果 B<0(商是负数),则需要变号
          NEG        A
          STL        A,@quot          ;保存商
```

数据存储器

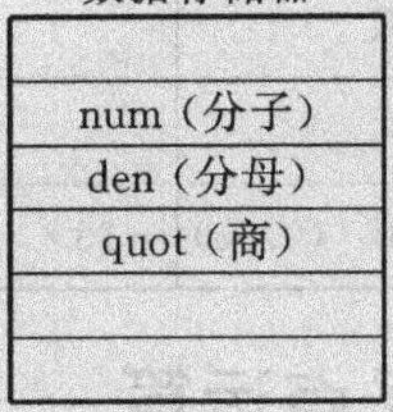

注意:SUBC 指令仅对无符号数进行操作,因此事先必须对被除数和除数取绝对值。利用乘法操作,获取商的符号,到最后通过条件执行指令给商加上适当的符号。

例 5 - 20 的运行结果如下:

被除数	除　数	商(十六进制)	商(十进制)
4×32 768/10　(0.4)	- 8×32768/10　(- 0.8)	0xC000	- 0.5
- 128	1024	0xF000	- 0.125

2. |被除数|≥|除数|,商为整数。

【例 5 - 21】 编写 16384÷512 的程序段。

本例程序段可在例 5 - 20 程序段的基础上修改。除输入数据外,仅有两处改动:

```
LD      @num,16,A        改成     LD      @num,A
RPT     # 14             改成     RPT     # 15
```

其他不变。

例 5－21 的运行结果如下：

被除数	除 数	商(十六进制)	商(十进制)
16384	512	0x0020	32
66 * 32768/100 (0.66)	－33 * 32768/100 (－0.33)	0xFFFE	－2

5.10 浮点运算

在数字信号处理过程中，为了扩大数据的范围和精度，往往需要采用浮点运算。C54x 虽然是个定点 DSP 器件，但它支持浮点运算。

1. 浮点数的表示方法

在 C54x 中浮点数用尾数和指数两部分组成，它与定点数的关系如下：

$$定点数 = 尾数 \times 2^{-(指数)}$$

例如，定点数 0x2000(0.25)用浮点数表示时，尾数为 0x4000(0.5)，指数为 1，即 $0.5\times(2)^{-1}=0.25$。浮点数的尾数和指数可正可负，均用补码表示。指数的范围为 －8～31。

2. 定点数→浮点数

C54x 通过 3 条指令就可以将一个定点数转化成浮点数(假设定点数已在累加器A 中)：

(1) EXP A

这是一条提取指数的指令，指数保存在 T 寄存器中。如果累加器 A＝0，则 0→T；否则，(累加器 A 的冗余符号位数－8)→T。累加器 A 中的内容不变。指数的数值范围为－8～31。

【例 5－22】 EXP A

执行前	执行后
A＝FF FFFF FFCB	A＝FF FFFF FFCB
T＝0000	T＝0019 (25)

【例 5－23】 EXP B

执行前	执行后
B＝07 8543 2105	B＝07 8543 2105
T＝0007	T＝FFFC (－4)

从例 5－22、例 5－23 可见，在提取指数时，冗余符号位数是对整个累加器的 40 位而言的，即包括 8 位保护位，这也就是为什么指数值等于冗余符号位数减 8 的道理。

(2) ST T,EXPONENT

这条紧接在 EXP 后的指令是将保存在 T 寄存器中的指数存放到数据存储器的指定

单元中。

(3) NORM　A

这条指令按 T 寄存器中的内容对累加器 A 进行规格化处理(左移或右移),即

(累加器 A) << TS→A

【例 5-24】 NORM　A

执行前	执行后
A=FF FFFF F001	A=FF 8008 0000
T=0013	T=0013 (19)

【例 5-25】 NORM　B,A

执行前	执行后
A=FF FFFF F001	A=00 4214 1414
B=21 0A0A 0A0A	B=21 0A0A 0A0A
T=FFF9	T=FFF9 (-7)

注意: NORM 指令不能紧跟在 EXP 指令的后面。这是因为,由于 EXP 指令还没有将指数值送至 T,NORM 指令只能按原来的 T 值移位,就会造成规格化的错误。

3. 浮点数→定点数

知道了 C54x 浮点数的定义,就不难将浮点数转换成定点数了。因为浮点数的指数就是在规格化时左移(指数为负时是右移)的位数,所以在将浮点数转换成定点数时,只要按指数值将尾数右移(指数为负时是左移)就行了。具体例子见下面浮点乘法举例。

4. 浮点乘法举例

举一个浮点乘法运算的例子,内容包括将定点数规格化成浮点数,进行浮点乘法运算,将浮点数转换成定点数。

【例 5-26】 编写浮点乘法程序,完成 $x_1 \cdot x_2 = 0.3 \times (-0.8)$ 运算。

程序中保留 10 个数据存储单元:

x1(被乘数)	m2(乘数的尾数)
x2(乘数)	ep(乘积的指数)
e1(被乘数的指数)	mp(乘积的尾数)
m1(被乘数的尾数)	product(乘积)
e2(乘数的指数)	temp(暂存单元)

程序清单如下:

```
         .title     "float.asm"
         .def       _c_int00
STACK:   usect      "STACK",100
         .bss       x1,1
         .bss       x2,1
         .bss       e1,1
         .bss       m1,1
         .bss       e2,1
         .bss       m2,1
         .bss       ep,1
         .bss       mp,1
         .bss       product,1
         .bss       temp,1
         .data
table:   .word      3 * 32768/10          ;0.3
         .word      - 8 * 32768/10        ;- 0.8
         .text
_c_int00: STM       # STACK + 100,SP      ;设置堆栈指针 SP
         MVPD       table,@x1             ;将 x1 和 x2 传送至数据存储器
         MVPD       table + 1,@x2
         LD         @x1,16,A              ;将 x1 规格化为浮点数
         EXP        A
         ST         T,@e1                 ;保存 x1 的指数
         NORM       A
         STH        A,@m1      ;保存 x1 的尾数
         LD         @x2,16,A   ;将 x2 规格化为浮点数
         EXP        A
         ST         T,@e2      ;保存 x2 的指数
         NORM       A
         STH        A,@m2      ;保存 x2 的尾数
         CALL       MULT       ;调用浮点乘法子程序
done:    B          done
MULT:    SSBX       FRCT
         SSBX       SXM
         LD         @e1,A      ;指数相加
         ADD        @e2,A
         STL        A,@ep      ;乘积指数→ep
         LD         @m1,T      ;尾数相乘
         MPY        @m2,A      ;乘积尾数在累加器 A 中
         EXP        A          ;对尾数乘积规格化
         ST         T,@temp    ;规格化时产生的指数→temp
         NORM       A
         STH        A,@mp      ;保存乘积尾数(在 mp 中)
         LD         @temp,A    ;修正乘积指数
         ADD        @ep,A      ;(ep) + (temp)→ep
```

```
STL     A,@ep          ;保存乘积指数(在 ep 中)
NEG     A              ;将浮点乘积转换成定点数
STL     A,@temp        ;乘积指数反号,并加载到 T 寄存器
LD      @temp,T        ;再将尾数按 T 移位
LD      @mp,16,A
NORM    A
STH     A,@product     ;保存定点乘积
RET
.END
```

程序执行结果如下：

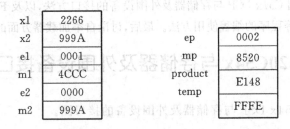

x1	2266
x2	999A
e1	0001
m1	4CCC
e2	0000
m2	999A

ep	0002
mp	8520
product	E148
temp	FFFE

最后得到 0.3×(−0.8)乘积浮点数为：尾数 0x8520,指数 0x0002。乘积的定点数为 0xE148,对应的十进制数为−0.239 99。

第 6 章

TMS320C54x 的软硬件应用

本章主要介绍 C54x DSP 与存储器及外围设备的接口方法，以及 FIR 和 IIR 滤波器、FFT、产生正弦波等程序的编程使用方法。最后，讨论自举加载器方面的有关内容。

6.1 TMS320C54x 与存储器及外围设备接口

图 6－1 是 C54x DSP 与存储器及外围设备的接口图。

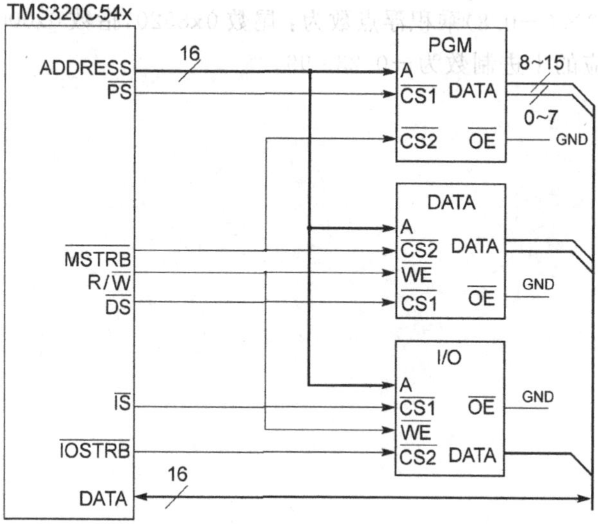

图 6－1 C54x 与存储器及外围设备的接口图

一般的 C54x 的外部地址线是 16 位，可以寻址 64K 字的程序空间。C549 等程序存储器可扩展芯片的外部程序存储器地址线多达 23 位，可以寻址 8M 字的程序空间。所有 C54x 器件的外部数据存储器地址线和 I/O 地址线都是 16 位，可以寻址 64K 字的数据空间和 64K 字的 I/O 空间。

每次对外部空间进行读、写或取指操作，都是 16 位，惟自举加载时是以字节方式传送。

如果 I/O 设备的数据线不到 16 位，例如 12 位 A/D 和 D/A 转换器，建议在与 C54x 数据总线相连时，MSB(最高有效位)与 MSB 相连。

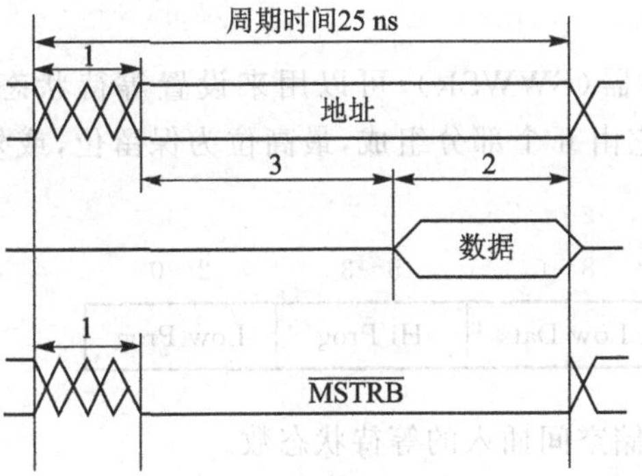

图 6－2　C54x 读操作定时简图

对外部存储器存取时间的要求

选择存储器，要考虑的因素有存取时间、容量和价格等因素。在 DSP 应用中，存储器的存取时间(即速度)指标十分重要。如果所选存储器的速度跟不上 DSP 的要求，那就不能正常工作。若采用慢速器件，那就只能用软件或硬件的办法为 DSP 插入等待状态了。

与 DSP 相接口的存储器的存取时间要求是如何决定的呢？先看图 6－2 所示的 C54x 读操作定时简图。

C54x 所有内部读和写操作都是单周期，而外部零等待状态读操作也是单周期内进行的。假设机器周期为 25 ns 和 15 ns，可以将单个机器周期内完成的读操作分成三段：1——地址建立时间；2——数据有效时间；3——存储器存取时间，如图 6－2 所示。在这种情况下，要求外部存储器的存取时间小于 60％的机器周期，即分别应小于 15 ns 和 9 ns。

另外，如果用多片外部存储器，又跨过某片存储器进行一系列的读操作，那么由于上一片存储器还未完全释放($\overline{CS}$存在延迟)，可能会造成总线冲突。尽管不会对读数据和存储器发生影响，但可能造成噪声和浪费电源。如果在一片存储器内进行一系列读操作，则不会有这种问题，因为存储器的地址线不改变。

6.2　TMS320C54x 与慢速器件接口

随着 DSP 芯片中有了锁相环(PLL)，输入时钟频率与 CPU 工作频率之间的关系不再是 2∶1了。型号为 TMS320C54x－40 的 DSP 芯片，其尾数 40 表示 CPU 运行的最高频率(单位为 MHz)。由于大多数指令都是单周期指令，所以这种 DSP 的运行速率也就是 40 MIPS(每秒执行 4000 万条指令)。

一个 40 MIPS 的 DSP 芯片，其机器周期为 25 ns。如果不插等待状态，就要求外部器件的存取时间 t_a＜15 ns。如果 C54x 与慢速器件相接口，这就需要通过软件或硬件的方法插入等待状态。插入的等待状态数与外部器件的存取时间的关系如表 6－1 所列。

表 6－1　插入等待状态数与外部器件的存取时间关系

外部器件的存取时间 t_a/ns	插入等待状态数
$t_a \leqslant 15$	0
$15 < t_a \leqslant 40$	1
$40 < t_a \leqslant 65$	2
$65 < t_a \leqslant 90$	3
$90 < t_a \leqslant 115$	4
$115 < t_a \leqslant 140$	5

注：假设 C54x 的机器周期为 25 ns。

1. 软件等待状态

C54x 片内有一个软件等待状态寄存器(SWWSR),可以用来设置等待状态。SWWSR 映像到数据存储器 0028h 单元,它由 6 个部分组成,最高位为保留位,或外部扩展程序存储器地址控制位:

15	14～12	11～9	8～6	5～3	2～0
保留/XPA	I/O	Hi Data	Low Data	Hi Prog	Low Prog

其中:Low Prog　0000～7FFFh 程序存储空间插入的等待状态数。

Hi Prog　8000～FFFFh 程序存储空间插入的等待状态数。

Low Data　0000～7FFFh 数据存储空间插入的等待状态数。

Hi Data　8000～FFFFh 数据存储空间插入的等待状态数。

I/O　0000～FFFFh I/O 存储空间插入的等待状态数。

保留/XPA　对 C549、VC5402 等外部程序存储器可扩展芯片而言,此位是扩展程序存储器地址控制位。XPA=0,不扩展;XPA=1,扩展。所选的程序存储器地址由程序字段决定。其他芯片为保留位。

也就是说,可以通过软件为以上 5 个存储空间分别插入 0～7 个软件等待状态。例如,利用以下指令:

```
STM  #349B,SWWSR    ;0 011 010 010 011 011
```


就可以为程序空间和 I/O 空间插入 3 个等待状态,为数据空间插入 2 个等待状态。

复位时,SWWSR=7FFFh,所有的程序、数据和 I/O 空间都被插入 7 个等待状态。复位后,再根据实际情况,用 STM 指令进行修改。

当插入 2～7 个等待状态,执行到最后一个等待状态时,$\overline{\text{MSC}}$信号将变成低电平。利用这一特点,可以再附加插入硬件等待状态。

【例 6-1】 试为 TMS320C54x-40 配置:

程序存储器(EPROM)	8K×16 位,t_a=70 ns
数据存储器(SRAM)	8K×16 位,t_a=12 ns
A/D 和 D/A 转换器	16 位,转换时间=120 ns

画出系统的接口连线图。

根据题目要求画出的系统接口连线图如图 6-3 所示。

由于题目没有指定具体的存储器和 A/D、D/A 芯片,这里假定程序存储器、数据存储器以及 A/D、D/A 都是一个芯片,它们分别都有两个片选信号$\overline{\text{CS1}}$和$\overline{\text{CS2}}$,分别接到 C54x 的空间选择信号($\overline{\text{PS}}$、$\overline{\text{DS}}$、$\overline{\text{IS}}$)和选通信号($\overline{\text{MSTRB}}$、$\overline{\text{IOSTRB}}$)。

本例中 C54x 的机器周期为 25 ns(40 MIPS),若外部器件的存取时间小于 15 ns,可以不插入等待状态。以本例给出的数据,数据存储器可以不插入等待状态,

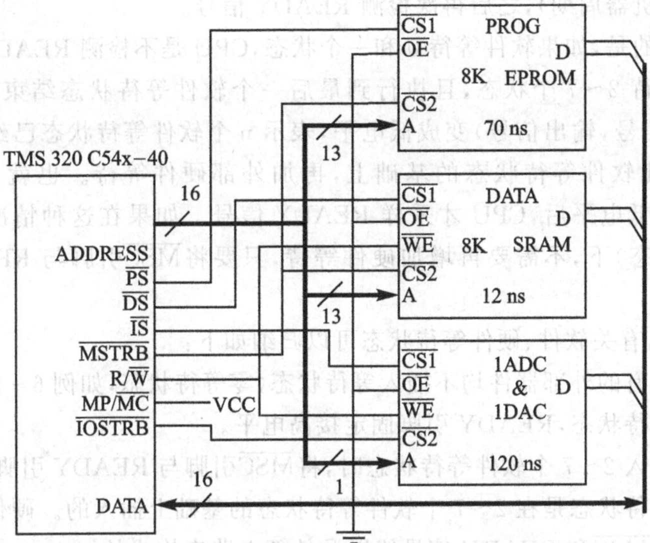

图 6-3 例 6-1 的 C54x-40 系统接口连线图

而程序存储器和 A/D、D/A 外部设备应分别插入 3 个和 5 个等待状态。软件等待状态寄存器(SWWSR)应配置为：

保留位	I/O空间 64K	数据空间 高 32K	数据空间 低 32K	程序空间 高 32K	程序空间 低 32K
0	101	000	000	011	000

STM #5018,SWWSR

通过 SWWSR,只能对上面谈到的 5 个存储空间设置等待状态。如果每个存储空间分区数目增加,那就只有靠硬件等待状态了。

2. 硬件等待状态

用 C54x DSP 芯片构成的系统有各种各样,其外部存储器及外设的速度也有快有慢,因此仅有软件等待状态是不够的。在下列情况下,就需要插入硬件等待状态,即

① 要求插入 7 个以上的等待状态。

② 在一个存储区中有两种以上的存取速度。

在讨论硬件等待状态电路之前,先介绍 C54x 的 READY、$\overline{MSC}$信号及其与软件等待状态的关系。

C54x 有一个输入引脚 READY,CPU 利用这个引脚检测外部器件是否已经做好传送数据的准备。若 READY＝1,表示外部器件已准备好;若 READY＝0,表示没有准备好,处理器就自动插入一个等待状态(所有外部地址线、数据线以及控制信

号均延长一个机器周期),之后再次检测 READY 信号。

需要说明的是,如果软件等待 0 和一个状态,CPU 是不检测 READY 信号的。

当软件等待 2～7 个状态,且执行到最后一个软件等待状态结束时,$\overline{MSC}$引脚(为状态完成信号,输出信号)变成低电平,表示 n 个软件等待状态已经过去。如果需要,可以在此软件等待状态的基础上,再加外部硬件等待。也就是说,只是当$\overline{MSC}$信号变成低电平后,CPU 才采样 READY 信号。如果在这种情况(插入 2～7 个软件等待状态)下,不需要再增加硬件等待,只要将$\overline{MSC}$引脚与 READY 引脚相连就行了。

综上所述,有关软件、硬件等待状态可以归纳如下:

① 如果所有的外部器件均不插入等待状态(零等待状态,如例 6-1)或插入一个软件等待状态,READY 引脚固定接高电平。

② 当只插入 2～7 个软件等待状态时,将$\overline{MSC}$引脚与 READY 引脚相连。

③ 硬件等待状态是在 2～7 个软件等待状态的基础上插入的。硬件等待状态电路是由$\overline{MSC}$和 READY 信号线以及外部电路来构成的。

【例 6-2】 混合等待状态举例。

如图 6-4 所示,C54x-40 与低地址程序存储器(SRAM,12 ns)以及高地址程序存储器(EPROM,200 ns)相接口。前者不需插入等待状态,后者应插入 8 个等待状态(因为 DSP 的机器周期为 25 ns)。考虑到软件最多等待 7 个状态,因此还必须增加一个硬件等待状态。

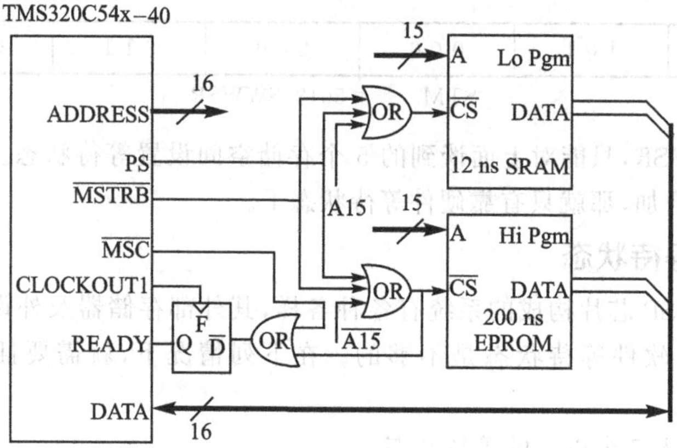

图 6-4　软件和硬件混合等待状态举例

在设计软件等待状态时,如果系统中没有与 SWWSR 软件等待状态区相对应的存储器,那么建议将这些区的等待状态设为 0 或 1,以防止 READY 引脚受干扰可能出现的一些问题。这样,SWWSR 可以设定为:

保留位	I/O空间 64K	数据空间 高32K	数据空间 低32K	程序空间 高32K	程序空间 低32K
X	1	1	1	7	0

如图 6-4 所示，为使硬件等待 1 个状态，只须将$\overline{\text{MSC}}$和程序空间高 32K 存储器的$\overline{\text{CS}}$信号经一个“或”门加到 D 触发器的$\overline{\text{D}}$端，触发器的输出端 Q 端接到 C54x 的 READY 端。CLKOUT1 是在一个机器周期的中间（下降沿）采样外部 READY 信号的。

6.3　FIR 滤波器的 C54x 实现方法

数字滤波是 DSP 最基本的应用领域。一个 DSP 芯片执行数字滤波算法的能力反映了这种芯片的功能大小。本节和下一节主要介绍两种最常用的数字滤波器——FIR（有限冲激响应）滤波器和 IIR（无限冲激响应）滤波器的 C54x 的编程实现方法。

1. FIR 滤波器的结构图

图 6-5 是横截型（又称卷积型或直接型）FIR 滤波器的结构图。它的差分方程表达式为：

$$y(n) = \sum_{i=0}^{N-1} a_i x(n-i) \qquad (6-1)$$

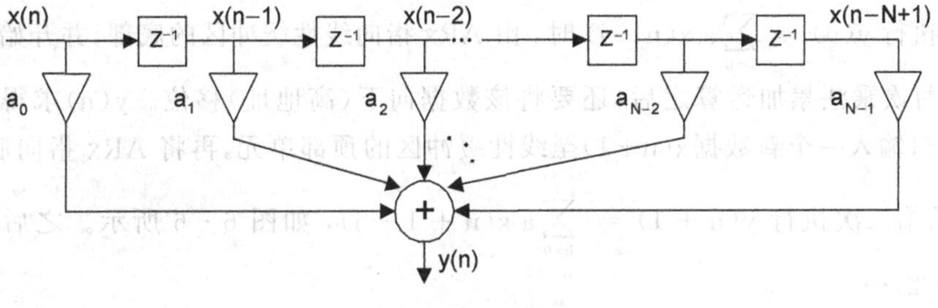

图 6-5　FIR 滤波器结构图

FIR 滤波器的最主要特点是没有反馈回路，因此它是无条件稳定系统。它的单位冲激响应 h(n)是一个有限长序列。如果 h(n)是实数，且满足偶对称或奇对称的条件，即 $h(n)=h(N-1-n)$ 或 $h(n)=-h(N-1-n)$，则滤波器具有线性相位特性。偶对称线性相位 FIR 滤波器（N 为偶数）的差分方程表达式为：

$$y = \sum_{i=0}^{N/2-1} a_i [x(n-i) + x(n-N+1+i)] \qquad (6-2)$$

线性相位 FIR 滤波器是用得最多的 FIR 滤波器。

由上可见，FIR 滤波算法实际上是一种乘法累加运算。它不断地输入样本 x(n)，经延时（Z^{-1}），作乘法累加，再输出滤波结果 y(n)。

C54x 片内没有 I/O 资源，CPU 通过外部译码可以寻址 64K 的 I/O 单元。有两条指令实现输入和输出：

```
PORTR    PA,Smem      ;PA→Smem
PORTW    Smem,PA      ;PA←Smem
```

这两条指令至少要 2 个字和 2 个机器周期。如果 I/O 设备是慢速器件，则需要插入等待状态。此外，当利用长偏移间接寻址(表 1-15 中第 12 和 13 种寻址方式)或绝对寻址 Smem 时，还要增加一个字和一个机器周期。

2. Z^{-1}的实现方法

在 DSP 芯片中实现 Z^{-1}(延时一个采样周期)算法是十分方便的。常用的方法有两种：线性缓冲区法和循环缓冲区法。

(1) 用线性缓冲区法实现 Z^{-1}

线性缓冲区法又称延迟线法。其特点如下：

- 对于 N 级 FIR 滤波器，在数据存储器中开辟一个称之为滑窗的 N 个单元的缓冲区，存放最新的 N 个输入样本。
- 从最老的样本开始，每读一个样本后，将此样本向下移位。读完最后一个样本后，输入最新样本至缓冲区的顶部。

以上过程可以用 N=6 的线性缓冲区存储器图来说明，如图 6-6 所示。图中线性缓冲区顶部是存储器的低地址单元，底部为高地址单元。参看图 6-6 的左图，当第一次执行 $y(n)=\sum_{i=0}^{5}a_i x(n-i)$ 时，由 ARx 指向线性缓冲区的底部，并开始取数、运算。每次乘法累加运算之后，还要将该数据向下(高地址)移位。y(n)求得以后，从 I/O 口输入一个新数据x(n+1)至线性缓冲区的顶部单元，再将 ARx 指向底部单元，开始第二次执行 $y(n+1)=\sum_{i=0}^{5}a_i x(n+1-i)$，如图 6-6 所示。之后，再计算$y(n+2)$…

执行存储器延时指令 DELAY，就可以将数据存储单元中的内容向较高地址单元传送，实现 Z^{-1}运算：

```
DELAY    Smem      ;(Smem)→Smem+1
```

或者

```
DELAY    *AR2-     ;AR2 指向源地址
```

延时指令与其他指令相结合，可以在同样的机器周期内完成这些操作。例如：

LT+DELAY ⟶LTD 指令

MAC+DELAY ⟶MACD 指令

注意： 延迟操作只能在 DARAM 中进行。

用线性缓冲区实现 Z^{-1} 的优点是：新老数据在存储器中存放的位置直接明了。

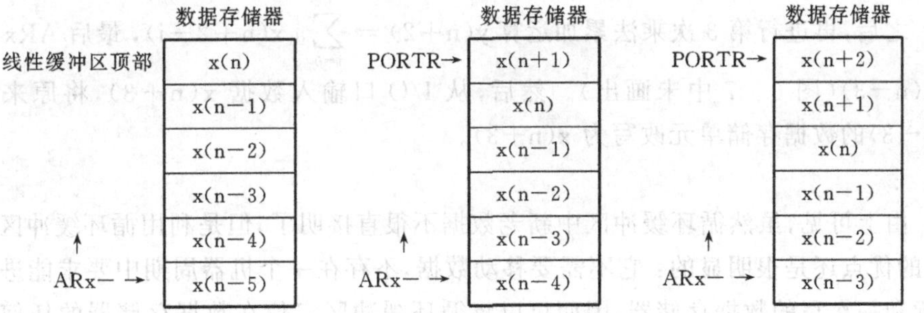

图 6-6　N=6 的线性缓冲区存储器图

(2) 用循环缓冲区法实现 Z^{-1}

循环缓冲区法的特点如下：

- 对于 N 级 FIR 滤波器，在数据存储器中开辟一个也称之为滑窗的 N 个单元的缓冲区，滑窗中存放最新的 N 个输入样本。
- 每次输入新的样本时，以新样本改写滑窗中最老的数据，而滑窗中的其他数据不需要移动。
- 利用片内 BK(循环缓冲区长度)寄存器对滑窗进行间接寻址，循环缓冲区地址首尾相邻。

下面以 N=6 的 FIR 滤波器循环缓冲区为例，说明循环缓冲区中数据是如何寻址的。6 级循环缓冲区的结构如图 6-7 所示，顶部为低地址。

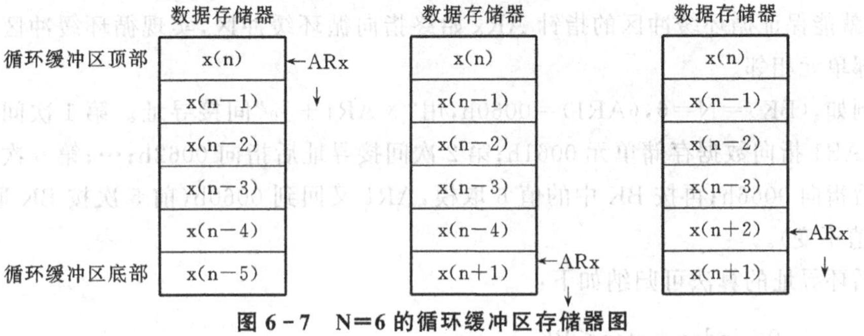

图 6-7　N=6 的循环缓冲区存储器图

当第一次执行完 $y(n)=\sum_{i=0}^{5} a_i x(n-i)$ 之后，间接寻址的辅助寄存器 ARx 指向 x(n−5)。然后，从 I/O 口输入数据 x(n+1)，将原来存放 x(n−5) 的数据存储单元改写为 x(n+1)。

接着，进行第 2 次乘法累加运算 $y(n+1)=\sum_{i=0}^{5} a_i x(n+1-i)$，最后 ARx 指向 x(n−4)。然后，从 I/O 口输入数据 x(n+2)，将原来存放 x(n−4) 的数据存储单元

改写为 x(n+2)。

之后，再进行第 3 次乘法累加运算 $y(n+2)=\sum_{i=0}^{5}a_i x(n+2-i)$，最后 ARx 将指向x(n−3)(图 6-7 中未画出)。然后，从 I/O 口输入数据 x(n+3)，将原来存放 x(n−3)的数据存储单元改写为 x(n+3)。

⋮

由上可见，虽然循环缓冲区中新老数据不很直接明了，但是利用循环缓冲区实现 Z^{-1}的优点还是很明显的：它不需要移动数据，不存在一个机器周期中要求能进行一次读和一次写的数据存储器，因而可以将循环缓冲区定位在数据存储器的任何位置(线性缓冲区要求定位在 DARAM 中)。因此，在可能的情况下，建议尽量采用循环缓冲区。

实现循环缓冲区间接寻址的关键问题是：如何使 N 个循环缓冲区单元首尾相邻？要做到这一点，必须利用 BK(循环缓冲区长度)寄存器实现按模间接寻址。可用的指令如下：

```
…  * ARx+%      ;增量,按模修正 ARx:addr=ARx,ARx=circ(ARx+1)
…  * ARx-%      ;减量,按模修正 ARx:addr=ARx,ARx=circ(ARx-1)
…  * ARx+0%     ;增 AR0,按模修正 ARx:addr=ARx,ARx=circ(ARx+AR0)
…  * ARx-0%     ;减 AR0,按模修正 ARx:addr=ARx,ARx=circ(ARx-AR0)
…  * +ARx(1k)%  ;加(lk),按模修正 ARx:addr=circ(ARx+lk),ARx=circ(ARx+lk)
```


其中，符号“circ”就是按照 BK(循环缓冲区长度)寄存器中的值(如 FIR 滤波器中的 N 值)，对(ARx+1)、(ARx−1)、(ARx+AR0)、(ARx−AR0)或(ARx+lk)值取模。这样，就能保证循环缓冲区的指针 ARx 始终指向循环缓冲区，实现循环缓冲区顶部和底部单元相邻。

例如，(BK)=N=6，(AR1)=0060h，用“ * AR1+%”间接寻址。第 1 次间接寻址后，AR1 指向数据存储单元 0061h；第 2 次间接寻址后指向 0062h；…；第 6 次间接寻址后指向 0066h；再按 BK 中的值 6 取模，AR1 又回到 0060h(前 5 次按 BK 取模，AR1 值不变)。

循环寻址的算法可归纳如下：

```
if      0≤index+step<BK:
        index=index+step
Else    if  index+step≥BK:
        index=index+step-BK
Else    if  index+step<0:
        index=index+step+BK
```

上述算法中，index 是存放在辅助寄存器中的地址指针，step 为步长(亦即变址值，步长可正可负,其绝对值小于或等于循环缓冲区长度 BK)。依据以上循环寻址算法,就可以实现循环缓冲区首尾单元相邻了。

为了使循环寻址正常进行,除了用循环缓冲区长度寄存器(BK)来规定循环缓冲区的大小外,循环缓冲区的起始地址的 k 个最低有效位必须为 0。k 值满足 $2^k > N$,N 为循环缓冲区的长度。

例如,N=31,最小的 k 值为 5,循环缓冲区的起始地址必须有 5 个最低有效位为 0,即

$\times\times\times\times\quad\times\times\times\times\quad\times\times\times 0\quad 0000_2$

如果 N=32,则最小的 k 值为 6,循环缓冲区的起始地址必须有 6 个最低有效位为 0,即

$\times\times\times\times\quad\times\times\times\times\quad\times\times 00\quad 0000_2$

如果同时有几个循环缓冲区,N 分别为 188、38 和 10,建议先安排长的循环缓冲区,再安排短的,这样可以节省存储空间(要是倒过来安排循环缓冲区,就要多占用 444 个存储单元)。

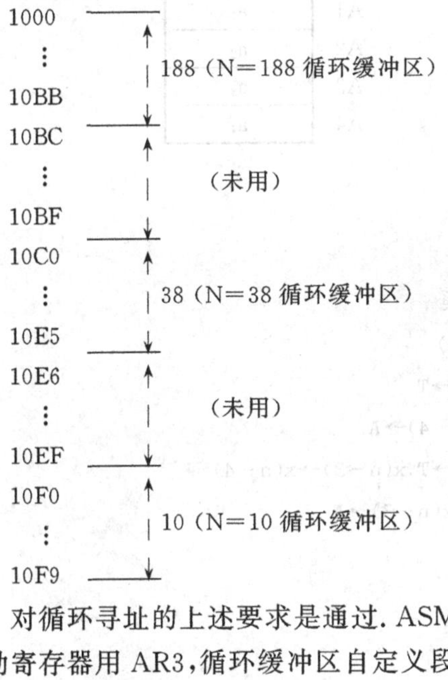

对循环寻址的上述要求是通过.ASM 文件和.CMD 命令实现的。假定 N=32,辅助寄存器用 AR3,循环缓冲区自定义段的名字为 D_LINE,则.ASM 和.CMD 两个文件中应包含如下内容:

FIR.ASM

```
x0      .usect    "D_LINE",32
        .text
        STM       #32,BK          ;BK=循环缓冲区的长度
        ⋮         *AR3+%          ;循环寻址指令
```

LINK.CMD

```
SECTION
{
        D_LINE: align (64) { } >RAM   PAGE 1
          ⋮
}
```

3. 实　例

下面通过例子介绍 FIR 滤波器的 C54x 实现方法。

(1) 用线性缓冲区和直接寻址方法实现 FIR 滤波器

$N=5, y(n)=a_0 \cdot x(n)+a_1 \cdot x(n-1)+a_2 \cdot x(n-2)+a_3 \cdot x(n-3)+a_4 \cdot x(n-4)$

在数据存储器中存放系数 $a_0 \sim a_4$,并设置线性缓冲区存放输入数据:

数据存储器

y	y(n)
XN	x(n)
XNM1	x(n−1)
XNM2	x(n−2)
XNM3	x(n−3)
XNM4	x(n−4)

数据存储器

A0	a_0
A1	a_1
A2	a_2
A3	a_3
A4	a_4

直接寻址 FIR 滤波器程序如下:

```
        LD      #XN,DP
        SSBX    FRCT            ;小数相乘
        PORTR   PA1,@XN         ;输入 x(n)
LOOP:   LD      @XNM4,T         ;x(n-4)→T
        MPY     @A4,A           ;a4 * x(n-4)→A
        LTD     @XNM3           ;x(n-3)→T,x(n-3)→x(n-4)
        MAC     @A3,A           ;A + a3 * x(n-3)→A
        LTD     @XNM2
        MAC     @A2,A
        LTD     @XNM1
        MAC     @A1,A
        LTD     @XN
        MAC     @A0,A
        STH     A,@y            ;保存 y(n)
        PORTW   @y,PA0          ;输出 y(n)
        BD      LOOP            ;循环
        PORTR   PA1,@XN         ;输入 x(n)
```

注意：上述程序中出现了两个 I/O 口地址，PA0 为输出口，PA1 为输入口，必须在汇编语言程序中对 PA0 和 PA1 的口地址加以定义，例如：

```
PA0        .set        0000h
PA1        .set        0001h
```

输出口 PA0 的口地址为 0000h，输入口 PA1 的口地址为 0001h。

用软件仿真器 Simulator 调试时，首先要准备一个十六进制数据输入文件IN. DAT 存放输入数据，其中每一行为一个十六进制数据。同时，要命名一个输出数据文件 OUT. DAT，以便存放输出结果，将结果绘制成曲线或作其他用途。为此，要在仿真初始化命令文件SIMINIT. CMD中增加以下命令：

```
ma    0x0000,  2,  0x0001,  W
ma    0x0001,  2,  0x0001,  R
mc    0x0000,  2,  0x0001,  OUT.DAT,  W
mc    0x0001,  2,  0x0001,  IN.DAT,   R
```

上述 4 条命令为软件仿真器 Simulator 设定 0000h 为输出口，0001h 为输入口，并将输出数据文件 OUT. DAT 和输入数据文件 IN. DAT 分别与输出口和输入口相连。

当然，也可以利用 4.7.3 小节所介绍的方法，将 I/O 端口与外部数据文件相连，在 CCS 集成开发环境下调试本程序。

(2) 用线性缓冲区和间接寻址方法实现 FIR 滤波器

$N=5,\ y(n)=a_0\cdot x(n)+a_1\cdot x(n-1)+a_2\cdot x(n-2)+a_3\cdot x(n-3)+a_4\cdot x(n-4)$

与第 1 种方法一样，在数据存储器中存放系数 $a_0\sim a_4$，并设置线性缓冲区存放输入数据。利用 AR1 和 AR2 分别作为间接寻址线性缓冲区和系数区的辅助寄存器：

数据存储器

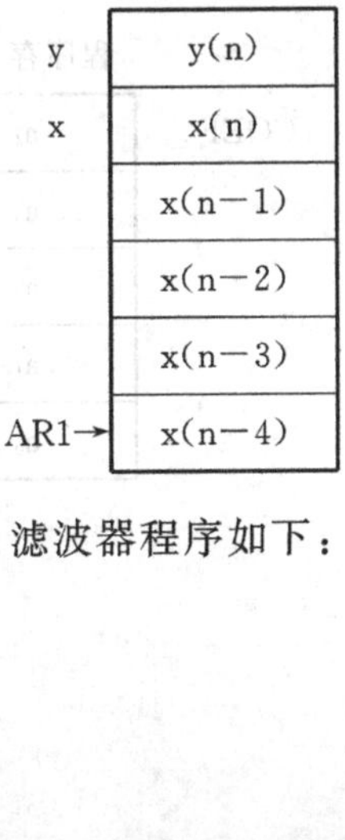

数据存储器

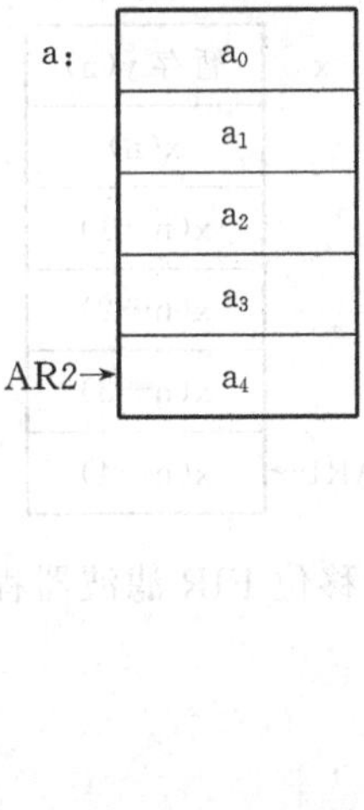

间接寻址 FIR 滤波器程序如下：

```
            STM      #x+4,AR1           ;AR1 指向 x(n-4)
            STM      #a+4,AR2           ;AR2 指向 a4
            STM      #4,AR0             ;指针复位值 4→AR0
            SSBX     FRCT               ;小数相乘
            LD       #x,DP
            PORTR    PA1,@x             ;输入 x(n)
LOOP:       LD       *AR1-,T
            MPY      *AR2-,A
            LTD      *AR1-
            MAC      *AR2-,A
            LTD      *AR1-
            MAC      *AR2-,A
            LTD      *AR1-
            MAC      *AR2-,A
            LTD      *AR1
            MAC      *AR2+0,A           ;AR2 复原,指向 a4
            STH      A,@y               ;保存 y(n)
            POPTW    @y(n),PA0          ;输出 y(n)
            BD       LOOP               ;循环
            PORTR    PA1,*AR1+0         ;输入 x(n),AR1 复原指向 x+4 单元
```


(3) 用线性缓冲区和带移位双操作数寻址方法实现 FIR 滤波器

$N=5, y(n)=a_0 \cdot x(n)+a_1 \cdot x(n-1)+a_2 \cdot x(n-2)+a_3 \cdot x(n-3)+a_4 \cdot x(n-4)$

在本例中,系数存放在程序存储器中,输入数据存放在线性缓冲区中。乘法累加利用 MACD(数据存储器单元与程序存储器单元相乘,并累加、移位)指令。

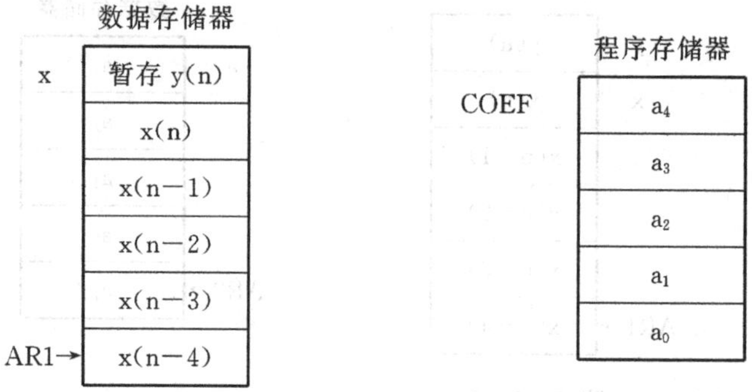

双操作数、带移位 FIR 滤波器程序如下:

```
            SSBX        FRCT                ;小数乘法
            STM         #x+5,AR1            ;AR1 指向 x(n-4)
            STM         #4,AR0              ;设置 AR1 复位值
            LD          #x+1,DP
            PORTR       PA1,@x+1            ;输入 x(n)
FIR         RPTZ        A,#4                ;累加器 A 清 0,共迭代 5 次
            MACD        *AR1-,COEF,A        ;乘法累加并移位
            STH         A,*AR1              ;暂存 y(n)
            PORTW       *AR1+,PA0           ;输出 y(n)
            BD          FIR                 ;循环
            PORTR       PA1,*AR1+0          ;输入新数据,AR1 指向 x(n-4)
            .data
COEF        .word       A4,A3,A2,A1,A0
```

(4) 用循环缓冲区和双操作数寻址方法实现 FIR 滤波器

$N=5, y(n)=a_0\cdot x(n)+a_1\cdot x(n-1)+a_2\cdot x(n-2)+a_3\cdot x(n-3)+a_4\cdot x(n-4)$

存放 $a_0\sim a_4$ 的系数表以及存放数据的循环缓冲区均设在 DARAM 中。

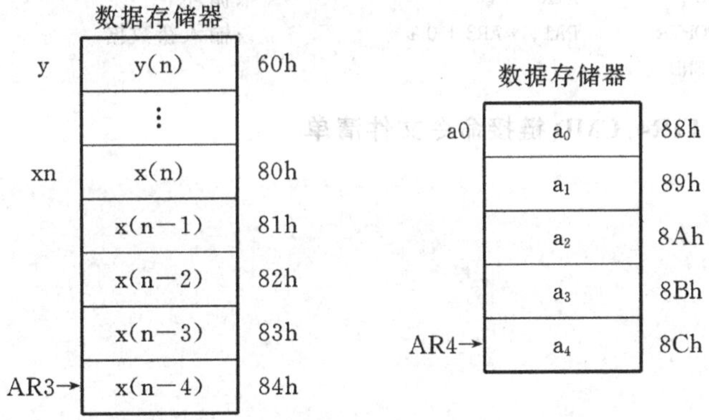

循环缓冲区 FIR 滤波器的程序清单如程序 6-1~6-3 所示。

程序 6-1　FIR4. ASM 源程序清单

```
            .title      "FIR4.ASM"
            .mmregs
            .def        _c_int00
            .bss        y,1
xn          .usect      "xn",5                      ;自定义数据空间
a0          .usect      "a0",5                      ;自定义数据空间
PA0         .set        0
PA1         .set        1
            .data
table:      .word       1*32768/10                  ;a0 = 0.1 = 0x0CCC
```

```
            .word     2 * 32768/10           ;a1 = 0.2 = 0x1999
            .word     3 * 32768/10           ;a2 = 0.3 = 0x2666
            .word     4 * 32768/10           ;a3 = 0.4 = 0x3333
            .word     5 * 32768/10           ;a4 = 0.5 = 0x4000
            .text
_c_int00:   SSBX      FRCT                   ;小数乘法
            STM       #a0,AR1                ;AR1 指向 a0
            RPT       #4                     ;传送 5 个系数至数据空间
            MVPD      table, * AR1 +
            STM       #xn + 4,AR3;           ;AR3 向 x(n - 4)
            STM       #a0 + 4,AR4            ;AR4 指向 a4
            STM       #5,BK                  ;循环缓冲区长度 BK = 5
            STM       # - 1,AR0              ;AR0 = - 1,双操作数减量
            LD        #xn,DP
            PORTR     PA1,@xn                ;输入 x(n)
FIR:        RPTZ      A,#4                   ;A 清 0,共迭代 5 次
            MAC       * AR3 + 0 % , * AR4 + 0 % ,A   ;双操作数乘法累加
            STH       A,@y                   ;保存 y(n)
            PORTW     @y,PA0                 ;输出 y(n)
            BD        FIR                    ;循环
            PORTR     PA1, * AR3 + 0 %       ;输入新数据
            .END
```

程序 6-2 FIR4. CMD 链接命令文件清单


```
FIR4_V.obj
FIR4.obj
- o FIR4.out
- m FIR4.map
MEMORY
{
  PAGE 0:
        EPROM:   org = 0E000h,   len = 1000h
        VECS:    org = 0FF80h,   len = 0080h
  PAGE 1:
        SPRAM:   org = 0060h,   len = 0020h
        DARAM:   org = 0080h,   len = 1380h
}
SECTIONS
{
  .text  :> EPROM   PAGE   0
  .data  :> EPROM   PAGE   0
  .bss   :> SPRAM   PAGE   1
  xn     :align (8) { } > DARAM   PAGE   1
a0       :align (8) { } > DARAM   PAGE   1
    .vectors :> VECS   PAGE   0
    }
```

程序 6-3 FIR4_V.asm 复位向量文件程序清单

```
.title      "FIR4_V.asm"
.ref        _c_int00
.sect       ".vectors"
B           _c_int00
.end
```

(5) 系数对称 FIR 滤波器的实现方法

对于系数对称的 FIR 滤波器，由于其具有线性相位特性，因此应用很广，特别是对相位失真要求很高的场合，如调制解调器(MODEM)。

一个 N=8 的 FIR 滤波器，若 a(n)=a(N−1−n)，就是对称 FIR 滤波器，其输出方程为：

$$y(n)=a_0x(n)+a_1x(n-1)+a_2x(n-2)+a_3x(n-3)+a_3x(n-4)+a_2x(n-5)+a_1x(n-6)+a_0x(n-7)$$

总共有 8 次乘法和 7 次加法。如果改写成：

$$y(n)=a_0[x(n)+x(n-7)]+a_1[x(n-1)+x(n-6)]+a_2[x(n-2)+x(n-5)]+a_3[x(n-3)+x(n-4)]$$

则变成 4 次乘法和 7 次加法。可见乘法运算的次数减少了一半。这是对称 FIR 的又一个优点。

对称 FIR 滤波器 C54x 实现的要点如下：

① 在数据存储器中开辟两个循环缓冲区：New 循环缓冲区中存放 N/2=4 个新数据；Old 循环缓冲区中存放老数据。循环缓冲区的长度为 N/2。

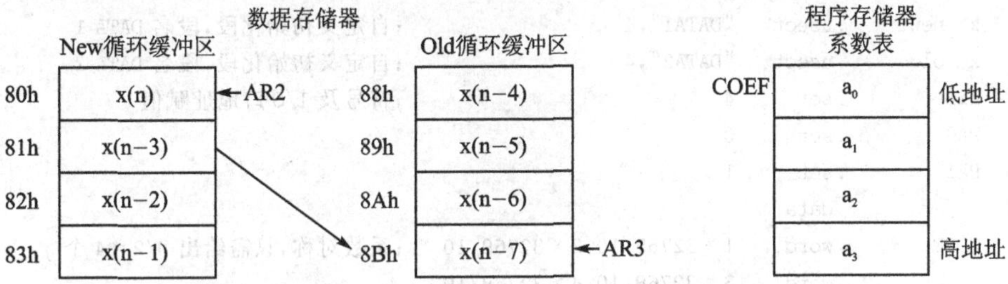

② 设置循环缓冲区指针：AR2 指向 New 缓冲区中最新的数据；AR3 指向 Old 缓冲区中最老的数据。

③ 在程序存储器中设置系数表。

④ (AR2)+(AR3)→AH(累加器 A 的高位)

(AR2)−1→AR2　(AR3)−1→AR3

⑤ 将累加器 B 清 0，重复执行 4 次(i=0,1,2,3,)：

(AH)∗系数 a_i+(B)→B　系数指针(PAR)加 1

(AR2)+(AR3)→AH　　AR2 和 AR3 减 1

⑥ 保存和输出结果(结果在 BH 中)。

⑦ 修正数据指针，让AR2和AR3分别指向New缓冲区中最新的数据和Old缓冲区中最老的数据。

⑧ 用New缓冲区中最老的数据替代Old缓冲区中最老的数据。Old缓冲区指针减1。

⑨ 输入一个新数据替代New缓冲区中最老的数据。

重复执行第④～⑨步。

在编程中要用到FIRS(系数对称有限冲激响应滤波器)指令，其操作如下：

```
FIRS    Xmem,Ymem,Pmad
执行    Pmad→PAR
        当(RC)≠0
            (B)+(A(32-16))×(由PAR寻址Pmem)→B
            ((Xmem)+(Ymem))<<16→A
            (PAR)+1→PAR
            (RC)-1→RC
```

FIRS指令在同一个机器周期内，通过C和D总线读2次数据存储器，同时通过P总线读一个系数。

程序6-4 对称FIR滤波器(N=8)的源程序清单

```
            .titile   "FIR5.ASM"
            .mmregs
            .def      _c_int00
            .bss      y,1
x_new       .usect    "DATA1",4              ;自定义初始化段，段名DATA 1
x_old       .usect    "DATA2",4              ;自定义初始化段，段名DATA 2
size        .set      4                      ;符号及I/O口地址赋值
PA0         .set      0
PA1         .set      1
            .data
COEF        .word     1*32768/10,2*32768/10  ;系数对称，只需给出N/2=4个
            .word     3*32768/10,4*32768/10
            .text
_c_int00:   LD        #y,DP
            SSBX      FRCT
            STM       #x_new,AR2             ;AR2指向新缓冲区第1个单元
            STM       #x_old+(size-1),AR3    ;AR3指向老缓冲区最后1个单元
            STM       #size,BK               ;循环缓冲区长度=size
            STM       #-1,AR0;               仿效*ARn-%
            PORTR     PA1,#x_new             ;输入x(n)
FIR:        ADD       *AR2+0%,*AR3+0%,A      ;AH=x(n)+x(n-7)(第一次)
            RPTZ      B,#(size-1)            ;B=0,下条指令执行size次
            FIRS      *AR2+0%,*AR3+0%,COEF;B+=AH*a0,AH=x(n-1)+x(n-6)…
```

```
STH     B,@y                ;保存结果
PORTW   @y,PA0              ;输出结果
MAR     * + AR2(2) %        ;修正 AR2,指向新缓冲区最老的数据
MAR     * AR3 + %           ;修正 AR3,指向老缓冲区最老的数据
MVDD    * AR2, * AR3 + 0 %  ;新缓冲区向老缓冲区传送一个数
BD      FIR
PORTR   PA1, * AR2          ;输入新数据至新缓冲区
.END
```

6.4 IIR 滤波器的 C54x 实现方法

N 阶无限冲激响应(IIR)滤波器的脉冲传递函数可以表达为：

$$H(z) = \frac{\sum_{i=0}^{M} b_i z^{-i}}{1 - \sum_{i=1}^{N} a_i z^{-i}} \tag{6-3}$$

它的差分方程表达式为：

$$y(n) = \sum_{i=0}^{M} b_i x(n-i) + \sum_{i=1}^{N} a_i y(n-i) \tag{6-4}$$

由式(6-4)可见，y(n)由两部分构成：第一部分 $\sum_{i=0}^{M} b_i x(n-i)$ 是一个对 x(n) 的 M 节延时链结构，每节延时抽头后加权相加，也即是一个横向结构网络；第二部分 $\sum_{i=1}^{N} a_i y(n-i)$ 也是一个 N 节延时链的横向结构网络，不过它是对 y(n) 延时，因此是个反馈网络。

若 $a_i=0$，就是 FIR 滤波器，其脉冲传递函数只有零点，系统总是稳定的，其单位冲激响应是有限长序列。而 IIR 滤波器的脉冲传递函数在 Z 平面上有极点存在，其单位冲激响应是无限长序列。

IIR 滤波器可以用较少的阶数获得很高的选择特性，所用的存储单元少，运算次数少，具有经济、高效的特点。但是，在有限精度的运算中，可能出现不稳定现象。而且，选择性越好，相位的非线性越严重，不像 FIR 滤波器可以得到严格的线性相位。因此，在相位要求不敏感的场合，如语言通信等，选用 IIR 滤波器较为合适；而对于图像信号处理、数据传输等以波形携带信息的系统，对线性相位要求较高，在条件许可的情况下，采用系数对称 FIR 滤波器较好。

本节主要讨论 IIR 滤波器的 C54x 编程实现方法。

一个高阶 IIR 滤波器，总可化成多个二阶基本节(或称二阶节)相级联或并联形式。图 6-8 所示的六阶 IIR 滤波器由 3 个二阶节级联而成。

本节就从二阶节入手讨论 IIR 滤波器的 C54x 实现方法。图 6-9 是二阶节的标准形式，由图可以写出反馈通道和前向通道的差分方程如下：

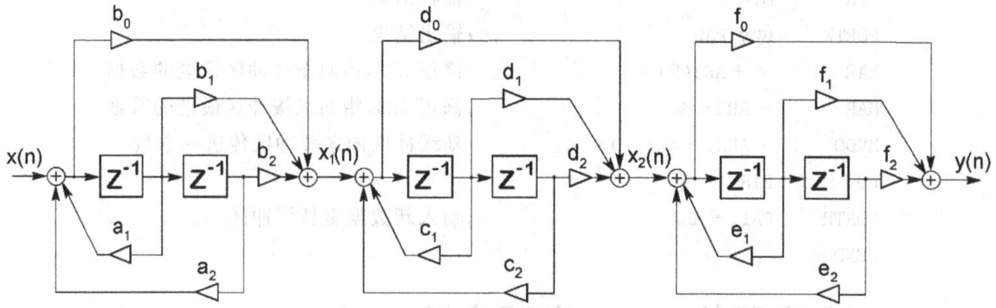

图 6-8　用 3 个二阶节级联的六阶 IIR 滤波器

反馈通道：　$x_0 = w(n) = x(n) + A_1 * x_1 + A_2 * x_2$　　(6-5)

前向通道：　$y(n) = B_0 * x_0 + B_1 * x_1 + B_2 * x_2$　　(6-6)

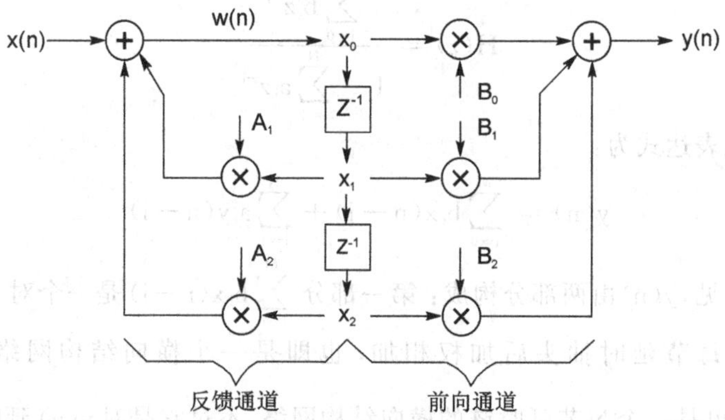

图 6-9　二阶 IIR 滤波器

下面通过例子介绍二阶 IIR 滤波器的 C54x 实现方法。

1. 二阶 IIR 滤波器的单操作数指令实现

根据图 6-9 所示的二阶 IIR 滤波器结构编制程序时，先设置数据存放单元和系数表：

数据存储器

x_0	x(n), y(n)
x_1	
x_2	

数据存储器

COEF	B_2
	B_1
	B_0
	A_2
	A_1

注意： x_0 单元有三个用处：存放输入数据 x(n)、暂时存放相加器的输出 x_0 和输出数据y(n)。

二阶 IIR 滤波器的主要程序如下：

```
        LD          #x0,DP
        SSBX        FRCT
IIR:    PORTR       PA1,@x0              ;输入数据 x(n)
        LD          @x0,16,A             ;计算反馈通道
        LD          @x1,T
        MAC         @A1,A
        LD          @x2,T
        MAC         @A2,A
        STH         A,@x0
        MPY         @B2,A                ;计算前向通道
        LTD         @x1
        MAC         @B1,A
        LTD         @x0
        MAC         @B0,A
        STH         A,@x0                ;暂存 y(n)
        BD          IIR                  ;循环
        PORTW       @x0,PA0              ;输出结果 y(n)
```

不难看出，上述二阶 IIR 滤波器程序，先按式(6－5)计算反馈通道，然后按式(6－6)计算前向通道，并输出结果 y(n)，重复循环。此种结构的一个特点是先增益后衰减。而后面即将介绍的直接形式 IIR 滤波算法则与此种安排相反，其动态范围和鲁棒性可能好一些，但程序会长一点。

2. 二阶 IIR 滤波器的双操作数指令实现

根据图 6－9 以及式(6－5)和式(6－6)，对二阶 IIR 滤波器进行编程，其中乘法累加运算采用双操作数指令，数据和系数表在数据存储器(DARAM)中的排列如下：

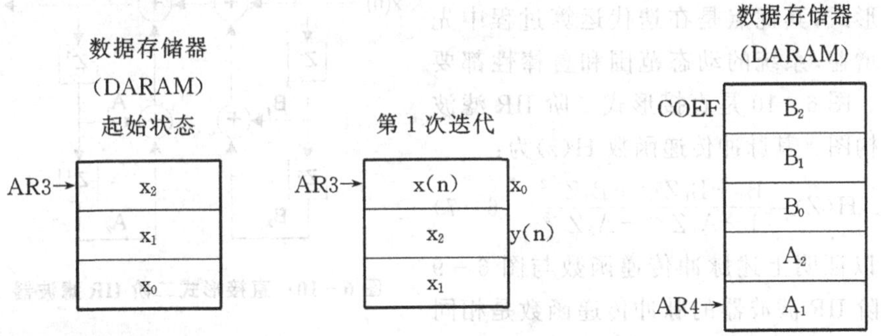

主要程序如下：

```
        SSBX    FRCT
        STM     #x2,AR3
        STM     #COEF + 4,AR4           ;AR4 指向 A1
        MVMM    AR4,AR1                 ;保存地址值在 AR1 中
        STM     #3,BK                   ;设置循环缓冲区长度
        STM     # - 1,AR0               ;设置变址寻址步长
IIR:    PORTR   PA1,*AR3                ;从 PA1 口输入数据 x(n)
        LD      *AR3 + 0%,16,A          ;计算反馈通道,A = x(n)
        MAC     *AR3 + 0%,*AR4 - ,A     ;A = x(n) + A1 * x1
        MAC     *AR3 + 0%,*AR4 - ,A     ;A = x(n) + A1 * x1 + A2 * x2 = x0
        STH     A,*AR3                  ;保存 x0
        MPY     *AR3 + 0%,*AR4 - ,A     ;计算前向通道,A = B0 * x0
        MAC     *AR3 + 0%,*AR4 - ,A     ;A = B0 * x0 + B1 * x1
        MAC     *AR3,*AR4 - ,A          ;A = B0 * x0 + B1 * x1 + B2 * x2 = y(n)
        STH     A,*AR3                  ;保存 y(n)
        MVMM    AR1,AR4                 ;AR4 重新指向 A1
        BD      IIR                     ;循环
        PORTW   *AR3,PA0                ;向 PA0 口输出数据
```

下面对以上程序中的数据存储单元作一简要说明。参看图6-9,运算中的有用数据x_0、x_1、x_2存放在BK=3的循环缓冲区中。一开始,AR3指向x_2。当进行第一次迭代运算时x_2已经没有用了,就将输入数据x(n)暂存在这个单元中,而原先的数据x_1和x_0,在新一轮迭代运算中延迟一个周期,已成为x_2和x_1。在迭代运算中,首先按式(6-5)计算反馈通道值,求得x_0后保存在x(n)单元中,再按式6-6计算前向通道值y(n)。为了便于输出,将y(n)暂存在x_2单元中(在一下轮迭代运算中,x_2已经用不着了)……如此继续下去,进行以后的各轮迭代运算。

3. 直接形式二阶IIR滤波器的实现

前面已经提到,二阶IIR滤波器可以化成直接形式,其优点是在迭代运算过程中先衰减后增益,系统的动态范围和鲁棒性都要好一些。图6-10是直接形式二阶IIR滤波器的结构图。其脉冲传递函数H(z)为:

$$H(Z)=\frac{B_0+B_1Z^{-1}+B_2Z^{-2}}{1-A_1Z^{-1}-A_2Z^{-2}} \quad (6-7)$$

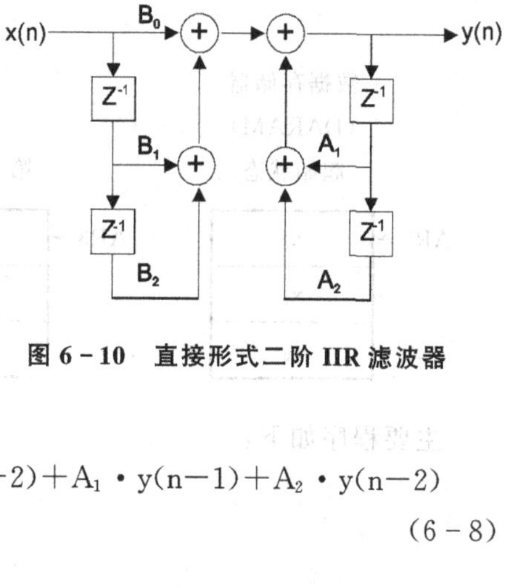

图6-10 直接形式二阶IIR滤波器

可以证明上述脉冲传递函数与图6-9所示二阶IIR滤波器的脉冲传递函数是相同的。直接形式二阶IIR滤波器的差分方程为:

$$y(n)=B_0\cdot x(n)+B_1\cdot x(n-1)+B_2\cdot x(n-2)+A_1\cdot y(n-1)+A_2\cdot y(n-2) \quad (6-8)$$

在编程时，将变量和系数都存放在 DARAM 中，并采用循环缓冲区方式寻址，共需开辟4 个循环缓冲区，用来存放变量和系数。这 4 个循环缓冲区的结构如下：

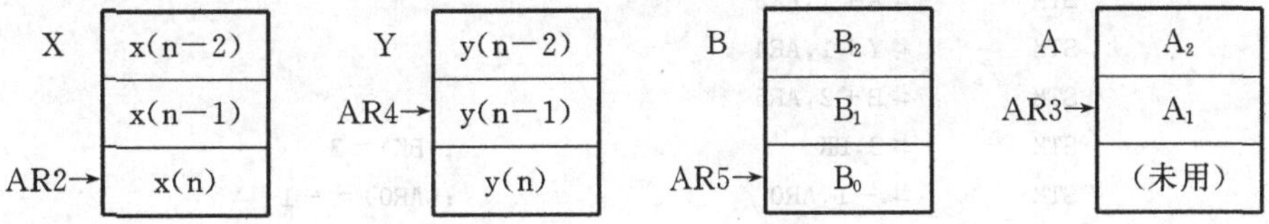

直接形式二阶 IIR 滤波器的程序清单如程序 6－5～6－7 所示。

程序 6－5　iir3. asm 源程序清单

```
            .title          "iir3.asm"
            .mmregs
            .def            _c_int00
X           .usect          "X",3
Y           .usect          "Y",3
B           .usect          "B",3
A           .usect          "A",3
PA0         .set            0
PA1         .sect           1
            .data
table:      .word           0                       ;x(n-2)
            .word           0                       ;x(n-1)
            .word           0                       ;y(n-2)
            .word           0                       ;y(n-1)
            .word           1 * 32768/10            ;B2
            .word           2 * 32768/10            ;B1
            .word        3 * 32768/10               ;B0
            .word        5 * 32768/10               ;A2
            .word        - 4 * 32768/10             ;A1
            .text
_c_int00:   SSBX         FRCT
            STM          #X,AR1                     ;传送初始数据 x(n-2),x(n-1)
            RPT          #1
            MVPD         #table, * AR1 +
            STM          #Y,AR1                     ;传送初始数据 y(n-2),y(n-1)
            RPT          #1
            MVPD         #table + 2, * AR1 +
            STM          #B,AR1                     ;传送系数 B2,B1,B0
            RPT          #2
            MVPD         #table + 4, * AR1 +
            STM          #A,AR1                     ;传送系数 A2,A1
            RPT          #1
```

```
          MVPD      #table+7,*AR1+
          STM       #X+2,AR2                     ;辅助寄存器指针初始化
          STM       #A+1,AR3
          STM       #Y+1,AR4
          STM       #B+2,AR5
          STM       #3,BK                        ;(BK)=3
          STM       #-1,AR0                      ;(AR0)=-1
IIR       PORTR     PA1,*AR2                     ;输入x(n)
          MPY       *AR2+0%,*AR5+0%,A            ;计算前向通道
          MAC       *AR2+0%,*AR5+0%,A
          MAC       *AR2,*AR5+0%,A
          MAC       *AR4+0%,*AR3+0%,A            ;计算反馈通道
          MAC       *AR4+0%,*AR3+0%,A
          MAR       *AR3+0%
          STH       A,*AR4                       ;保存y(n)
          BD        IIR
          PORTW     *AR4,PA0                     ;输出y(n)
          .END
```

程序6-6　iir3.cmd链接命令文件清单

```
irr3_v.obj
iir3.obj
-o iir3.out
-m iir3.map
MEMORY
{
  PAGE 0:
        EPROM:    org=0E000h,   len=1000h
        VECS:     org=0FF80h,   len=0080h
  PAGE 1:
        SPRAM:    org=0060h,   len=0020h
        DARAM:    org=0080h,   len=1380h
}
SECTIONS
{
  .text  :> EPROM   PAGE   0
  .data  :> EPROM   PAGE   0
  X     :  align(4) {} > DARAM   PAGE   1
  Y     :  align(4) {} > DARAM   PAGE   1
  B     :  align(4) {} > DARAM   PAGE   1
  A     :  align(4) {} > DARAM   PAGE   1
  .vectors: > VECS    PAGE   0
}
```

程序 6-7 复位向量文件 iir3_v.asm 程序清单

```
    .title      "iir3_v.asm"
    .ref        _c_int00
    .sect       ".vectors"
    B           _c_int00
    .end
```

以下是 IIR 滤波器实现中的几个问题。

(1) 高阶 IIR 滤波器的实现

一个高阶 IIR 滤波器可以分解成若干个二阶基本节相级联。由于调整每一个二阶基本节的系数只涉及这个二阶基本节的一对极点和零点,不影响其他零、极点,因此便于调整系统的性能。此外,由于字长有限,每个二阶基本节运算后都会带来一定的误差,合理安排各二阶基本节的前后次序,将使系统的精度得到优化。

(2) 系数≥1 时的定标方法

在设计 IIR 滤波器时,可能会出现一个或一个以上系数大于等于 1。在这种情况下,当然可以用此大数来定标,即用大数去除所有的系数,但是,不如将此大于等于 1 的系数分解成两个小于 1 的数,例如 $B_0=1.2$,则

$$x(n)\cdot B_0=x(n)\cdot(B_0/2)+x(n)\cdot(B_0/2)$$
$$=0.6\cdot x(n)+0.6\cdot x(n)$$

这样,将使所有的系数保持精度,而仅仅多开销一个机器周期。

(3) 对输入数据定标

一般来说,从外设口输入一个数据加载到累加器 A,可用以下指令:

```
PORTR    0001h,@Xin
LD       @Xin,16,A
```

考虑到滤波运算过程中可能会出现≥1 的输出值,可以在输入数据时将其缩小若干倍,例如

```
PORTR    0001h,@Xin
LD       @Xin,16-3,A
```

将输入数据除以 8,将使输出值小于 1。

6.5 快速傅里叶变换(FFT)的 C54X 实现方法

快速傅里叶变换(FFT)是离散傅里叶变换(DFT)的一种高效运算方法。FFT 使 DFT 的运算大大简化,运算时间一般可以缩短一二个数量级。一般情况下,都假定输入序列为复数。本节介绍一个可以执行 8~1024 复数点 FFT 的实用程序及其

用法。源程序 fft.asm、链接命令文件 fft.cmd 和复位向量文件清单如程序 6-8～6-10所示。

程序 6-8　fft.asm 源程序清单

```
* * * * * * * * * * * * * * * * * * * * * * * * * * * * * * *
* * *          N(8 - 1024) points FFT Program             * * *
* * * * * * * * * * * * * * * * * * * * * * * * * * * * * * *
              .title          "FFT.asm"
              .mmregs
              .copy           "coeff.inc"          ;从 coeff.inc 文件复制系数
              .def            _c_int00
sine:         .usect          "sine",512
cosine:       .usect          "cosine",512
fft_data:     .usect          "fft_data",2048
d_input:      .usect          "d_input",2048
fft_out:      .usect          "fft_out",1024
STACK         .usect          "STACK" ,10
K_DATA_IDX_1                  .set  2
K_DATA_IDX_2                  .set  4
K_DATA_IDX_3                  .set  8
K_TWID_TBL_SIZE               .set  512
K_TWID_IDX_3                  .set  128
K_FLY_COUNT_3                 .set  4
K_FFT_SIZE                    .set  32             ;N = 32
K_LOGN                        .set  5              ;LOG(N) = LOG(32) = 5
PA0                           .set  0
PA1                           .set  1
              .bss            d_twid_idx,1
              .bss            d_data_idx,1
              .bss            d_grps_cnt,1
              .sect           "fft_prg"
* * * *       Bit             Reversal Routine * * * * *
              .asg            AR2,REORDERED
              .asg            AR3,ORIGINAL_INPUT
              .asg            AR7,DATA_PROC_BUF
_c_int00:
              SSBX            FRCT
              STM             #STACK + 10, SP
              STM             #d_input,AR1         ;从 PA1 口输入 2N 个数据
              RPT             #2 * K_FFT_SIZE - 1
              PORTR           PA1, * AR1 +
```

```
        STM         #sine,AR1                 ;将正弦系数从程序存储器
        RPT         #511                      ;传送到数据存储器
        MVPD        sinel,*AR1+
        STM         #cosine,AR1               ;将余弦系数从程序存储器
        RPT         #511                      ;传送到数据存储器
        MVPD        cosinel,*AR1+
        STM         #d_input,ORIGINAL_INPUT
        STM         #fft_data,DATA_PROC_BUF
        MVMM        DATA_PROC_BUF,REORDERED
        STM         #K_FFT_SIZE-1,BRC
        RPTBD       bit_rev_end-1
        STM         #K_FFT_SIZE,AR0
        MVDD        *ORIGINAL_INPUT+,*REORDERED+
        MVDD        *ORIGINAL_INPUT-,*REORDERED+
        MAR         *ORIGINAL_INPUT+0B
bit_rev_end:
****FFT Code*****
        .asg        AR1,GROUP_COUNTER
        .asg        AR2,PX
        .asg        AR3,QX
        .asg        AR4,WR
        .asg        AR5,WI
        .asg        AR6,BUTTERFLY_COUNTER
        .asg        AR7,STAGE_COUNTER
****stage 1*****
        STM         #0,BK
        LD          #-1,ASM
        STM         #fft_data,PX
        LD          *PX,16,A
        STM         #fft_data+K_DATA_IDX_1,QX
        STM         #K_FFT_SIZE/2-1,BRC
        RPTBD       stagelend-1
        STM         #K_DATA_IDX_1+1,AR0
        SUB         *QX,16,A,B
        ADD         *QX,16,A
        STH         A,ASM,*PX+
        ST          B,*QX+
        ||LD        *PX,A
        SUB         *QX,16,A,B
        ADD         *QX,16,A
        STH         A,ASM,*PX+0
        ST          B,*QX+0%
```

```
        || LD           * PX,A
stage 1 end:
* * * *  Stage 2 * * * * *
        STM             # fft _ data,PX
        STM             # fft _ data + K _ DATA _ IDX _ 2,QX
        STM             # K _ FFT _ SIZE/4 - 1,BRC
        LD              * PX,16,A
        RPTBD           stage2end - 1
        STM             # K _ DATA _ IDX _ 2 + 1,AR0
;1st butterfly
        SUB             * QX,16,A,B
        ADD             * QX,16,A
        STH             A,ASM, * PX +
        ST              B, * QX +
        || LD           * PX,A
        SUB             * QX,16,A,B
        ADD             * QX,16,A
        STH             A,ASM, * PX +
        STH             B,ASM, * QX +
;2nd butterfly
        MAR             * QX +
        ADD             * PX, * QX,A
        SUB             * PX, * QX - ,B
        STH             A,ASM, * PX +
        SUB             * PX, * QX,A
        ST              B, * QX
        || LD           * QX + ,B
        ST A,           * PX
        || ADD          * PX + 0 % ,A
        ST              A, * QX + 0 %
        || LD           * PX,A
stage 2 end:
* * *  Stage 3          through Stage logN * * * * *
        STM             # K _ TWID _ TBL _ SIZE,BK
        ST              # K _ TWID _ IDX _ 3,d _ twid _ idx
        STM             # K _ TWID _ IDX _ 3,AR0
        STM             # cosine,WR
        STM             # sine,WI
        STM             # K _ LOGN - 2 - 1,STAGE _ COUNTER
        ST              # K _ FFT _ SIZE/8 - 1,d _ grps _ cnt
        STM             # K _ FLY _ COUNT _ 3 - 1,BUTTERFLY _ COUNTER
        ST              # K _ DATA _ IDX _ 3,d _ data _ idx
stage:
```

```
            STM         #fft_data,PX
            LD          d_data_idx,A
            ADD         *(PX),A
            STLM        A,QX
            MVDK        d_grps_cnt,GROUP_COUNTER
group:
            MVMD        BUTTERFLY_COUNTER,BRC
            RPTBD       butterflyend-1
            LD          *WR,T
            MPY         *QX+,A
            MACR        *WI+0%,*QX-,A
            ADD         *PX,16,A,B
            ST          B,*PX
            ||SUB       *PX+,B
            ST          B,*QX
            ||MPY       *QX+,A
            MASR        *QX,*WR+0%,A
            ADD         *PX,16,A,B
            ST          B,*QX+
            ||SUB       *PX,B
            LD          *WR,T
            ST          B,*PX+
            ||MPY       *QX+,A
butterfly end:
; Update pointers for next group
            PSHM        AR0
            MVDK        d_data_idx,AR0
            MAR         *PX+0
            MAR         *QX+0
            BANZD       group,*GROUP_COUNTER-
            POPM        AR0
            MAR         *QX-
; Update counters and indices for next stage
            LD          d_data_idx,A
            SUB         #1,A,B
            STLM        B,BUTTERFLY_COUNTER
            STL         A,1,d_data_idx
            LD          d_grps_cnt,A
            STL         A,ASM,d_grps_cnt
            LD          d_twid_idx,A
            STL         A,ASM,d_twid_idx
```

```
            BANZD           stage, * STAGE_COUNTER-
            MVDK            d_twid_idx,AR0
fft_end:
*** Compute the power spectrum *****
            STM             #fft_data,AR2
            STM             #fft_data,AR3
            STM             #fft_out,AR4
            STM             #K_FFT_SIZE*2-1,BRC
            RPTB            power_end-1
            SQUR            *AR2+,A
            SQURA           *AR2+,A
            STH             A,*AR4+
power_end:
            STM             #fft_out,AR4
            RPT             #K_FFT_SIZE-1
            PORTW           *AR4+,PA0
here:       B               here
            .end
```

程序 6-9　链接命令文件 fft.cmd 程序清单

```
fft_v.obj
fft.obj
-o fft.out
-m fft.map
MEMORY
}
  PAGE 0:
        EPROM:      org=0E000h,    len=1000h
        VECS:       org=0FF80h,    len=0080h
 PAGE 1:
        SPRAM:      org=0060h,     len=0020h
        DARAM:      org=0200h,     len=1000h
        RAM:        org=8000h,     len=1400h
}
SECTIONS
{
 sinel          :>EPROM     PAGE 0
 cosinel        :> EPROM    PAGE 0
 fft_prg        :> EPROM    PAGE 0
 .vectors       :> VECS     PAGE 0
 .bss           :> SPRAM    PAGE 1
 sine           :align(1024) {  } > DARAM   PAGE 1
 cosine         :align(1024) {  } > DARAM   PAGE 1
 d_input        :> RAM      PAGE 1
 fft_data       :> RAM      PAGE 1
 fft_out        :> RAM      PAGE 1
 STACK          :> SPRAM    PAGE 1
}
```

程序 6-10 复位向量文件 fft_v.asm 程序清单

```
.title      "fft_v.asm"
.ref        _c_intoo
.sect       ".vectors"
B           _c_intoo
.end
```

有关 FFT 程序说明如下：

(1) fft.asm 程序由以下几部分组成，即

① 位码倒置程序；

② 第一级蝶形运算；

③ 第二级蝶形运算；

④ 第三级至第 $\log_2 N$ 级蝶形运算；

⑤ 求功率谱及输出程序。

(2) 程序空间的分配如图 6-11 所示。

(3) 数据空间的分配如图 6-12 所示。

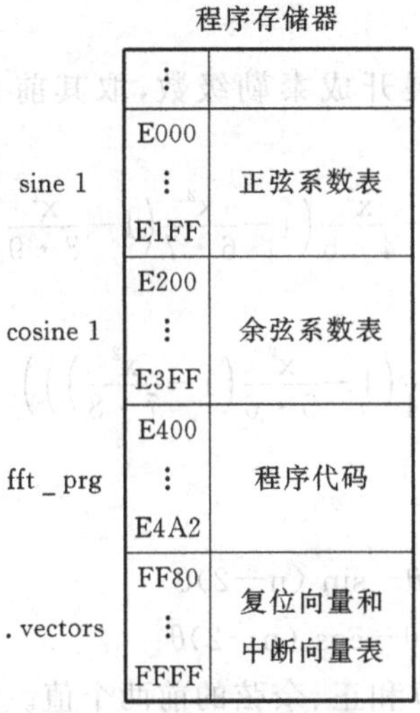

图 6-11 程序空间分配图

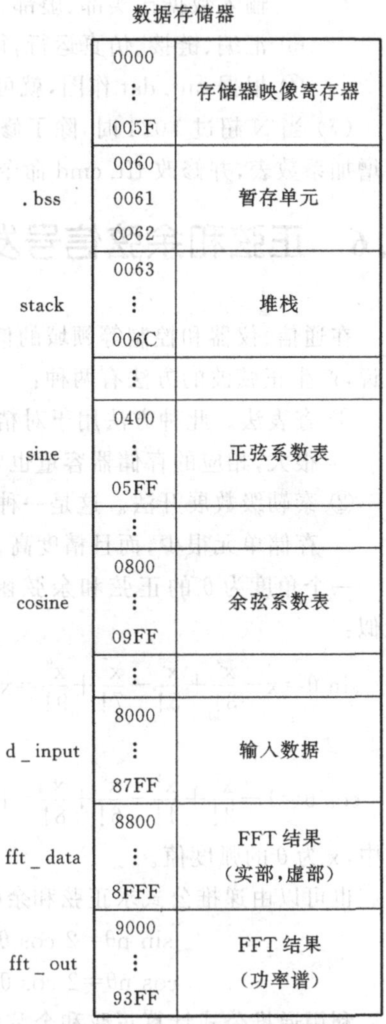

图 6-12 数据空间分配图

(4) I/O 空间配置为：PA0 ——输出口；PA1 ——输入口。

(5) 正弦和余弦系数表由 coeff. inc 文件给出，参见附录 H。主程序通过. copy 汇编命令将正弦和余弦系数与程序代码汇编在一起(也可以用. include 命令从 coeff. inc 文件中读入系数，此时系数将不出现在. lst 文件中)。

(6) 使用方法：

① 根据 N 值，修改 fft. asm 中的两个常数，若 N=32，则：

```
K_FFT_SIZE   .set 32
K_LOGN       .set 5
```

② 准备数据文件—— in. dat。

输入数据按实部、虚部、实部、虚部……顺序存放。

③ 汇编、链接、仿真运行，得到输出数据文件—— out. dat。

④ 根据 out. dat 作图，就可以求得输入信号的功率谱图。

(7) 当 N 超过 1024 时，除了修改 K_FFT_SIZE 和 K_LOGN 两个常数外，还要增加系数表，并修改 fft. cmd 命令文件。

6.6 正弦和余弦信号发生器

在通信、仪器和控制等领域的信号处理系统中，可能会用到正弦波发生器。一般来说，产生正弦波的方法有两种：

① 查表法。此种方法用于对精度要求不是很高的场合。如果要求精度高，表就很大，相应的存储器容量也要增大。

② 泰勒级数展开法。这是一种更为有效的方法。与查表法相比，该方法需要的存储单元很少，而且精度高。

一个角度为 θ 的正弦和余弦函数，都可以展开成泰勒级数，取其前 5 项进行近似：

$$\sin\theta = x - \frac{x^3}{3!} + \frac{x^5}{5!} - \frac{x^7}{7!} + \frac{x^9}{9!} = x\left(1 - \frac{x^2}{2\cdot 3}\left(1 - \frac{x^2}{4\cdot 5}\left(1 - \frac{x^2}{6\cdot 7}\left(1 - \frac{x^2}{8\cdot 9}\right)\right)\right)\right) \tag{6-9}$$

$$\cos\theta = 1 - \frac{x^2}{2!} + \frac{x^4}{4!} - \frac{x^6}{6!} + \frac{x^8}{8!} = 1 - \frac{x^2}{2}\left(1 - \frac{x^2}{3\cdot 4}\left(1 - \frac{x^2}{5\cdot 6}\left(1 - \frac{x^2}{7\cdot 8}\right)\right)\right) \tag{6-10}$$

式中，x 为 θ 的弧度值。

也可以由递推公式求正弦和余弦值：

$$\sin n\theta = 2\cos\theta \cdot \sin(n-1)\theta - \sin(n-2)\theta \tag{6-11}$$

$$\cos n\theta = 2\cos\theta \cdot \cos(n-1)\theta - \cos(n-2)\theta \tag{6-12}$$

利用递推公式计算正弦和余弦值需已知 $\cos\theta$ 和正、余弦的前两个值。用这种方法，求少数点还可以，若产生连续正弦、余弦波，则积累误差太大，不可取。

本节主要介绍利用泰勒级数展开法求正弦和余弦值，以及产生正弦波的编程方法。

【例 6-3】 计算一个角度的正弦值。

本例利用泰勒级数展开式(6-9)编程计算一个角度的正弦值。为方便起见，编写了计算sin θ的子程序，调用前只要在数据存储器 d_x 单元中设定 θ 的弧度值就行了。计算结果放在d_sinx单元中。程序中要用到一些存储单元存放数据和变量，如图 6-13 所示。

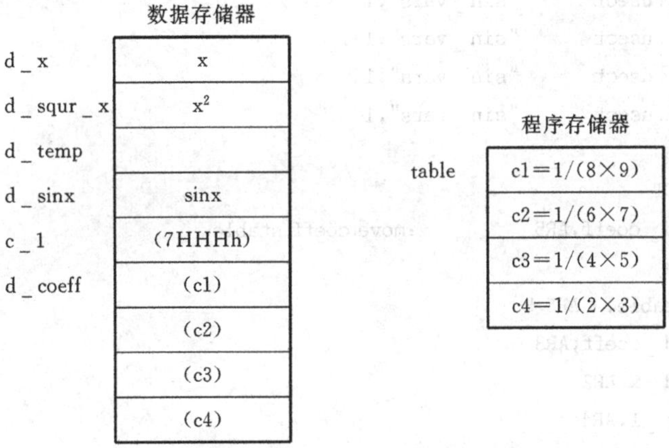

图 6-13　例 6-3 中的数据存储单元

源程序 sinx.asm 清单列于程序 6-11。在该程序中，给出的 θ 值为(π/4)rad=(6487h) rad (0.7854 rad)。执行结果(在 d_sinx 单元中)sin θ=5A81h=0.70706，误差在万分之一以内。如果改变 θ 值(在软件仿真时可直接修改 E004h 程序存储单元中的值)，便可计算其他角度的正弦值。

程序 6-11　计算一个角度正弦值的程序清单

```
        .title      "sinx.asm"
;This function evaluates the sine of an angle using the Taylor series expansion
; sin(theta) = x(1 - x^2/2 * 3(1 - x^2/4 * 5(1 - x^2/6 * 7(1 - x^2/8 * 9))))
        .mmregs
        .def        _c_int00
        .ref        sin_start,d_x,d_sinx
STACK:  .usect      "STACK",10
_c_int00:
        STM         #STACK + 10,SP
        LD          #d_x,DP
        ST          #6487h,d_x                  ;θ→d_x
        CALL        sin_start
end:    B           end
sin_start:
        .def        sin_start
```

```
d_coeff      .usect       "coeff",4
             .data
table:       .word        01c7h                  ;c1 = 1/(8 * 9)
             .word        030bh                  ;c2 = 1/(6 * 7)
             .word        0666h                  ;c3 = 1/(4 * 5)
             .word        1556h                  ;c4 = 1/(2 * 3)
d_x          .usect       "sin_vars",1
d_squr_x     .usect       "sin_vars",1
d_temp       .usect       "sin_vars",1
d_sinx       .usect       "sin_vars",1
c_1          .usect       "sin_vars",1
  .text
  SSBX     FRCT
  STM      #d_coeff,AR5            ;move coeff stable
  RPT      #3
  MVPD     #table, * AR5 +
  STM      #d_coeff,AR3
  STM      #d_x,AR2
  STM      #c_1,AR4
  ST       #7FFFh,c_1
  SQUR     * AR2 + ,A              ;A = x^2
  ST       A, * AR2                ;AR2 = >x^2
  || LD    * AR4,B                 ;B = 1
  MASR     * AR2 + , * AR3 + ,B,A  ;A = 1 - x^2/72
                                   ;T = x^2
  MPYA     A                       ;A = T * A = x^2(1 - x^2/72)
  STH      A, * AR2                ;(d_temp) = x^2(1 - x^2/72)
  MASR     * AR2 - , * AR3 + ,B,A  ;A = 1 - x^2/42(1 - x^2/72)
                                   ;T = x^2(1 - x^2/72)
  MPYA     * AR2 +                 ;B = x^2(1 - x^2/42(1 - x^2/72))
  ST       B, * AR2                ;(d_temp) = x^2(1 - x^2/42(1 - x^2/72))
  || LD    * AR4,B                 ;B = 1
  MASR     * AR2 - , * AR3 + ,B,A  ;A = 1 - x^2/20(1 - x^2/42(1 - x^2/72))
  MPYA     * AR2 +                 ;B = x^2(1 - x^2/20(1 - x^2/42(1 - x^2/72)))
  ST       B, * AR2                ;(d_temp) = B = …
  || LD    * AR4,B                 ;B = 1
  MASR     * AR2 - , * AR3,B,A     ;A = 1 - x^2/6(1 - x^2/20(1 - x^2/42(1 - x^2/72)))
  MPYA     d_x                    ;B = x(1 - x^2/6(1 - x^2/20(1 - x^2/42(1 - x^2/72))))
  STH      B,d_sinx                ;sin(theta)
    RET
.end
```

【例 6-4】 计算一个角度的余弦值。

与例 6-3 相似,本例利用泰勒级数展开式(6-10)编程计算一个角度的余弦值。也是采用子程序调用方式。调用前,先在数据存储器单元 d_x 中设定 θ 的弧度值就行了。计算结果存放在 d_cosx 单元中。程序清单列于程序 6-12。

程序 6-12　计算一个角度余弦值的程序清单

```
                .title      "cosx.asm"
;This function evaluates the cosine of an angle using the Taylor series expansion
; cos(theta) = 1 - x^2/2(1 - x^2/3 * 4(1 - x^2/5 * 6(1 - x^2/7 * 8)))
                .mmregs
                .def        _c_int00
                .ref        cos_start,d_x,d_cosx
STACK:          .usect      "STACK",10
_c_int00:
                STM         #STACK + 10,SP
                LD          #d_x,DP
                ST          #6487h,d_x
                CALL        cos_start
end:            B           end
cos_start:
                .def        cos_start
d_coeff         .usect      "coeff",4
                .data
table:          .word       0249h                   ;c1 = 1/(7 * 8)
                .word       0444h                   ;c2 = 1/(5 * 6)
                .word       0aabh                   ;c3 = 1/(3 * 4)
                .word       4000h                   ;c4 = 1/2
d_x             .usect      "cos_vars",1
d_squr_x        .usect      "sin_vars",1
d_temp          .usect      "sin_vars",1
d_cosx          .usect      "sin_vars",1
c_1             .usect      "sin_vars",1
                .text
                SSBX        FRCT
                STM         #d_coeff,AR5            ;move coeff table
                RPT         #3
                MVPD        #table, * AR5 +
                STM         #d_coeff,AR3
                STM         #d_x,AR2
                STM         #c_1,AR4
                ST          #7FFFh,c_1
```

```
        SQUR    *AR2+,A             ;A=x^2
        ST      A,*AR2              ;(AR2)=x^2
        ||LD    *AR4,B              ;B=1
        MASR    *AR2+,*AR3+,B,A     ;A=1-x^2/56
                                    ;T=x^2
        MPYA    A                   ;A=T*A=x^2(1-x^2/56)
        STH     A,*AR2              ;(d_temp)=x^2(1-x^2/56)
        MASR    *AR2-,*AR3+,B,A     ;A=1-x^2/30(1-x^2/56)
                                    ;T=x^2(1-x^2/56)
        MPYA    *AR2+               ;B=x^2(1-x^2/30(1-x^2/56))
        ST      B,*AR2              ;(d_temp)=x^2(1-x^2/30(1-x^2/56))
        ||LD    *AR4,B              ;B=1
        MASR    *AR2-,*AR3,B,A      ;A=1-x^2/12(1-x^2/30(1-x^2/56))
        SFTA    A,-1,A              ;-1/2
        NEG     A
        MPYA    *AR2+               ;B=-x^2/2(1-x^2/12(1-x^2/30
                                    ;(1-x^2/56)))
        MAR     *AR2+
        RETD
        ADD     *AR4,16,B           ;B=1-x^2/2(1-x^2/12)(1-x^2/30
                                    ;(1-x^2/56)))
        STH     B,*AR2              ;cos(theta)
        RET
        .end
```


【例 6-5】 产生正弦波程序。

本例先以例 6-3 和例 6-4 中的子程序计算 0°～45°(间隔为 0.5°)的 sin 和 cos 值，再利用sin 2α＝2 sin α · cos α求出 0°～90°的 sin 值(间隔为 1°)。然后，通过复制，获得 0°～359°的正弦值。重复向 PA0 口输出，便可得到正弦波。源程序清单 sin.asm、链接命令文件 sin.cmd 和复位向量文件 sin_v.asm 列于程序 6-13～程序 6-15 中。

程序 6-13　正弦波源程序清单 sin.asm

```
;This function generates the sine wave of angle using the Taylor series expansion
; sin(theta)=x(1-x^2/2*3(1-x^2/4*5(1-x^2/6*7(1-x^2/8*9))))
; cos(theta)=1-x^2/2(1-x^2/3*4(1-x^2/5*6(1-x^2/7*8)))
; sin(2*theta)=2*sin(theta)*cos(theta)
.title          "sin.asm"
.mmregs
.def            _c_int00
.ref            sinx,d_xs,d_sinx,cosx,d_xc,d_cosx
sin_x:          .usect          "sin_x",360
STACK:          .usect          "STACK",10
```

```
k_theta    .set      286              ;theta = pi/360(0.5deg.)
PA0                  .set             0
_c_int00:
           .text
           STM       #STACK + 10,SP
           STM       k_theta,AR0      ;AR0 - - >k_theta(increment)
           STM       0,AR1            ;(AR1) = x(rad.)
           STM       #sin_x,AR6       ;AR6 - - >sin_x
           STM       #90,BRC          ;form sin0(deg.) - - sin90(deg.)
           RPTB      loop1 - 1
           LDM       AR1,A
           LD        #d_xs,DP
           STL       A,@d_xs
           STL       A,@d_xc
           CALL      sinx             ;(d_sinx) = sin(x)
           CALL      cosx             ;(d_cosx) = cos(x)
           LD        #d_sinx,DP
           LD        @d_sinx,16,A     ;A = sin(x)
           MPYA      @d_cosx          ;B = sin(x) * cos(x)
           STH       B,1, * AR6 +     ;AR6 - - >2 * sin(x) * cos(x)
           MAR       * AR1 + 0
loop1:     STM       #sin_x + 89,AR7  ;sin91(deg.) - - sin179(deg.)
           STM       #88,BRC
           RPTB      loop2 - 1
           LD        * AR7 - ,A
           STL       A, * AR6 +
loop2:     STM       #179,BRC         ;sin180(deg.) - - sin359(deg.)
           STM       #sin_x,AR7
           RPTB      loop3 - 1
           LD        * AR7 + ,A
           NEG       A
           STL       A, * AR6 +
loop3:     STM       #sin_x,AR6       ;generate sin wave
           STM       #1,AR0
           STM       #360,BK
loop4:     PORTW     * AR6 + 0 % ,PA0
           B         loop4
sinx:
           .def      d_xs,d_sinx
           .data
table_s    .word     01c7h            ;c1 = 1/(8 * 9)
```

```
            .word       030bh                        ;c2 = 1/(6 * 7)
            .word       0666h                        ;c3 = 1/(4 * 5)
            .word       1556h                        ;c4 = 1/(2 * 3)
d_coef_s    .usect      "coef_s",4
d_xs        .usect      "sin_vars" ,1
d_squr_xs   .usect      "sin_vars" ,1
d_temp_s    .usect      "sin_vars" ,1
d_sinx      .usect      "sin_vars" ,1
d_l_s       .usect      "sin_vars" ,1
            .text
            SSBX        FRCT
            STM         #d_coef_s,AR5
            RPT         #3
            MVPD        #table_s, * AR5 +
            STM         #d_coef_s,AR3
            STM         #d_xs,AR2
            STM         #c_l_s,AR4
            ST          #7FFFh,c_l_s
            SQUR        * AR2 + ,A
            ST          A, * AR2
            ‖LD         * AR4,B
            MASR        * AR2 + , * AR3 + ,B,A
            MPYA        A
            STH         A, * AR2
            MASR        * AR2 - , * AR3 + ,B,A
            MPYA        * AR2 +
            ST          B, * AR2
            ‖LD         * AR4,B
            MASR        * AR2 - , * AR3 + ,B,A
            MPYA        * AR2 +
            ST          B, * AR2
            ‖LD         * AR4,B
            MASR        * AR2 - , * AR3 + ,B,A
            MPYA        d_xs
            STH         B,d_sinx
            RET
cosx:
            .def        d_xc,d_cosx
d_coef_c    .usect      "coef_c",4
            .data
table_c     .word       0249h                        ;c1 = 1/(7 * 8)
```

```
                .word 0444h              ;c2 = 1/(5 * 6)
                .word 0aabh              ;c3 = 1/(3 * 4)
                .word 4000h              ;c4 = 1/2
d_xc            .usect"cos_vars" ,1
d_squr_xc       .usect"cos_vars" ,1
d_temp_c        .usect"cos_vars" ,1
d_cosx          .usect"cos_vars" ,1
c_1_c           .usect"cos_vars" ,1
                .text
                SSBX  FRCT
                STM   #d_coef_c,AR5      ;move coeff table
                RPT   #3
                MVPD  #table_c, *AR5 +
                STM   #d_coef_c,AR3
                STM   #d_xc,AR2
                STM   #c_1_c,AR4
                ST    #7FFFh,c_1_c
                SQUR  *AR2 + ,A                 ;A = x^2
                ST    A, *AR2                   ;(AR2) = x^2
                ||LD  *AR4,B                    ;B = 1
                MASR  *AR2 + , *AR3 + ,B,A ;A = 1 - x^2/56
                                                ;T = x^2
                MPYA  A                         ;A = T * A = x^2(1 - x^2/56)
                STH   A, *AR2                   ;(d_temp) = x^2(1 - x^2/56)
                MASR  *AR2 - , *AR3 + ,B,A ;A = 1 - x^2/30(1 - x^2/56)
                                                ;T = x^2(1 - x^2/56)
                MPYA  *AR2 +                    ;B = x^2(1 - x^2/30(1 - x^2/56))
                ST    B, *AR2                   ;(d_temp) = x^2(1 - x^2/30(1 - x^2/56))
                ||LD  *AR4,B                    ;B = 1
                MASR  *AR2 - , *AR3 + ,B,A ;A = 1 - x^2/12(1 - x^2/30(1 - x^2/56))
                SFTA  A, - 1,A                  ; - 1/2
                NEGA  MPYA                      *AR2 + ;B = - x^2/2(1 - x^2/12(1 - x^2/30
                                                ;(1 - x^2/56)))
                MAR   *AR2 +
                RETD
                ADD   *AR4,16,B                 ;B = 1 - x^2/2(1 - x^2/12(1 - x^2/30
                                                ;(1 - x^2/56)))
                STH   B, *AR2                   ;cos(theta)
                RET
                .end
```

程序 6－14 正弦波程序链接命令文件 sin.cmd

```
sin_v.obj
sin.obj
 -o      sin.out
 -m      sin.map
MEMORY
{
  PAGE 0:
        EPROM:    org = 0E000h,    len = 1000h
        VECS:     org = 0FF80h,    len = 0080h
  PAGE 1:
        SPRAM:    org = 0060h,     len = 0020h
        DARAM1:   org = 0080h,     len = 0010h
        DARAM2:   org = 0090h,     len = 0010h
        DARAM3:   org = 0200h,     len = 0200h
}
SECTIONS
{
  .text       : > EPROM    PAGE 0
  .data       : > EPROM    PAGE 0
  STACK       : > SPRAM    PAGE 1
  sin_vars    : > DARAM1   PAGE 1
  coef_s      : > DARAM1   PAGE 1
  cos_vars    : > DARAM2   PAGE 1
  coef_c      : > DARAM2   PAGE 1
  sin_x       : align (512) { }  >  DARAM3  PAGE  1
  .vectors    : > VECS     PAGE 0
}
```

程序 6－15 复位向量文件 sin_v.asm

```
.title      "sin_v.asm"
.ref        _c_int00
.sect       ".vectors"
B           _c_int00
.end
```

若用 simulator 执行正弦波程序,可以产生正弦波数据,并生成 out. dat 文件。再利用作图程序,就可以观察所生成的正弦波的波形。

在实际应用中,正弦波是通过 D/A 口输出的。选择每个正弦周期中的样点数,改变每个样点之间的延迟,就能够产生不同频率的正弦波。此外,利用软件改变正弦波的幅度以及起始相位都是很方便的。

6.7 自举加载器

自举加载器的主要功能是,在上电时从外部加载并执行用户的程序代码。加载的途径有:

① 从一个外部 8 位或 16 位 EPROM 加载。

② 由主处理器通过以下途径加载,即

- HPI 总线。
- 8 位或 16 位并行 I/O 口。
- 任何一个串行口。
- 从用户定义的地址热自举。

本节讨论 C54x 的各种自举加载方式。

选择自举方式如下:

在硬件复位期间,如果 C54x 的 MP/$\overline{\text{MC}}$引脚为高电平,表示 DSP 设置为微处理器工作方式,则从外部程序存储器 0FF80h 起执行用户程序;若 MP/$\overline{\text{MC}}$为低电平,表示 DSP 设置为微型计算机工作方式,则从片内 ROM 的 0FF80h 起执行选择自举方式的程序,其工作过程如图 6-14 所示。

在片内 ROM 的 0FF80h 地址上,有一条分支转移指令,以启动制造商在 ROM 中存放的自举加载器程序:

① 在自举加载前进行初始化。初始化的内容如下:

- INTM=1,禁止所有的中断。
- OVLY=1,将片内双寻址 RAM 和单寻址 RAM 映像到程序/数据空间。
- SWWSR=7FFFh,所有程序和数据空间都插入 7 个等待状态。
- BSCR=0FFFFh,设定外部存储区分区为 4K 字,当程序和数据空间切换时,插入一个等待周期。

② 初始化后,隔 30 个时钟周期检查$\overline{\text{INT2}}$,决定是否从主机接口(HPI)加载。如果$\overline{\text{INT2}}$信号为低电平,说明是从 HPI-RAM 加载;否则从其他途径自举加载。

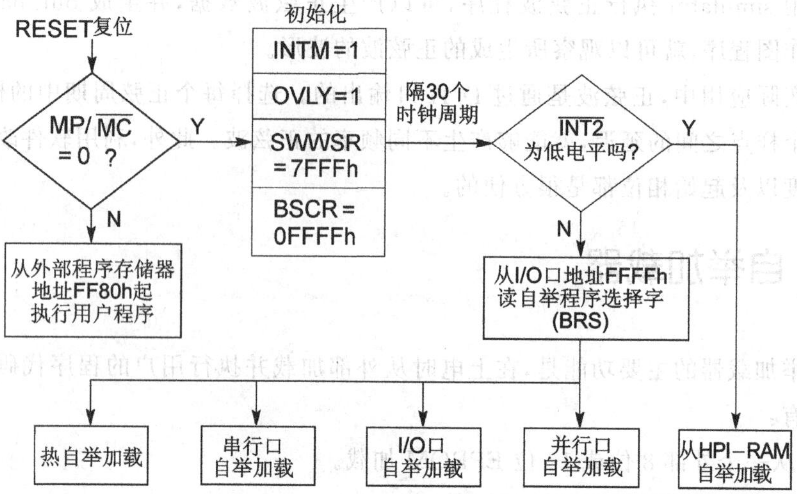

图 6-14 自举加载方式的选择过程

③ 当 $\overline{INT2}$ 为高电平时，使 I/O 选通信号($\overline{IS}$)为低电平，从地址为 0FFFFh 的 I/O口读入自举程序选择字(BRS)。BRS 的低 8 位将决定自举加载的方式，见表 6-2。

表 6-2 自举程序选择(BRS)字节

7 6 5 4 3 2 1 0	自举加载方式
××××××0 1	8 位并行 EPROM 方式
××××××1 0	16 位并行 EPROM 方式
××××××1 1	热自举方式
××××1 0 0 0	8 位并行 I/O 方式
××××1 1 0 0	16 位并行 I/O 方式
××0 0 0 0 0 0	串行自举方式，BSP 配置成 8 位(FSX/CLKX 为输出)
××0 0 0 1 0 0	串行自举方式，BSP 配置成 16 位(FSX/CLKX 为输出)
××0 1 0 0 0 0	串行自举方式，BSP 配置成 8 位(FSX/CLKX 为输入)

续表 6-2

7 6 5 4 3 2 1 0	自举加载方式
××0 1 0 1 0 0	串行自举方式,BSP 配置成 16 位(FSX/CLKX 为输入)
××1 0 0 0 0 0	串行自举方式,TDM 配置成 8 位(FSX/CLKX 为输出)
××1 0 0 1 0 0	串行自举方式,TDM 配置成 16 位(FSX/CLKX 为输出)
××1 1 0 1 0 0	串行自举方式,TDM 配置成 16 位(FSX/CLKX 为输入)

1. 从 EPROM(8 位或 16 位)并行自举加载

从 EPROM 自举加载(见图 6-15)是最常用的一种自举加载方式。要加载的程序代码存放在字宽为 8 位或 16 位的 EPROM 中。在自举加载时,将这些程序代码从数据存储器传送到程序存储器。

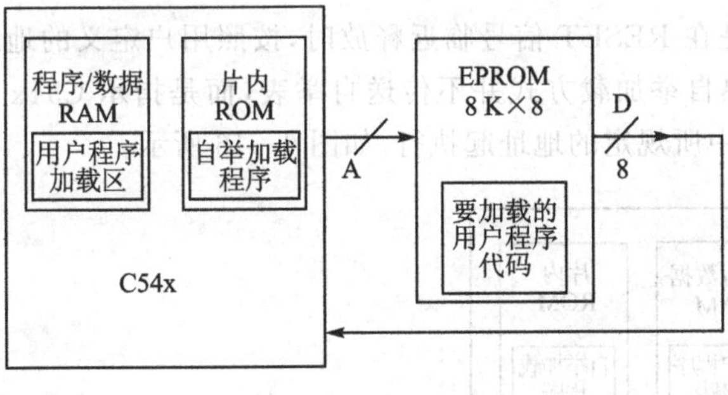

图 6-15 从 EPROM 并行自举加载(8 位或 16 位)

自举加载器程序从 0FFFFh 口读入的自举程序选择(BRS)字的 SRC 域(源地址域,位自举程序选择字 BRS 的 bit7～2)规定了源地址的 6 个最高有效位,由此构成 EPROM 的16 位地址:

15～10	9	8	7	6	5	4	3	2	1	0
SRC	0	0	0	0	0	0	0	0	0	0

EPROM 的地址＝SRC(BRC 中的高 6 位)＋10 个最低位(全为 0)

自举加载器程序依据 EPROM 的地址(源地址)即可从 EPROM 中读取自举表。EPROM中的自举表包含如下信息:

自举表(16 位方式)

目的地址
程序代码长度＝N－1
程序代码字 1
程序代码字 2
⋮
程序代码字 N

自举表(8 位方式)

目的地址 （高字节）
目的地址 （低字节）
代码长度＝N－1 （高字节）
代码长度＝N－1 （低字节）
程序代码字 1 （高字节）
程序代码字 1 （低字节）
⋮
程序代码字 N （高字节）
程序代码字 N （低字节）

自举加载器将 EPROM 中的程序代码全部传送到程序/数据存储器之后,立即分支转移到目的地址,并开始执行程序代码。

采用成本较低的 EPROM 自举加载,可以降低系统的成本、体积和功耗。

2. 热自举加载

热自举方式是在 RESET 信号临近释放时,按照用户定义的地址,改变 C54x 的程序执行方向。热自举加载方式并不传送自举表,而是指示 C54x 按照自举加载器程序读入的 BRS 中所规定的地址起执行,如图 6－16 所示。

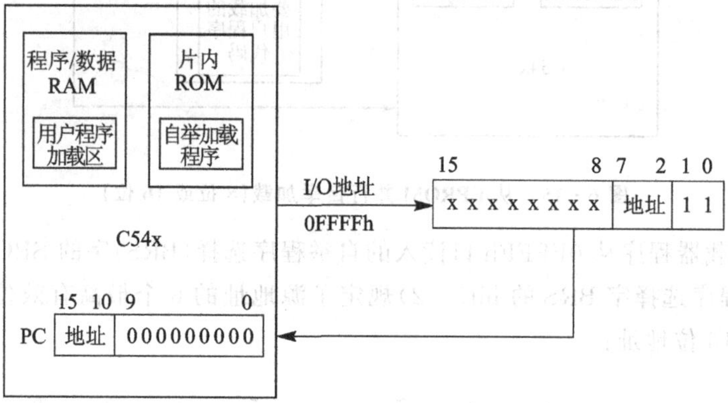

图 6－16 热自举加载

由图 6－16 可见,热自举时,C54x 程序计数器 PC 等于 BRS 中的 bit7～2,再拼接上低10 位(全 0)。

3. 从 HPI 自举加载

HPI 是一个将主处理器与 C54x 连接在一起的 8 位并行口。主处理器和 C54x

通过共享的片内存储器交换信息。从 HPI 自举加载的示意图如图 6－17 所示。

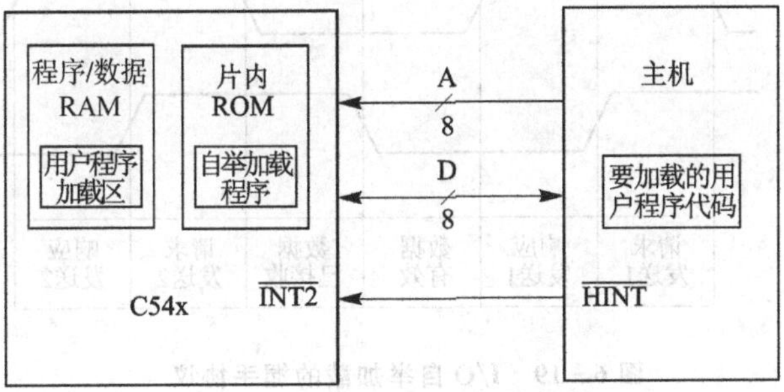

图 6－17 从 HPI 自举加载

如果选择 HPI 自举方式，则应当将主机的 $\overline{\text{HINT}}$ 输出信号和 C54x 的 $\overline{\text{INT2}}$ 输入信号引脚连在一起。当主机发出的 $\overline{\text{HINT}}$ 为低电平时，C54x的中断标志寄存器(IFR)的相应位(bit2)置位。在主机向 C54x 的 $\overline{\text{INT2}}$ 发出低电平之后，自举加载程序等待 30 个机器周期后读出 IFR 的 bit2。若此位置位(表示 $\overline{\text{INT2}}$ 为低电平)，自举加载程序就转移到片内 HPI RAM 的起始地址——程序空间的 1000h，并从这个地址起执行程序。如果 IFR 的 bit2 未置位，则自举程序就跳过 HPI 自举方式，并从 FFFFh I/O 口读入 BRS 字，利用这个字的低 8 位再判所要求的其他自举加载方式。

从 HPI 自举加载也是常用的一种自举方式。主机通过改写 HPI 控制寄存器(HPIC)，可以很方便地设置 HPI 自举加载方式。

4. 从 I/O 自举加载

I/O 自举方式，就是从 I/O 的 0h 口异步传送程序代码到内部或外部程序存储器，其自举加载方框图及时序波形图如图 6－18 和图 6－19 所示。

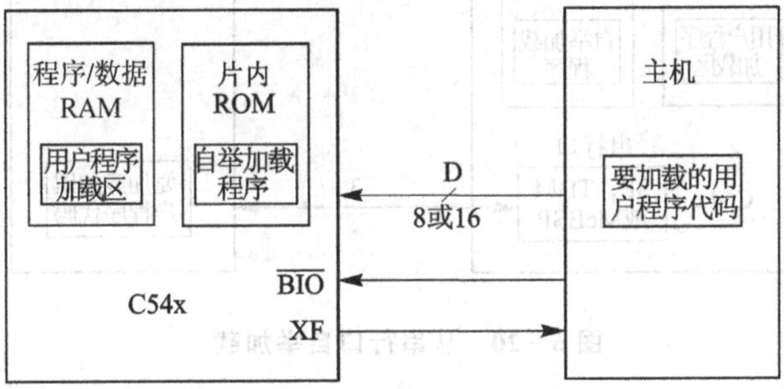

图 6－18 从 I/O 自举加载

I/O 自举加载的每个字的字长可以是 16 位或者 8 位。C54x 利用 $\overline{\text{BIO}}$ 和 XF 两根握手线与外部器件进行通信。当主机开始传送一次数据时，先将 $\overline{\text{BIO}}$ 驱动为低电平。C54x 检测到 $\overline{\text{BIO}}$ 引脚为低电平后，便从 I/O 的 0h 口输入数据，并将 XF 引脚置为高电平，向主机表示数据已经收到，且已将输入数据传送到目的地址，然后等待

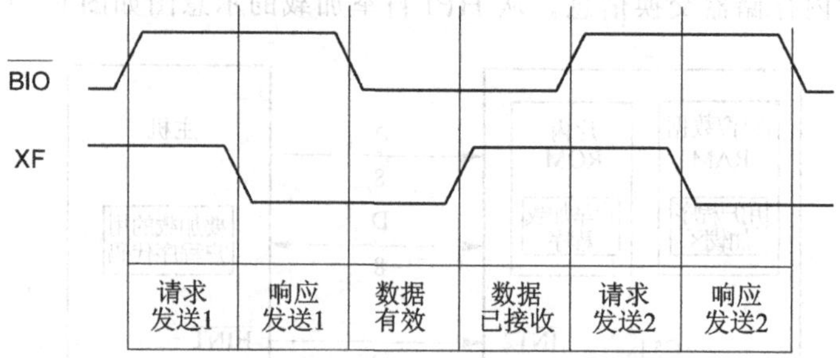

图 6-19 I/O 自举加载的握手协议

$\overline{BIO}$引脚变成高电平后，再将 XF 引脚置成低电平。主机查询 XF 线，若为低电平，就向 C54x 传送下一个数据。

如果选择 8 位方式，就从 I/O 的 0h 口读入低 8 位数据(数据总线上的高 8 位数据忽略不管)。C54x 连续读出 2 个 8 位字节(高字节在前，低字节在后)，形成一个 16 位字。

C54x 接收到的头两个 16 位字，必定是目的地址和程序代码长度。C54x 每收到一个程序代码，就将其传送到程序存储器(目的地址)。全部程序代码传送完毕后，自举加载程序就转到目的地址，开始执行程序代码。

5. 从串行口自举加载

从串行口自举加载，如图 6-20 所示，就是 C54x 从串行口传送程序代码至程序存储器，并执行程序。

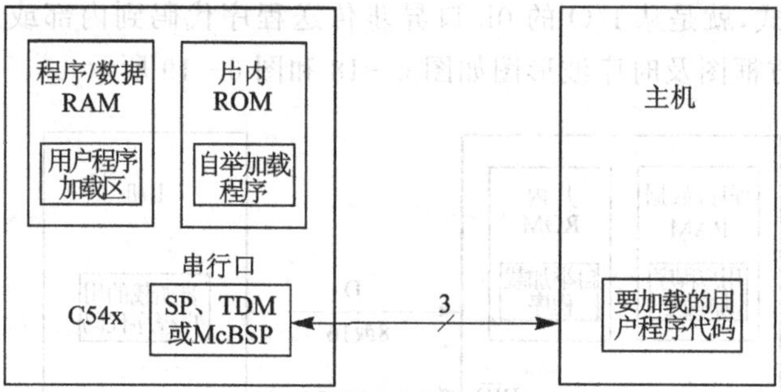

图 6-20 从串行口自举加载

从串行口自举加载，需要自举程序选择(BRS)字提供更多的信息，以确定是按字还是按字节传送、串行口的类型，以及 FSX/CLKX 信号是输出还是输入等。在串行传送数据时，头两个字分别是目的地址和程序代码长度。C54x 每接收到一个程序代码后，都立即传送至程序存储器(目的地址)，直到全部程序代码传送完毕，再转到目的地址执行程序。

6.8　DMA 与 McBSP 相结合的数据采集系统

由 C54x DSP 的 DMA 通道与多路缓冲串行口 McBSP 相结合的数据采集系统，具有结构简单、采集速度快、实时性能好以及便于实现多通道数据采集等优点。本节介绍利用 VC5402 的 DMA 通道和 McBSP 接口，以及音频接口芯片 TLC320AD50 构成语音信号的采集和回放系统。其总体设计思想是：先利用模/数转换器(ADC)将输入的模拟音频信号转换为数字音频信号，然后经过 DSP 的 DMA 和 McBSP 对数字音频信号进行采集和回放，最后由数/模转换器(DAC)将回放的数字音频信号转换为模拟音频信号输出。

1. 硬件设计

为满足音频采集与回放系统高速数据处理能力的要求，选择性能价格比高的 VC5402 DSP 为系统的信号处理芯片。语音信号采集与回放系统硬件框图如图 6-21所示。

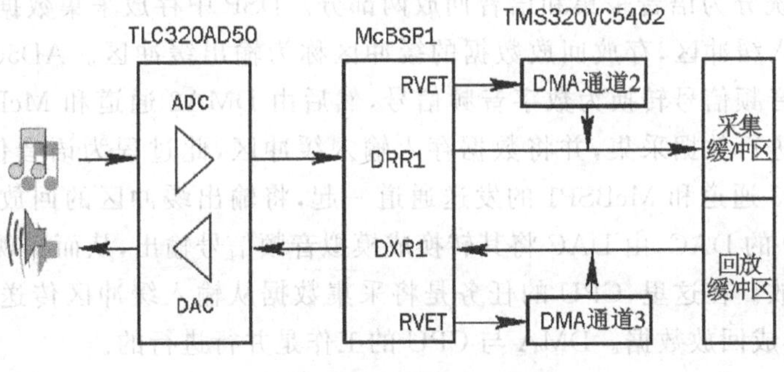

图 6-21　语音信号采集与回放系统硬件框图

按照图 6-21 的数据流向，有以下几点说明：

① TLC320AD50 是 TI 公司生产的一款音频编码解码串行模拟接口芯片(AIC)，简称 AD50。其内部集成了 16 位 A/D 和 D/A 转换器、抗混叠滤波器和重构滤波器，以及能与许多 DSP 芯片相连接的同步串行通信接口。AD50 片内还有一个定时器(调整采样速率和帧同步延时)和控制器(调整编程放大增益、锁相环 PLL 和主从模式)。采样速率最高为 22.05 kHz，采样速率可通过编程设置。在本系统中，AD50 完成模拟音频信号和数字音频信号之间的转换。

② AD50 与 DSP 在片外围接口 McBSP 之间的串行通信满足 SPI(Serial Peripheral Interface)协议。其中，AD50 是 SPI 的主设备，串行通信的接收/发送时钟信号和接收/发送帧同步信号均由 AD50 产生；McBSP 则是 SPI 的从设备。AD50 与 McBSP 的硬件连接如图 6-22 所示。

③ 数据的采集与回放是由 DSP 的 DMA 与 McBSP 相结合来完成的。VC5402 片内有 2 个多路缓冲串行口(McBSP0 和 McBSP1)和 6 个 DMA 通道(DMA0～DMA5)。由图 6－21 可见,本系统需要使用一个多路缓冲串行口和 2 个 DMA 通道,分别选择 McBSP1、DMA2 和 DMA3。

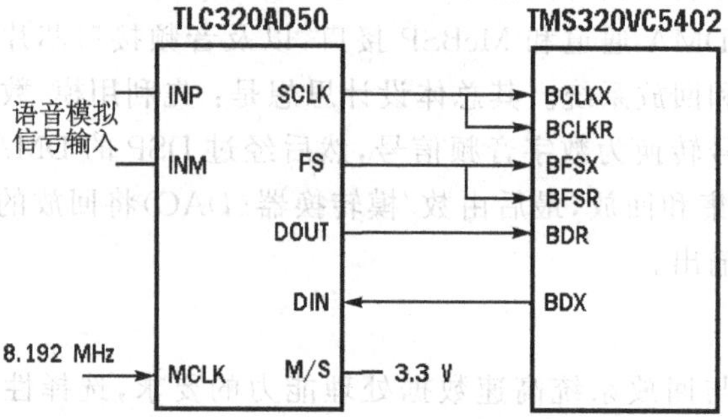

图 6－22　AD50 与 McBSP 的硬件连接图

④ 本系统分为语音采集和语音回放两部分。DSP 中存放采集数据的缓冲区称为输入缓冲区,存放回放数据的缓冲区称为输出缓冲区。AD50 的 ADC 将模拟音频信号转换为数字音频信号,然后由 DMA2 通道和 McBSP1 的接收通道进行数据采集,并将数据存入输入缓冲区,此过程为语音信号的采集。DMA3 通道和 McBSP1 的发送通道一起,将输出缓冲区的回放数据发送到 AD50 的 DAC,由 DAC 将其转换成模拟音频信号输出,从而实现了语音信号的回放。在这里,CPU 的任务是将采集数据从输入缓冲区传送到输出缓冲区,形成回放数据。DMA 与 CPU 的工作是并行进行的。

2. 软件设计

(1) 软件流程图

本系统的软件流程图如图 6－23 和图 6－24 所示。

语音信号采集与回放系统的软件由主程序和中断服务程序两部分构成。主程序包括 VC5402、McBSP1、AD50C 和 DMA 通道 2 的初始化程序,以及开放和等待中断等;中断服务程序包括 McBSP1 发送通道的启动、DMA 通道 3 的初始化和使能,以及数据的搬移和数据的回放等。此外,系统软件还包括中断向量文件(.vector)和链接命令文件(.cmd)。

图 6－24 中的初始帧是系统开始工作的第一帧数据,而当前帧是指最新采集的一帧数据。

(2) 主程序

主程序并不复杂,而是按照一定的顺序调用初始化子程序。首先是对 VC5402 初始化,其次是 McBSP1 初始化,接下来是 AD50 初始化和 DMA2 初始化。它们

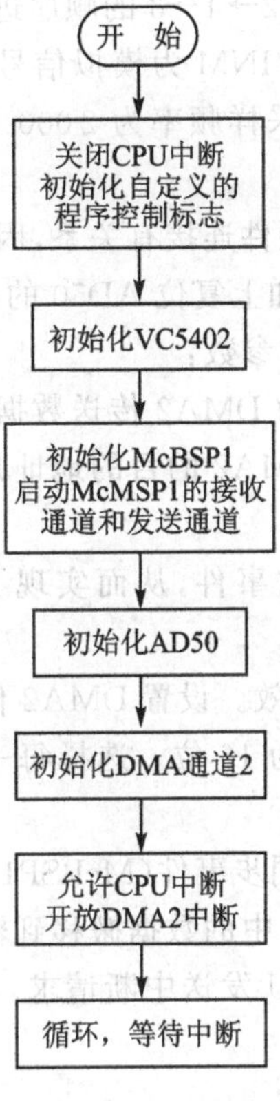

图 6-23　主程序流程图

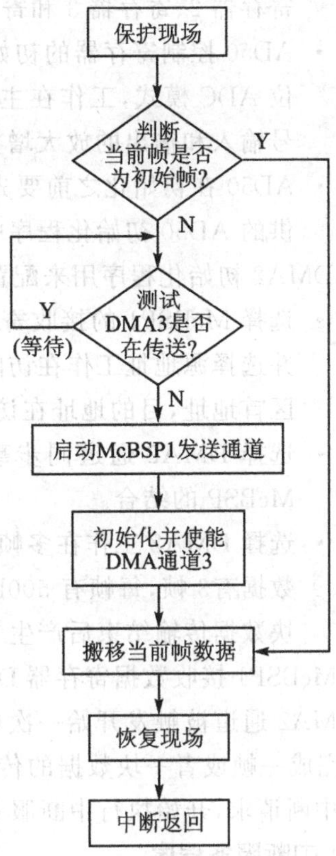

图 6-24　中断服务程序流程图

是有一定顺序的。由于在做初始化的过程中不能被中断，所以程序一开始就要屏蔽所有中断。

① VC5402 初始化程序完成对 CPU 工作状态和时钟的设置。

② McBSP1 初始化程序设置的 McBSP1 工作状态为：运行在时钟自由运行状态下；接收/发送帧同步信号和移位时钟信号均由外界驱动；每帧一字，每字 16 位；接收数据和发送数据都无延时。

③ AD50 的初始化程序的内容为：

- 设定 AD50 为从模式通信状态。AD50 与 DSP 之间的串行通信分为：主模式和从模式。主模式下通信的是音频数据，AD50 与 DSP 之间一般都是进行主模式通信，从模式通信则是用来读/写控制寄存器的值，且仅仅当有从模式请求时才进行。
- 将 16 位 DAC 设置为 15＋1 位模式。其中，高 15 位代表数据，最低位则用来申请从模式通信。当 DSP 输入一个最低位为 1 的 16 位数据到 DAC 时，就表示申请从模式通信。
- 初始化控制寄存器。AD50 需要初始化的控制寄存器有 4 个：寄存器 1、寄存器 2、寄存器 3 和寄存器 4，必须按照 1→2→4→3 的顺序进行初始化。

- AD50 控制寄存器的初始化内容：选择 INP/INM 为模拟信号输入端，16 位 ADC 模式，工作在主机模式，不带从机，采样频率为 2 000 Hz，模拟信号输入和输出的放大增益均为 0 dB。
- AD50 在初始化之前要先复位，这是与具体硬件连接有关系，因此，在所提供的 AD50 初始化程序中，程序开始要自行加上复位 AD50 的语句。

④ DMA2 初始化程序用来配置 DMA2 通道的工作参数：

- 选择 McBSP1 的接收寄存器 DRR11(41h)为 DMA2 传送数据的源地址，并选择源地址工作在访问后不调整方式。DMA2 的目的地址是输入缓冲区首地址，目的地址在访问后自动加 1。
- 选择 DMA2 通道同步事件为 McBSP1 接收事件，从而实现了 DMA 与 McBSP 的结合。
- 选择 DMA2 工作在多帧模式，自动初始化有效。设置 DMA2 传输的一块数据有3 帧，每帧有 500h 个单元，每个单元为 16 位。选择每一帧或者一块数据传输结束后产生 DMA2 中断请求。

当 McBSP1 接收数据寄存器 DRR11 中有数据时，同步事件(McBSP1 接收事件)发生，DMA2 通道被触发开始一次单元传送，将 DRR11 中的数据搬移到输入缓冲区中。当完成一帧或者一块数据的传送时，DMA2 向 CPU 发送中断请求。CPU 响应 DMA2 中断请求，开始执行中断服务程序。

(3) 中断服务程序

由图 6－24 可知，中断服务程序主要由两部分组成：数据搬移和数据回放。

输入缓冲区分为 3 帧，输出缓冲区分为 2 帧，每帧大小均为 500h。每次中断服务程序中只搬移一帧的数据。“frame”标志当前帧是输入缓冲区中的第几帧，“currbuff”实现交替使用输出缓冲区的两帧，“flag”则用来判断当前帧是否是初始帧。若 flag＝0，当前帧是初始帧，CPU 将输入缓冲区第一帧数据搬移到输出缓冲区第二帧，不执行数据回放。若 flag＝0AAh，当前帧不是初始帧，先执行数据回放，然后再根据 frame 和 currbuff 的值，将当前帧数据搬移到输出缓冲区中。

数据回放按以下步骤进行：

① 测试 DMA3 是否使能。DMA3 工作在非自动初始化状态，一旦数据块传输结束会自动关闭使能。如果 DMA3 已使能，说明 DMA3 在传输数据，则继续步骤①，否则到步骤②。

② 使能 McBSP1 发送通道。

③ 初始化 DMA3。同步事件设置为 McBSP1 接收事件。如果设置为发送事件，在时序上更为复杂，使用不方便。

④ 使能 DMA3。

3. 程序清单

(1) 主程序清单

```
* * * * * * * * * * * * * * * * * 主程序 * * * * * * * * * * * * * * * * *
            .title      "main"
            .mmregs
stack       .usect      "stack",50
buffer      .usect      "buffer",0x1900
frame       .usect      "frame",1
flag        .usect      "flag",1
currbuff    .usect      "curbuff",1
length      .set        04FFh
            .global     buffer,frame,flag,stack
            .global     currbuff, length
            .def        _c_int00
            .ref        _init_5402
            .ref        _init_AD50
            .ref        _init_dmac
            .ref        _init_McBSP
            .include    "reg.h"
            .text
_c_int00:
            SSBX        INTM                    ;关闭 CPU 总中断
            STM         #stack + 50,SP          ;初始化堆栈
            NOP
            ST          #0, * (frame)
            ST          #0, * (flag)
            ST          #0, * (currbuff)        ;初始化控制标志
            NOP
            CALL        _init_5402
            NOP
            NOP
            CALL        _init_McBSP
            STM         SPCR1,MCBSP1_SPSA
            STM         #0001h,MCBSP1_SPSD      ;启动接收器和发送器
            STM         SPCR2,MCBSP1_SPSA
            STM         #0001h,MCBSP1_SPSD
            CALL        _init_AD50
            NOP
            NOP
            NOP
            CALL        _init_dmac
```

```
          STM     #0000010000000000b,IMR      ;开放 dmac2 屏蔽位
          RSBX    INTM                        ;开 CPU 总中断
          NOP
END       B       END
          .end
*******************初始化 C5402************
          .include   reg.h
          .def       _init_5402
CLKMD_VAL .set    9807h
ST0_VAL   .set    1800h
ST1_VAL   .set    2B40h
PMST_VAL  .set    8F20h          ;OVLY = 1,中断向量从 8F00 开始
BSCR_VAL  .set    0800h
SWWSR_VAL .set    2009h          ;I/O 存储空间等待 2 个周期
TCR1      .set    0032h

          .text
_init_5402:
          STM     #CLKMD_VAL, CLKMD
          STM     #PMST_VAL, PMST
          STM     #BSCR_VAL, BSCR
          STM     #SWWSR_VAL, SWWSR
          RETD
          NOP
          NOP
          .end
*****************初始化 McBSP************
          .title     "initmcbsp"
          .include   reg.h
          .def       _init_McBSP
          .text
_init_McBSP:
          STM     SPCR1,MCBSP1_SPSA
          STM     #0000h,MCBSP1_SPSD
          STM     SPCR2,MCBSP1_SPSA
          STM     #0000h,MCBSP1_SPSD
          STM     RCR1,MCBSP1_SPSA
          STM     #0040h,MCBSP1_SPSD ;接收一帧含有一字,每字有 16 位
          STM     RCR2,MCBSP1_SPSA
          STM     #0000h,MCBSP1_SPSD
```

```
            STM         XCR1,MCBSP1_SPSA
            STM         #0040h,MCBSP1_SPSD              ;发送一帧含有一字,每字有 16 位

            STM         XCR2,MCBSP1_SPSA
            STM         #0000h,MCBSP1_SPSD

            STM         SRGR1,MCBSP1_SPSA
            STM         #0000000000000000b,MCBSP1_SPSD

            STM         SRGR2,MCBSP1_SPSA
            STM         #0000000000000000b,MCBSP1_SPSD ;由外部提供时钟产生采样频率

            STM         PCR,MCBSP1_SPSA;
            STM         #000ch,MCBSP1_SPSD   ;帧同步信号以及时钟均由外部输入
            NOP                             ;发送帧信号是低电平有效,下降沿采样,接收相反
            NOP
            RETD
            NOP
            NOP
            .end
   ********************初始化 AD50****************
            .include    "reg.h"
            .def        _init_AD50
            .mmregs
   temp     .usect      "temp",1
   NOP_REQ  .set        0000h
   REG1_VAL .set        0104h
   READ_REG1 .set       2100h
   REG2_VAL .set        0210h
   REG3_VAL .set        0300h
   REG4_VAL .set        04F0h                    ;Fs = MCLK/(512*N) = 2000 Hz
   SEC_REQ  .set        0001h               ;从模式通信请求,输入到 DAC 的数据,最低位为 1
            .text
_init_AD50:
            ;用户应自行加上复位 AD50 的语句
            STM         SPCR2,MCBSP1_SPSA
LOOP1:      BITF        *(MCBSP1_SPSD), #0x0002
            BC          LOOP1, NTC
            NOP
            NOP
            STM         SEC_REQ, MCBSP1_DXR1; 第一次请求从模式通信
            STM         SPCR2,MCBSP1_SPSA
```

```
LOOP11:     BITF   *(MCBSP1_SPSD), #0x0002          ;检查发送器是否就绪
            BC     LOOP11,NTC
            NOP
            NOP
            STM    #REG1_VAL, MCBSP1_DXR1           ;初始化 AD50C 寄存器 1
            STM    SPCR2,MCBSP1_SPSA
LOOP2:      BITF   *(MCBSP1_SPSD), #0x0002
            BC     LOOP2, NTC
            NOP
            NOP
            STM    SEC_REQ, MCBSP1_DXR1             ;第二次请求从模式通信
            STM    SPCR2,MCBSP1_SPSA
LOOP22:     BITF   *(MCBSP1_SPSD), #0x0002
            BC     LOOP22, NTC
            NOP
            NOP
            STM    #REG2_VAL, MCBSP1_DXR1           ;初始化 AD50C 寄存器 2
            STM    SPCR2,MCBSP1_SPSA
LOOP3:      BITF   *(MCBSP1_SPSD), #0x0002
            BC     LOOP3, NTC
            NOP
            NOP
            STM    SEC_REQ, MCBSP1_DXR1             ;第三次请求从模式通信
            STM    SPCR2,MCBSP1_SPSA
LOOP33:     BITF   *(MCBSP1_SPSD), #0x0002
            BC     LOOP33, NTC
            NOP
            NOP
            STM    #REG4_VAL, MCBSP1_DXR1              ;初始化 AD50C 的寄存器 4
            STM    SPCR2,MCBSP1_SPSA
LOOP4:      BITF   *(MCBSP1_SPSD), #0x0002
            BC     LOOP4, NTC
            NOP
            NOP
            STM    SEC_REQ, MCBSP1_DXR1             ;第四次请求从模式通信
            STM    SPCR2,MCBSP1_SPSA
    LOOP44:BITF    *(MCBSP1_SPSD), #0x0002
            BC     LOOP44, NTC
            NOP
            NOP
```

```
        STM     #REG3_VAL, MCBSP1_DXR1          ;初始化寄存器 3
        RETD
        NOP
        NOP
        .end
******************初始化 DMA2 通道********
        .title  "_init_dmac"
        .mmregs
        .include "reg.h"
        .global  buffer,length
        .def     _init_dmac
        .text
_init_dmac:
        STM     DMSRC2,DMSA
        STM     #MCBSP1_DRR1,DMSDN              ;通道 2 源地址为 DRR11
        STM     DMDST2,DMSA
        STM     #buffer,DMSDN                   ;设置目的地址
        STM     DMCTR2,DMSA
        STM     #length,DMSDN               ;单元计数器的值为 500h,一帧的长度
        STM     DMSFC2,DMSA
        STM     #0101000000000010b,DMSDN;
                                    同步事件为 MCBSP1 接收事件,单字传输,帧数为 3
        STM     DMMCR2,DMSA
        STM     #1110000001000101b,DMSDN  ;自动初始化有效,允许中断,多帧模式
        STM     DMIDX0,DMSA
        STM     #0000h,DMSDN;
        STM     DMFRI0,DMSA
        STM     #0000h,DMSDN
        STM     #0000010001000000b,DMPREC
                                        ;通道 2 高优先级,6 个通道都是禁止状态
        STM     DMGSA,DMSA
        STM     #MCBSP1_DRR1,DMSDN              ;全局源地址
        STM     DMGDA,DMSA
        STM     #buffer,DMSDN                   ;全局目的地址
        STM     DMGCR,DMSA
        STM     #length,DMSDN                   ;全局单元计数初始值\
        STM     DMGFR,DMSA
        STM     #02h,DMSDN                      ;全局帧数
        STM     #0000010001000100b,DMPREC       ;使能通道 2
        RETD
        NOP
        NOP
        .end
```

(2) 中断向量文件

```
* * * * * * * * * * * * * * * * * * * * 中断向量文件 * * * * * * * * * * * * * *
            .ref        _c_int00
            .ref        _DMAC2ISR
            .sect       ".vectors"
RESET:      BD          _c_int00
            NOP
            NOP
DMAC2:      BD          _DMAC2ISR
            NOP
            NOP
            .end
```

(3) 中断服务程序

```
* * * * * * * * * * * * * * * * * * * * 中断服务程序 * * * * * * * * * * * * * *
                    .include    reg.h
DMA_CH3_ELEM_CNT    .set        500h
DMA_CH3_NUM_FRM     .set        1
DSYNC_REVT1         .set        0101b << 12
DMA3_CTR            .set        4141h
                    .global     _DMAC2ISR
                    .global     buffer
                    .global     currbuff                ;程序控制标志
                    .global     frame,flag
                    .mmregs
DMSA                .set        55h                     ;子库地址寄存器
DMSDI               .set        56h                     ;带自动增量的子库数据寄
存器
DXR11               .set        43h                     ;McBSP1 发送数据寄存器 1
DRR11               .set        41h                     ;McBSP1 接收数据寄存器 1
DMGSA               .set        24h
DMSRC3              .set        0Fh
DMPREC              .set        54h
                    .sect       "asmcode"
_DMAC2ISR
                    PSHM        ST0                     ;保护现场
                    PSHM        ST1
                    PSHM        AL
                    PSHM        AH
                    PSHM        AG
                    PSHM        AR4
                    PSHM        AR5
```

```
*************判断当前完成的输入帧是一块数据中的第几帧*************
            STM     #frame,AR4          ;AR4 保存帧标志的地址
            ADDM    #1,*AR4
            CMPM    *AR4,#3             ;是否为第三帧
            BC      frame3,TC
            CMPM    *AR4,#2             ;是否为第二帧
            BC      frame2,TC
                                        ;若都不是,则为第一帧

                                        ;输入缓冲区:Frame1:Buffer - Buffer + 4FFH
                                        ;Frame2:Buffer + 500H - Buffer + 09FFH
                                        ;Frame3:Buffer + 0A00H - Buffer + 0EFFH

                                        ;输出缓冲区:Frame1:Buffer + 0F00H - Buffer + 13FFH
                                        ;Frame2:Buffer + 1400H - Buffer + 18FFH

                                        ;5 帧,每帧单元数 = 500h,总单元数 = 1900h

frame1:
            LD      #buffer,A           ;A 的值第一帧的首地址
            BITF    *(flag),#0AAh       ;判断该帧是否为刚开始传输的初始第一帧
            BC      send_output,TC      ;如果不是,就跳转到回放数据子程序
            B       process             ;如果是,就跳转到搬移数据子程序
frame2:
            LD      #buffer + 500h,A    ;A 的值为第二帧的首地址
            B       send_output         ;跳转到回放数据子程序

frame3:
            ST      #0,*AR4             ;将帧标志的值设为 0,表示这一数据块传送结束
            LD      #buffer + 0A00h,A;下一块开始 A 的值为第三帧的首地址
            B       send_output         ;跳转到回放数据子程序

**************搬移数据子程序**************
process:
            STM     #0x0500,T           ;T 保存一帧大小
            LD      #buffer + 0x1400,B  ;B 为第二个输出帧首地址
```

```
        MAS     *(#currbuff), B
                                  ;如果 currbuff 标志为 0,B = #_buffer + 0x1400
                            ;输出缓冲区选择第二帧(buffer + 0x1400～buffer + 0x18FF)
                                  ;如果 currbuff 标志为 1, B = #_buffer + 0x0F00
        ;                         输出缓冲区选择第一帧(buffer + 0x0f00～buffer + 0x13FF)
loopback:
        STLM    B, AR5                  ;AR5 = 输出缓冲区帧首地址
        STLM    A, AR3                  ;AR3 = 输入缓冲区帧首地址
        NOP
        STM     #0x04ff,BRC
        NOP
        RPTB    end_process - 1;    AD50 在正常工作时,与 DSP 之间都是主模式通信
        ANDM    #0FFFEh, *AR3           ;DSP 输入到 DAC 的数据要保证最低位为 0
                                        ;避免错误进行从模式通信
        MVDD    *AR3+, *AR5+            ;一帧数据由输入缓冲区搬移到输出缓冲区
end_process:                            ;currbuff 是输出缓冲区帧标志
        XORM    #1, *(#currbuff)        ;取反 currbuff,是输出缓冲区的两帧交替
        STM     #flag, AR5              ;flag 是输入缓冲区帧标志
        CMPM    *AR5, #0        ;测试 flag 是否为 0,如果为 0 表示此帧为初始第一帧
        BC      finish, NTC         ;如果不为 0,就不是初始第一帧,跳转到 finish
        ST      #0AAh, *AR5             ;当此帧为初始第一帧时,flag = 0AAh
finish:
        POPM    AR5                     ;恢复现场
        POPM    AR4
        POPM    AG
        POPM    AH
        POPM    AL
        POPM    ST1
        POPM    ST0
        RETE
********回放子程序*****************
send_output:                    ;DMA3 将输出缓冲区的数据送到 McBSP1 的 DXR11 寄存器
        BITF    *(DMPREC), #0008h       ;测试 DMA3 通道是否处于使能状态
        BC      send_output, TC;        ;如果 DMA3 处于使能状态,设当前帧为第 N 帧
                                        ;说明第 N-2 帧数据没有传送完,继续传送
                                        ;如果 DMA3 处于禁止状态,说明数据已传
                                        ;送完,则开始初始化 DMA3 和 McBSP1 发送
                                        通道,传送第 N-1 帧数据
        STM     SPCR2,MCBSP1_SPSA
        ORM     #0001h, *(MCBSP1_SPSD)          ;使能 McBSP1 的发送通道
        LD      #buffer + 0x0f00, B         ;计算上帧数据在输出缓冲区中的首地址
        MAC     *(#currbuff), #0x500, B     ;作为 DMA3 通道的源地址
```

```
        STM ＃DMSRC3,DMSA
        STLMB ,DMSDI
        STM ＃DXR11,DMSDI                ;McBSP1 的 DXR11 寄存器为目的地址
        STM ＃DMA_CH3_ELEM_CNT - 1,DMSDI ;一帧的单元数为 500H
        STM ＃(DMA_CH3_NUM_FRM - 1) | DSYNC_REVT1, DMSDI
                                    ;帧数为 1 帧,同步事件设置为 McBSP1 接收事件
        STM ＃DMA3_CTR, DMSDI       ;多帧模式,非自动初始化
                                    ;DMA3 中断在 IMR 中是被屏蔽的

        ORM ＃0008h, *(DMPREC)     ;使能 DMA3 通道
        B   process
        .end
```

(4) 链接命令文件

```
 * * * * * * * * * * * * * * * * * 链接命令文件 * * * * * * * * * * * * *
main.obj
Dmac2isr.obj
init5402.obj
initad50.obj
initdmac.obj
initmcbsp.obj
c5402vec.obj
 - m xp.map
 - o xp.out
MEMORY
{
   PAGE 0:
     PROG:    origin = 6000h,  length = 2000h
     VECS:    origin = 8000h,  length = 2000h
   PAGE 1:
     COSINE:  origin = 0060h,  length = 0800h
     DARAM:   origin = 1000h,  length = 3000h
}
SECTIONS
{
       .text       :>PROG     PAGE 0
       .data       :>PROG     PAGE 0
       temp        :>DARAM    PAGE 1
       buffer      :>DARAM    PAGE 1
       frame       :>DARAM    PAGE 1
       flag        :>DARAM    PAGE 1
       curbuff     :>DARAM    PAGE 1
       stack       :>DARAM    PAGE 1
      .vectors     :>VECS     PAGE 0
 }
 * * * * * * * * * * * * * * * * * reg.h * * * * * * * * * * * * * * * * * * * * *
.mmregs
```

```
MCBSP1_DRR2         .set     0040h
    MCBSP1_DRR1     .set     0041h
    MCBSP1_DXR2     .set     0042h
    MCBSP1_DXR1     .set     0043h
    MCBSP1_SPSA     .set     0048h
    MCBSP1_SPSD     .set     0049h
    SPCR1           .set     0000h
    SPCR2           .set     0001h
    RCR1            .set     0002h
    RCR2            .set     0003h
    XCR1            .set     0004h
    XCR2            .set     0005h
    SRGR1           .set     0006h
    SRGR2           .set     0007h
    MCR1            .set     0008h
    MCR2            .set     0009h
    RCERA           .set     000Ah
    RCERB           .set     000Bh
    TCERA           .set     000Ch
    TCERB           .set     000Dh
    PCR             .set     000Eh

    DMPREC          .set     0054h
    DMSA            .set     0055h
DMSDI               .set     0056h
    DMSDN           .set     0057h
    DMSRC0          .set     00h
    DMDST0          .set     01h
    DMCTR0          .set     02h
    DMSFC0          .set     03h
    DMMCR0          .set     04h
    DMSRC1          .set     05h
    DMDST1          .set     06h
    DMCTR1          .set     07h
    DMSFC1          .set     08h
    DMMCR1          .set     09h
    DMSRC2          .set     0Ah
    DMDST2          .set     0Bh
    DMCTR2          .set     0Ch
    DMSFC2          .set     0Dh
    DMMCR2          .set     0EhDMSRC3 .set     0Fh
    DMDST3          .set     10h
```

```
DMCTR3 .set    11h
DMSFC3 .set    12h
DMMCR3 .set    13h
DMSRC4 .set    14h
DMDST4 .set    15h
DMCTR4 .set    16h
DMSFC4 .set    17h
DMMCR4 .set    18h
DMSRC5 .set    19h
DMDST5 .set    1Ah
DMCTR5 .set    1Bh
DMSFC5 .set    1Ch
DMMCR5 .set    1Dh
DMSRCP .set    1Eh
DMDSTP .set    1Fh
DMIDX0 .set    20h
DMIDX1 .set    21h
DMFRI0 .set    22h
DMFRI1 .set    23h
DMGSA .set    24h
DMGDA .set    25h
DMGCR .set    26h
DMGFR .set    27h
```

附录 A

TMS320 系列芯片 DSP 的命名方法

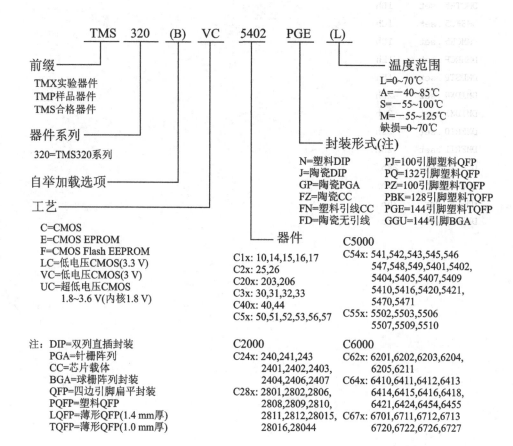

TMS 320 (B) VC 5402 PGE (L)

前缀

- TMX实验器件
- TMP样品器件
- TMS合格器件

器件系列

- 320=TMS320系列

自举加载选项

工艺

- C=CMOS
- E=CMOS EPROM
- F=CMOS Flash EEPROM
- LC=低电压CMOS(3.3 V)
- VC=低电压CMOS(3 V)
- UC=超低电压CMOS 1.8~3.6 V(内核1.8 V)

温度范围

- L=0~70℃
- A=－40~85℃
- S=－55~100℃
- M=－55~125℃
- 缺损=0~70℃

封装形式(注)

- N=塑料DIP
- J=陶瓷DIP
- GP=陶瓷PGA
- FZ=陶瓷CC
- FN=塑料引线CC
- FD=陶瓷无引线
- PJ=100引脚塑料QFP
- PQ=132引脚塑料QFP
- PZ=100引脚塑料TQFP
- PBK=128引脚塑料TQFP
- PGE=144引脚塑料TQFP
- GGU=144引脚BGA

器件

C1x: 10,14,15,16,17
C2x: 25,26
C20x: 203,206
C3x: 30,31,32,33
C40x: 40,44
C5x: 50,51,52,53,56,57

C2000
C24x: 240,241,243 2401,2402,2403, 2404,2406,2407
C28x: 2801,2802,2806, 2808,2809,2810, 2811,2812,28015, 28016,28044

C5000
C54x: 541,542,543,545,546 547,548,549,5401,5402, 5404,5405,5407,5409 5410,5416,5420,5421, 5470,5471
C55x: 5502,5503,5506 5507,5509,5510

C6000
C62x: 6201,6202,6203,6204, 6205,6211
C64x: 6410,6411,6412,6413 6414,6415,6416,6418, 6421,6424,6454,6455
C67x: 6701,6711,6712,6713 6720,6722,6726,6727

注：DIP=双列直插封装
PGA=针栅阵列
CC=芯片载体
BGA=球栅阵列封装
QFP=四边引脚扁平封装
PQFP=塑料QFP
LQFP=薄形QFP(1.4 mm厚)
TQFP=薄形QFP(1.0 mm厚)

附录 B

TMS320C5402 引脚图和引脚分配表

TMS320C5402 PGE 封装图如图 B-1 及 B-2 所示，引脚分配表如表 B-1 所列。

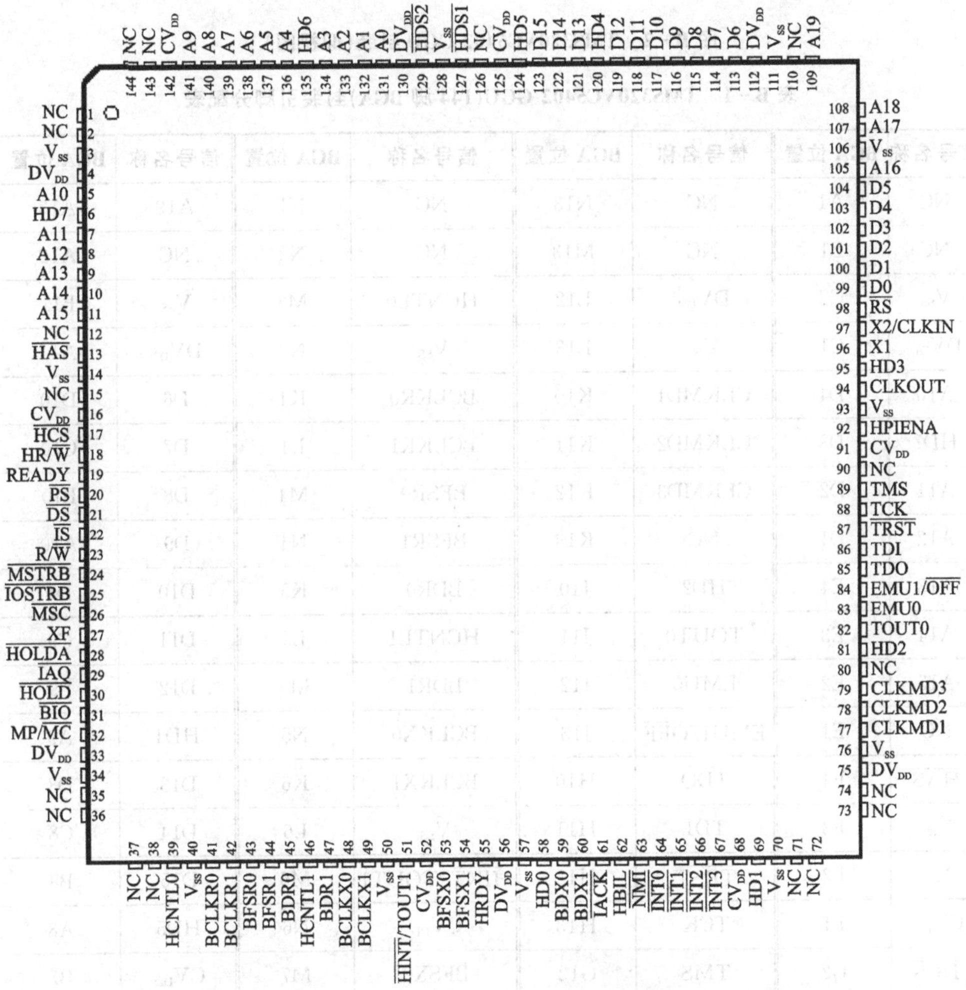

图 B-1　TMS320VC5402 PGE 封装(俯视图)

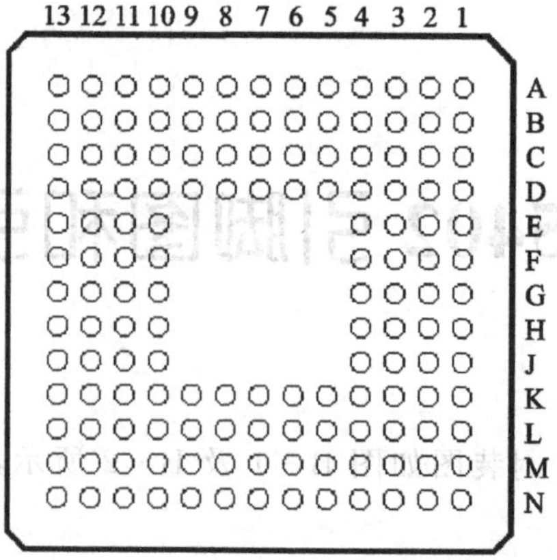

图 B-2　TMS320VC5402 GGU 封装(仰视图)

表 B-1　TMS320VC5402 GGU(144 脚 BGA)封装引脚分配表

信号名称	BGA 位置	信号名称	BGA 位置	信号名称	BGA 位置	信号名称	BGA 位置
NC	A1	NC	N13	NC	N1	A19	A13
NC	B1	NC	M13	NC	N2	NC	A12
V_{SS}	C2	DV_{DD}	L12	HCNTL0	M3	V_{SS}	B11
DV_{DD}	C1	V_{SS}	L13	V_{SS}	N3	DV_{DD}	A11
A10	D4	CLKMD1	K10	BCLKR0	K4	D6	D10
HD7	D3	CLKMD2	K11	BCLKR1	L4	D7	C10
A11	D2	CLKMD3	K12	BFSR0	M4	D8	B10
A12	D1	NC	K13	BFSR1	N4	D9	A10
A13	E4	HD2	J10	BDR0	K5	D10	D9
A14	E3	TOUT0	J11	HCNTL1	L5	D11	C9
A15	E2	EMU0	J12	BDR1	M5	D12	B9
NC	E1	EMU1/$\overline{OFF}$	J13	BCLKX0	N5	HD4	A9
$\overline{HAS}$	F4	TDO	H10	BCLKX1	K6	D13	D8
V_{SS}	F3	TDI	H11	V_{SS}	L6	D14	C8
NC	F2	$\overline{TRST}$	H12	$\overline{HINT}$/TOUT1	M6	D15	B8
CV_{DD}	F1	TCK	H13	CV_{DD}	N6	HD5	A8
$\overline{HCS}$	G2	TMS	G12	BFSX0	M7	CV_{DD}	B7
HR/$\overline{W}$	G1	NC	G13	BFSX1	N7	NC	A7

续表 B-1

信号名称	BGA 位置	信号名称	BGA 位置	信号名称	BGA 位置	信号名称	BGA 位置
READY	G3	CV_{DD}	G11	HRDY	L7	$\overline{HDS1}$	C7
$\overline{PS}$	G4	HPIENA	G10	DV_{DD}	K7	V_{SS}	D7
$\overline{DS}$	H1	V_{SS}	F13	V_{SS}	N8	$\overline{HDS2}$	A6
$\overline{IS}$	H2	CLKOUT	F12	HD0	M8	DV_{DD}	B6
$R/\overline{W}$	H3	HD3	F11	BDX0	L8	A0	C6
$\overline{MSTRB}$	H4	X1	F10	BDX1	K8	A1	D6
$\overline{IOSTRB}$	J1	X2/CLKIN	E13	$\overline{IACK}$	N9	A2	A5
$\overline{MSC}$	J2	$\overline{RS}$	E12	HBIL	M9	A3	B5
XF	J3	D0	E11	$\overline{NMI}$	L9	HD6	C5
$\overline{HOLDA}$	J4	D1	E10	$\overline{INT0}$	K9	A4	D5
$\overline{IAQ}$	K1	D2	D13	$\overline{INT1}$	N10	A5	A4
$\overline{HOLD}$	K2	D3	D12	$\overline{NIT2}$	M10	A6	B4
$\overline{BIO}$	K3	D4	D11	$\overline{INT3}$	L10	A7	C4
$MP/\overline{MC}$	L1	D5	C13	CV_{DD}	N11	A8	A3
DV_{DD}	L2	A16	C12	HD1	M11	A9	B3
V_{SS}	L3	V_{SS}	C11	V_{SS}	L11	CV_{DD}	C3
NC	M1	A17	B13	NC	N12	NC	A2
NC	M2	A18	B12	NC	M12	NC	B2

注：DV_{DD}是 I/O 引脚的电源；CV_{DD}是 CPU 内核的电源；V_{SS}是 I/O 引脚和 CPU 内核的电源。

附录 C

TMS320C54x DSP 的中断向量表和硬件中断优先权

TMS320C541 和 TMS320VC5402 的中断向量表和硬件中断优先权分别如表 C-1和表 C-2 所列。

表 C-1 TMS320C541 的中断向量表和硬件中断优先权

TRAP/INTR 中断号(K)	优先权	中断名称	中断向量位置(HEX)	功 能
0	1	$\overline{RS}$/SINTR	00	保留(硬件和软件复位)
1	2	$\overline{NMI}$/SINT 16	04	非屏蔽中断
2	—	SINT 17	08	软件中断#17
3	—	SINT 18	0C	软件中断#18
4	—	SINT 19	10	软件中断#19
5	—	SINT 20	14	软件中断#20
6	—	SINT 21	18	软件中断#21
7	—	SINT 22	1C	软件中断#22
8	—	SINT 23	20	软件中断#23
9	—	SINT 24	24	软件中断#24
10	—	SINT 25	28	软件中断#25
11	—	SINT 26	2C	软件中断#26
12	—	SINT 27	30	软件中断#27
13	—	SINT 28	34	软件中断#28
14	—	SINT 29	38	软件中断#29 ;保留
15	—	SINT 30	3C	软件中断#30 ;保留
16	3	$\overline{INT0}$/SINT0	40	外部用户中断#0
17	4	$\overline{INT1}$/SINT1	44	外部用户中断#1
18	5	$\overline{INT2}$/SINT2	48	外部用户中断#2
19	6	TINT0/SINT3	4C	内部定时器中断
20	7	RINT0/SINT4	50	串行口 0 接收中断

续表 C－1

TRAP/INTR 中断号(K)	优先权	中断名称	中断向量位置(HEX)	功　能
21	8	XINT0/SINT5	54	串行口 0 发送中断
22	9	RINT1/SINT6	58	串行口 1 接收中断
23	10	XINT1/SINT7	5C	串行口 1 发送中断
24	11	$\overline{\text{INT3}}$/SINT8	60	外部用户中断＃3
25～31	—	保留	64～7F	保留

表 C－2　TMS320VC5402 的中断向量表和硬件中断优先权

TRAP/INTR 中断号(K)	**优先权**	**中断名称**	**中断向量位置(HEX)**	**功　能**
0	1	$\overline{\text{RS}}$,SINTR	00	复位(硬件和软件复位)
1	2	$\overline{\text{NMI}}$,SINT16	04	非屏蔽中断
2	—	SINT17	08	软件中断＃17
3	—	SINT 18	0C	软件中断＃18
4	—	SINT 19	10	软件中断＃19
5	—	SINT 20	14	软件中断＃20
6	—	SINT 21	18	软件中断＃21
7	—	SINT 22	1C	软件中断＃22
8	—	SINT 23	20	软件中断＃23
9	—	SINT 24	24	软件中断＃24
10	—	SINT25	28	软件中断＃25
11	—	SINT 26	2C	软件中断＃26
12	—	SINT 27	30	软件中断＃27
13	—	SINT 28	34	软件中断＃28
14	—	SINT 29	38	软件中断＃29
15	—	SINT 30	3C	软件中断＃30
16	3	$\overline{\text{INT0}}$,SINT0	40	外部用户中断＃0
17	4	$\overline{\text{INT1}}$,SINT1	44	外部用户中断＃1
18	5	$\overline{\text{INT2}}$,SINT2	48	外部用户中断＃2
19	6	TINT0,SINT3	4C	定时器 0 中断
20	7	BRINT0,SINT4	50	McBSP＃0 接收中断

续表 C-2

TRAP/INTR 中断号(K)	优先权	中断名称	中断向量位置(HEX)	功 能
21	8	BXINT0,SINT5	54	McBSP＃0 发送中断
22	9	保留(DMAC0),SINT6	58	保留(默认)或 DMA 通道 0 中断。由 DMPREC 寄存器选择
23	10	TINT1(DMAC1),SINT7	5C	定时器 1 中断(默认)或 DMA 通道 1 中断。由 DMPREC 寄存器选择
24	11	$\overline{\text{INT3}}$,SINT8	60	外部用户中断＃3
25	12	HPINT,SINGT9	64	HPI 中断
26	13	BRINT1(DMAC2),SINT10	68	McBSP＃1 接收中断(默认)或 DMA 通道 2 中断。由 DMPREC 寄存器选择
27	14	BXINT1(DMAC3),SINT11	6C	McBSP＃1 发送中断(默认)或 DMA 通道 3 中断。由 DMPREC 寄存器选择
28	15	DMAC4,SINT12	70	DMA 通道 4 中断
29	16	DMAC5,SINT13	74	DMA 通道 5 中断
30～31	—	保留	78～7F	保留

附录 D

等待周期表

等待周期表如表 D-1～D-3 所列。

表 D-1　等待周期表 1

控制字段	不插等待周期	插一个等待周期	插 2 个等待周期
T	STM　＃1k,T MVDK　Smem,T LD　Smem,T LD　Smem,T ‖ ST	所有其他存储指令包括 EXP 指令	
ASM	LD　＃k5,ASM LD　Smem,ASM	所有其他存储指令	
DP CPL＝0	LD　＃k9,DP LD　Smem,DP		STM　＃1k,ST0 ST　＃1k,ST0 其他存储指令都插入 3T
SXM C16 FRCT OVM		所有存储指令，包括 SSXM 和 RSXM	
A 或 B		修改累加器然后读 MMR	
在 RPTB[D]指令以前读 BRC	STM　＃1k,BRC ST　＃1k,BRC MVDK　Smem,BRC MVMD　MMR,BRC	所有其他存储指令	SRCCD(在循环中) 见注④

表 D-2　等待周期表 2

控制字段	插 2 个等待周期	插 3 个等待周期	插 5 个等待周期	插 6 个等待周期
DROM	STM、ST、MVDK、MVMD	所有其他存储指令		
OVLY IPTR MP/$\overline{MC}$			STM、ST MVDK、MVMD 见注⑤	所有其他存储指令参见注⑤
BRAF				RSBX 见注③
CPL		RSBX、SSBX		

表 D-3 等待周期表 3

控制字段	不插等待周期	插一个等待周期	插 2 个等待周期	插 3 个等待周期
ARx	STM ST MVDK MVMM MVMD 见注②	POPM POPD 其他 MC 指令 见注②	STLM STH STL 所有其他存储指令 见注①	
BK		STM,ST MVDK MVMM MVMD 见注②	POPM 其他 MC 指令 见注②	STLM STH STL 所有其他存储指令 见注①
SP	if CPL=0 STM MVDK MVMM MVMD 见注②	if CPL=1 STM MVDK MVMM MVMD 见注②	if CPL=0 STLM STH STL 所有其他存储指令 见注①	if CPL=1 STLM STH STL 所有其他存储指令 见注①
当 CPL=1 时暗含 SP 改变		FRAME POPM/POPD PSHM/PSHD		

注:① 下条指令不能用 STM、MVDK 或 MVMD 写数据到任何到 ARx、BK 或 SP 中。

② 不要在这条指令之前,在流水线的执行阶段,用一条指令写数据到 ARx、BK 或 SP 中。

③ 随后的 6 个字指令不能包含 RPTB[D]块重复循环中的最后一条指令。

④ SRCCD 必须是 RPTB[D]块重复循环的最后一条指令之前的 2 个字。

⑤ 所列插入等待周期是对分支转移、调用或返回指令所激活的存储空间的第 1 条指令取指。

有关每条指令的具体说明,参见 CPU 用户指南。

附录 E　TMS320C54x 指令系统一览表(按指令功能排列)

TMS320C54x 指令系统按指令功能排列列表如表 E-1～表 4-4 所列。

表 E-1　算述运算指令

句　法	表达式	说　明	字　数	周　期
1. 加法指令				
ADD　Smem,src	src=src+Smem	操作数加至累加器	1	1
ADD　Smem,TS,src	src=src+Smem<<TS	操作数移位后加至累加器	1	1
ADD　Smem,16,src[,dst]	dst=src+Smem<<16	操作数左移 16 位加至累加器	1	1
ADD　Smem[,SHIFT],src[,dst]	dst=src+Smem<<SHIFT	操作数移位后加到累加器	2	2
ADD　Xmem,SHFT,src	src=src+Xmem<<SHFT	操作数移位后加到累加器	1	1
ADD　Xmem,Ymem,dst	dst=Xmem<<16+Ymem<<16	两个操作数分别左移 16 位后加到累加器	1	1
ADD　#lk[,SHFT],src[,dst]	dst=src+#lk<<SHFT	长立即数移位后加到累加器	2	2
ADD　#lk,16,src[,dst]	dst=src+#lk<<16	长立即数左移 16 位后加到累加器	2	2
ADD　src,[,SHIFT][,dst]	dst=dst+src<<SHIFT	累加器移位后相加	1	1
ADD　src,ASM[,dst]	dst=dst+src<<ASM	累加器按 ASM 移位后相加	1	1
ADDC　Smem,src	src=src+Smem+C	操作数带进位加至累加器	1	1
ADDM　#lk,Smem	Smem=Smem+#lk	长立即数加至存储器	2	2
ADDS　Smem,src	src=src+uns(Smem)	符号位不扩展的加法	1	1

续表 E-1

句 法	表达式	说 明	字 数	周 期
2. 减法指令				
SUB Smem,src	src=src−Smem	从累加器中减去操作数	1	1
SUB Smem,TS,src	src=src−Smem<<TS	从累加器中减去移位后的操作数	1	1
SUB Smem,16,src[,dst]	dst=src−Smem<<16	从累加器中减去左移 16 位后的操作数	1	1
SUB Smem[,SHIFT],src[,dst]	dst=src−Smem<<SHIFT	操作数移位后与累加器相减	2	2
SUB Xmem,SHFT,Src	src=src−Xmem<<SHFT	操作数移位后与累加器相减	1	1
SUB Xmem,Ymem,dst	dst=Xmem<<16−Ymem<<16	两个操作数分别左移 16 位后相减	1	1
SUB #lk[,SHFT],src[,dst]	dst=src−#1k<<SHFT	长立即数移位后与累加器相减	2	2
SUB #lk,16,src[,dst]	dst=src−#1k<<16	长立即数左移 16 位后与累加器相减	2	2
SUB src[,SHIFT][,dst]	dst=dst−src<<SHIFT	源累加器移位后与目的累加器相减	1	1
SUB src,ASM[,dst]	dst=dst−src<<ASM	源累加器按 ASM 移位后与目的累加器相减	1	1
SUBB Smem,src	src=src−Smem−$\overline{C}$	从累加器中带借位减操作数	1	1

SUBC Smem,src	if(src−Smem<<15)≥0
	src=(src−Smem<<15)<<1+1
	else
	src=src<<1
		有条件减法	1	1

SUBS Smem,src	src=src−uns(Smem)	符号位不扩展的减法	1	1
3. 乘法指令				
MPY Smem,dst	dst=T * Smem	T 寄存器值与操作数相乘	1	1
MPYR Smem,dst	dst=rnd(T * Smem)	T 寄存器值与操作数相乘(带舍入)	1	1
3. 乘法指令				
MPY Xmem,Ymem,dst	dst=Xmem * Ymem, T=Xmem	两个操作数相乘	1	1
MPY Smem,#lk,dst	dst=Smem * #lk, T=Smem	长立即数与操作数相乘	2	2

续表 E-1

句法	表达式	说明	字数	周期
MPY #lk,dst	dst=T * #lk	长立即数与 T 寄存器值相乘	2	2
MPYA dst	dst=T * A(32-16)	T 寄存值与累加器 A 高位相乘	1	1
MPYA Smem	B=Smem * A(32-16), T=Smem	操作数与累加器 A 高位相乘	1	1
MPYU Smem,dst	dst=uns(T) * uns(Smem)	无符号数乘法	1	1
SQUR Smem,dst	dst=Smem * Smem, T=Smem	操作数的平方	1	1
SQUR A,dst	dst=A(32-16) * A(32-16)	累加器 A 的高位平方	1	1
4. 乘法累加/减指令				
MAC Smem,src	src=src+T * Smem	操作数与 T 寄存器值相乘后加到累加器	1	1
MAC Xmem,Ymem,src[,dst]	dst=src+Xmem * Ymem, T=Xmem	两个操作数相乘后加到累加器	1	1
MAC #lk,src[,dst]	dst=src+T * #lk	长立即数与 T 寄存器值相乘后加到累加器	2	2
MAC Smem,#lk,src[,dst]	dst=src+Smem * #lk, T=Smem	长立即数与操作数相乘后加到累加器	2	2
MACR Smem,src	dst=rnd(src+T * Smem)	操作数与 T 寄存器值相乘后加到累加器(带舍入)	1	1
MACR Xmem,Ymem,src[,dst]	dst=rnd(src+Xmem * Ymem), T=Xmem	两个操作数相乘后加到累加器(带舍入)	1	1
MACA Smem[,B]	B=B+Smem * A(32-16), T=Smem	操作数与累加器 A 高位相乘后加到累加器 B	1	1
MACA T,src[,dst]	dst=src+T * A(32-16)	T 寄存器值与累加器 A 高位相乘	1	1
4. 乘法累加/减指令				
MACAR Smem[,B]	B=rnd(B+Smem * A(32-16)), T=Smem	T 寄存器值与累加器 A 高位相乘后加到累加 B(带舍入)	1	1
MACAR T,src[,dst]	dst=rnd(src+T * A(32-16))	累加器 A 高位与 T 寄存器值相乘后与源累加器相加(带舍入)	1	1
MACD Smem,Pmad,src	src=src+Smem * pmad, T=Smem, (Smem+1)=Smem	操作数与程序存储器值相乘后累加并延迟	2	3

续表 E-1

句　法	表达式	说　明	字　数	周　期
MACP　Smem,pmad,src	src=src+Smem * pmad，　T=Smem	操作数与程序存储器值相乘后加到累加器	2	3
MACSU　Xmem,Ymem,src	src=src+uns(Xmem) * Ymem，　T=Xmem	无符号数与有符号数相乘后加到累加器	1	1
MAS　Smem,src	src=src−T * Smem	从累加器中减去 T 寄存器值与操作数的乘积	1	1
MASR　Xmem,Ymem,src[,dst]	dst=rnd(src−Xmem * Ymem)，　T=Xmem	从累加器中减去两操作数的乘积(带舍入)	1	1
MAS　Xmem,Ymem,src[,dst]	dst=src−Xmem * Ymem，　T=Xmem	从源累加器中减去两操作数的乘积	1	1
MASR　Smem,src	src=rnd(src−T * Smem)	从累加器中减去 T 寄存器值与操作数的乘积(带舍入)	1	1
MASA　Smem[,B]	B=B−Smem * A(32−16)，　T=Smem	从累加器 B 中减去操作数与累加器 A 高位的乘积	1	1
MASA　T,src[,dst]	dst=src−T * A(32−16)	从源累加器中减去 T 寄存器值与累加器 A 高位的乘积	1	1
MASAR　T,src[,dst]	dst=rnd(src−T * A(32−16))	从源累加器中减去 T 寄存器值与累加器 A 高位的乘积(带舍入)	1	1
4. 乘法累加/减指令				
SQURA　Smem,src	src=src+Smem * Smem，　T=Smem	操作数平方并累加	1	1
SQURS　Smem,src	src=src−Smem * Smem，　T=Smem	从累加器中减去操作数的平方	1	1
5. 双精度(32 位操作数)指令				
DADD　Lmem,src[,dst]	if　C16=0 dst=Lmem+src if　C16=1 dst(39−16)=Lmem(31−16)+src(31−16) dst(15−0)=Lmem(15−0)+src(15−0)	双精度/双 16 位数加到累加器	1	1

续表 E-1

句　法	表达式	说　明	字　数	周　期
DADST　Lmem,dst	if　C16=0 dst=Lmem+(T<<16+T) if　C16=1 dst(39-16)=Lmem(31-16)+T dst(15-0)=Lmem(15-0)-T	双精度/双 16 位数与 T 寄存器值相加/减	1	1
DRSUB　Lmem,src	if　C16=0 src=Lmem-src if　C16=1 src(39-16)=Lmem(31-16)-src(31-16) src(15-0)=Lmem(15-0)-src(15-0)	双精度/双 16 位数中减去累加器值	1	1
DSADT　Lmem,dst	if　C16=0 dst=Lmem-(T<<16+T)	长操作数与 T 寄存器值相加/减	1	1
5. 双精度(32 位操作数)指令				
DSADT　Lmem,dst	if　C16=1 dst(39-16)=Lmem(31-16)-T dst(15-0)=Lmem(15-0)+T	长操作数与 T 寄存器值相加/减	1	1
DSUB　Lmem,src	if　C16=0 src=src-Lmem if　C16=1 src(39-16)=src(31-16)-Lmem(31-16) src(15-0)=src(15-0)-Lmem(15-0)	从累加器中减去双精度/双 16 位数	1	1
DSUBT　Lmem,dst	if　C16=0 dst=Lmem-(T<<16+T) if　C16=1 dst(39-16)=Lmem(31-16)-T dst(15-0)=Lmem(15-0)-T	从长操作数中减去 T 寄存器值	1	1

续表 E-1

句　法	表达式	说　明	字　数	周　期
6. 专用指令				
ABDST　Xmem, Ymem	B=B+|A(32−16)|, A=(Xmem−Ymem)<<16	绝对距离	1	1
ABS　src[, dst]	dst=|src|	累加器取绝对值	1	1
CMPL　src[, dst]	dst= $\overline{src}$	累加器取反	1	1
DELAY　Smem	(Smem+1)=Smem	存储器单元延迟	1	1
EXP　src	T=number of sign bits(src)−8	求累加器的指数	1	1
FIRS　Xmem, Ymem, pmad	B=B+A∗pmad,　A=(Xmem+Ymem)<<16	对称 FIR 滤波	2	3
6. 专用指令				
LMS　Xmem, Ymem	B=B+Xmem∗Ymem, A=(A+Xmem<<16)+ 2^{15}	求最小均方值	1	1
MAX　dst	dst=max(A, B)	求累加器(A, B)最大值	1	1
MIN　dst	dst=min(A, B)	求累加器(A, B)最小值	1	1
NEG　src[, dst]	dst=−src	累加器变负	1	1
NORM　src[, dst]	dst=src<<TS,　dst=norm(src, TS)	归一化	1	1
POLY　Smem	B=Smem<<16,　A=rnd(A∗T+B)	求多项式的值	1	1
RND　src[, dst]	dst=src+ 2^{15}	累加器舍入运算	1	1
SAT　src	saturate(src)	累加器饱和运算	1	1
SQDST　Xmem, Ymem	B=B+A(32−16)∗A(32−16), A=(Xmem−Ymem)<<16	求距离的平方	1	1

表 E-2 逻辑运算指令

句 法	表达式	说 明	字 数	周 期
1. 与逻辑运算指令				
AND Smem,src	src=src & Smem	操作数和累加器相与	1	1
AND #lk[,SHFT],src[,dst]	dst=src & #lk<<SHFT	长立即数移位后和累加器相与	2	2
1. 与逻辑运算指令				
AND #lk,16,src[,dst]	dst=src & #lk <<16	长立即数左移 16 位后和累加器相与	2	2
AND src[,SHIFT][,dst]	dst=dst & src<<SHIFT	源累加器移位后和目的累加器相与	1	1
ANDM #lk, Smem	Smem=Smem & #lk	操作数和长立即数相与	2	2
2. 或逻辑运算指令				
OR Smem,src	src=src|Smem	操作数和累加器相或	1	1
OR #lk[,SHFT],src[,dst]	dst=src|#lk<<SHFT	长立即数移位后和累加器相或	2	2
OR #lk,16,src[,dst]	dst=src|#lk<<16	长立即数左移 16 位后和累加器相或	2	2
OR src[,SHIFT][,dst]	dst=dst|src<<SHIFT	源累加器移位后和目的累加器相或	1	1
ORM #lk,Smem	Smem=Smem|#lk	操作数和长立即数相或	2	2
3. 异或逻辑运算指令				
XOR Smem,src	src=src∧Smem	操作数和累加器相异或	1	1
XOR #lk,[,SHFT,],src[,dst]	dst=src∧#lk<<SHFT	长立即数移位后和累加器相异或	2	2
XOR #lk,16,src[,dst]	dst=src∧#lk<<16	长立即数左移 16 位后和累加器相异或	2	2
XOR src[,SHIFT][,dst]	dst=dst∧src<<SHIFT	源累加器移位后和目的累加器相异或	1	1
XORM #lk,Smem	Smem=Smem∧#lk	操作数和长立即数相异或	2	2

续表 E-2

句 法	表达式	说 明	字 数	周 期
4. 移位指令				
ROL src	Rotate left with carry in	累加器经进位位循环左移	1	1
ROLTC src	Rotate left with TC in	累加器经 TC 位循环左移	1	1
ROR src	Rotate right with carry in	累加器经进位位循环右移	1	1
SFTA src,SHIFT[,dst]	dst=src<<SHIFT{arithmetic shift}	累加器算术移位	1	1
SFTC src	if src(31)=src(30) then src=src<<1	累加器条件移位	1	1
SFTL src,SHIFT[,dst]	dst=src<<SHIFT{logical shift}	累加器逻辑移位	1	1
5. 测试指令				
BIT Xmem,BITC	TC=Xmem(15−BITC)	测试指定位	1	1
BITF Smem,#lk	TC=(Smem & #lk)	测试由立即数规定的位域	2	2
BITT Smem	TC=Smem(15−T(3−0))	测试由 T 寄存器指定的位	1	1
CMPM Smem,#lk	TC=(Smem==#lk)	存储单元与长立即数比较	2	2
CMPR CC,ARx	Compare ARx with AR0	辅助寄存器 ARx 与 AR0 比较	1	1

表 E-3 程序控制指令

句 法	表达式	说 明	字 数	周 期
1. 分支转换指令				
B[D] pmad	PC=pmad(15−0)	无条件分支转移	2	4/[2※]
BACC[D] src	PC=src(15−0)	按累加器规定的地址转移	1	6/[4※]
1. 分支转换指令				
BANZ[D] pmad,Sind	if(Sind≠0) then PC=pmad(15−0)	辅助寄存器不为 0 就转移	2	4‡/2§/[2※]
BC[D] pmad,cond[,cond[,cond]]	if(cond(s)) then PC=pmad(15−0)	条件分支转移	2	5‡/3§/[3※]

续表 E-3

句　法	表达式	说　明	字　数	周　期
FB[D]　extpmad	PC=pmad(15−0)，　XPC=pmad(22−16)	无条件远程分支转移	2	4/[2※]
FBACC[D] src	PC=src(15−0)，　XPC=src(22−16)	按累加器规定的地址远程分支转移	1	6/[4※]
2. 调用指令				
CALA[D]　src	−−SP=PC，　PC=src(15−0)	按累加器规定的地址调用子程序	1	6/[4※]
CALL[D]　pmad	−−SP=PC，　PC=pmad(15−0)	无条件调用子程序	2	4/[2§]
CC[D]　pmad,cond[,cond[,cond]]	if (cond(s))then−−SP=PC，　PC=pmad(15−0)	有条件调用子程序	2	5‡/3§/[3※]
FCALA[D]　src	−−SP=PC,−−SP=XPC, PC=src(15−0),XPC=src(22−16)	按累加器规定的地址远程调用子程序	1	6/[4※]
FCALL[D]　extpmad	−−SP=PC,−−SP=XPC, PC=pmad(15−0)，　XPC=pmad(22−16)	无条件远程调用子程序	2	4[2※]
3. 中断指令				
INTR　K	−−SP=PC，　PC=IPTR(15−7)+K<<2, INTM=1	不可屏蔽的软件中断 关闭其他可屏蔽中断	1	3
TRAP　K	−−SP=PC，　PC=IPTR(15−7)+K<<2	不可屏蔽的软件中断,不影响 INTM 位	1	3
4. 返回指令				
FRET[D]	XPC=SP++，　PC=SP++	远程返回	1	6/[4※]
FRETE[D]	XPC=SP++，　PC=SP++,INTM=0	开中断,从远程中断返回	1	6/[4※]
RC[D]　cond[,cond[,cond]]	if (cond(s))　then PC=SP++	条件返回	1	5‡3§/[3※]
RET[D]	PC=SP++	返回	1	5/[3※]
RETE[D]	PC=SP++，　INTM=0	开中断,从中断返回	1	5/[3※]
RETF[D]	PC=RTN,SP++，　INTM=0	开中断,从中断快速返回	1	3/[1※]

续表 E-3

句　法	表达式	说　明	字　数	周　期
5. 重复指令				
RPT Smem	Repeat single, RC=Smem	重复执行下条指令(Smem)+1次	1	1
RPT #K	Repeat single, RC=#K	重复执行下条指令 k+1 次	1	1
RPT #lk	Repeat single, RC=#lk	重复执行下条指令 #lk+1 次	2	2
RPTB[D] Pmad	Repeat block, RSA=PC+2[4#], REA=pmad−1	块重复指令	2	4/[2※]
RPTZ dst,#lk	Repeat single, RC=#lk, dst=0	重复执行下条指令,累加器清0	2	2
6. 堆栈管理指令				
FRAME K	SP=SP+K, −128≤k≤127	堆栈指针偏移一个立即数值	1	1
POPD Smem	Smem=SP++	将数据从栈顶弹出至数据存储器	1	1
POPM MMR	MMR=SP++	将数据从栈顶弹出至 MMR	1	1
6. 堆栈管理指令				
PSHD Smem	−−SP=Smem	将数据压入堆栈	1	1
PSHM MMR	−−SP=MMR	将 MMR 压入堆栈	1	1
7. 其他程序控制指令				
IDLE K	idle(K), 1≤k≤3	保持空转状态,直到中断发生	1	4
MAR Smem	if CMPT=0, then modify ARx, ARP is unchanged if CMPT=1 and ARx≠AR0, then modify ARx, ARP=x if CMPT=1 and ARx=AR0, then modify AR(ARP), ARP is unchanged	修改辅助寄存器	1	1

续表 E-3

句 法	表达式	说 明	字 数	周 期
NOP	no operation	空操作	1	1
RESET	software reset	软件复位	1	3
RSBX N,SBIT	STN(SBIT)=0	状态寄存器位复位	1	1
SSBX N,SBIT	STN(SBIT)=1	状态寄存器位置位	1	1
XC n,cond[,cond[,cond]]	if(cond(s))then execute the next n instructions;n=1 or2	有条件执行	1	1

注:‡ 条件“真”,§ 条件“假”,※ 延迟指令。

表 E-4 加载和存储指令

句 法	表达式	说 明	字 数	周 期
1. 加载指令				
DLD Lmem,dst	dst=Lmem	双精度/双 16 位长字加载累加器	1	1
LD Smem,dst	dst=Smem	将操作数加载到累加器	1	1
LD Smem,TS,dst	dst=Smem<<TS	操作数按 TREG(5~0)移位后加载到累加器	1	1
LD Smem,16,dst	dst=Smem<<16	操作数左移 16 位后加载累加器	1	1
LD Smem[,SHIFT],dst	dst=Smem<<SHIFT	操作数移位后加载累加器	2	2
LD Xmem,SHFT,dst	dst=Xmem<<SHFT	操作数移位后加载累加器	1	1
LD #K,dst	dst=#K	短立即数加载累加器	1	1
LD #lk[,SHFT],dst	dst=#lk<<SHFT	长立即数移位后加载累加器	2	2
LD #lk,16,dst	dst=#lk<<16	长立即数左移 16 位后加载累加器	2	2
LD src,ASM[,dst]	dst=src<<ASM	源累加器按 ASM 移位后加载目的累加器	1	1
LD src[,SHIFT][,dst]	dst=src<<SHIFT	源累加器移位后加载目的累加器	1	1

续表 E-4

句 法	表达式	说 明	字 数	周 期
LD Smem,T	T=Smem	操作数加载 T 寄存器	1	1
LD Smem,DP	DP=Smem(8-0)	9 位操作数加载 DP	1	3
LD #k9,DP	DP=#k9	9 位立即数加载 ARP	1	1
LD #k5,ASM	ASM=#k5	5 位立即数加载 ASM	1	1
LD #k3,ARP	ARP=#k3	3 位立即数加载 ARP	1	1
1. 加载指令				
LD Smem,ASM	ASM=Smem(4-0)	5 位操作数加载 ASM	1	1
LDM MMR,dst	dst=MMR	将 MMR 加载到累加器	1	1
LDR Smem,dst	dst(31-16)=rnd(Smem)	操作数舍入加载累加器高位	1	1
LDU Smem,dst	dst=uns(Smem)	无符号操作数加载累加器	1	1
LTD Smem	T=Smem,(Smem+1)=Smem	操作数加载 T 寄存器并延迟	1	1
2. 存储指令				
DST src,Lmem	Lmem=src	累加器值存到长字单元中	1	2
ST T, Smem	Smem=T	存储 T 寄存器值	1	1
ST TRN,Smem	Smem=TRN	存储 TRN 寄存器值	1	1
ST #lk,Smem	Smem=#lk	存储长立即数	2	2
STH src,Smem	Smem=src(31-16)	存储累加器高位	1	1
STH src,ASM,Smem	Smem=src(31-16)<<(ASM)	累加器高位按 ASM 移位后存储	1	1
STH src,SHFT,Xmem	Xmem=src(31-16)<<(SHFT)	累加器高位移位后存储	1	1
STH src[,SHIFT],Smem	Smem=src(31-16)<<(SHIFT)	累加器高位移位后存储	2	2
STL src,Smem	Smem=src(15-0)	存储累加器低位	1	1

续表 E-4

句 法	表达式	说 明	字 数	周 期
STL src,ASM,Smem	Smem=src(15−0)<<ASM	累加器低位按 ASM 移位后存储	1	1
STL src,SHFT,Xmem	Xmem=src(15−0)<<SHFT	累加器低位移位后存储	1	1
STL src[,SHIFT],Smem	Smem=src(15−0)<<SHIFT	累加器低位移位后存储	2	2
2. 存储指令				
STLM src,MMR	MMR=src(15−0)	累加器低位存到 MMR	1	1
STM #lk, MMR	MMR=#lk	长立即数存到 MMR	2	2
3. 条件存储指令				
CMPS src,Smem	if src(31−16)>src(15−0) then Smem=src(31−16) if src(31−16)≤src(15−0) then Smem=src(15−0)	比较选择并存储最大值	1	1
SACCD src,Xmem, cond	if(cond) Xmem=src<<(ASM−16)	有条件存储累加器值	1	1
SRCCD Xmem,cond	if(cond) Xmem=BRC	有条件存储块重复计数器	1	1
STRCD Xmem,cond	if(cond) Xmem=T	有条件存储 T 寄存器值	1	1
4. 并行加载和存储指令				
ST src,Ymem ‖LD Xmem,dst	Ymem=src<<(ASM−16) ‖dst=Xmem<<16	存储累加器并行加载累加器	1	1
ST src,Ymem ‖LD Xmem,T	Ymem=src<<(ASM−16) ‖T=Xmem	存储累加器并行加载 T 寄存器	1	1
5. 并行加载和乘法指令				
LD Xmem,dst ‖MAC Ymem,dst_	dst=Xmem<<16 ‖dst_=dst_+T*Ymem	加载累加器并行乘法累加运算	1	1

续表 E-4

句法	表达式	说明	字数	周期
LD Xmem,dst ‖ MAS Ymem,dst_	dst=Xmem<<16 ‖ dst_=dst_−T * Ymem	加载累加器并行乘法减法运算	1	1
LD Xmem,dst ‖ MASR Ymem,dst_	dst=Xmem<<16 ‖ dst_=rnd(dst_−T * Ymem)	加载累加器并行乘法减法运算(带舍入)	1	1
6. 并行存储和加/减法指令				
ST src,Ymem ‖ ADD Xmem,dst	Ymem=src<<(ASM−16) ‖ dst=dst_+Xmem<<16	存储累加器值并行加法运算	1	1
ST src,Ymem ‖ SUB Xmem,dst	Ymem=src<<(ASM−16) ‖ dst=(Xmem<<16)−dst_	存储累加器值并行减法运算	1	1
7. 并行存储和乘法指令				
ST src,Ymem ‖ MAC Xmem,dst	Ymem=src<<(ASM−16) ‖ dst=dst+T * Xmem	存储累加器并行乘法累加运算	1	1
ST src,Ymem ‖ MACR Xmem,dst	Ymem=src<<(ASM−16) ‖ dst=rnd(dst+T * Xmem)	存储累加器并行乘法累加运算(带舍入)	1	1
7. 并行存储和乘法指令				
ST src,Ymem ‖ MAS Xmem,dst	Ymem=src<<(ASM−16) ‖ dst=dst−T * Xmem	存储器累加器并行乘法减法运算	1	1
ST src,Ymem ‖ MASR Xmem,dst	Ymem=src<<(ASM−16) ‖ dst=rnd(dst−T * Xmem)	存储累加器并行乘法减法运算(带舍入)	1	1
ST src,Ymem ‖ MPY Xmem,dst	Ymem=src<<(ASM−16) ‖ dst=T * Xmem	存储累加器并行乘法运算	1	1

续表 E-4

句 法	表达式	说 明	字 数	周 期
8. 其他加载和存储指令				
MVDD Xmem,Ymem	Ymem=Xmem	数据存储器内部传送数据	1	1
MVDK Smem,dmad	dmad=Smem	数据存储器内部指定地址传送数据	2	2
MVDM dmad,MMR	MMR=dmad	数据存储器向 MMR 传送数据	2	2
MVDP Smem,pmad	pmad=Smem	数据存储器向程序存储器传送数据	2	4
MVKD dmad,Smem	Smem=dmad	数据存储器内部指定地址传送数据	2	2
MVMD MMR,dmad	dmad=MMR	MMR 向指定地址传送数据	2	2
MVMM MMRx,MMRy	MMRy=MMRx	MMRx 向 MMRy 传送数据	1	1
MVPD pmad,Smem	Smem=pmad	程序存储器向数据存储器传送数据	2	3
PORTR PA,Smem	Smem=PA	从 PA 口读入数据	2	2
PORTW Smem,PA	PA=Smem	向 PA 口输出数据	2	2
READA Smem	Smem=Pmem(A)	按累加器 A 寻址读程序存储器并存入数据存储器	1	5
WRITA Smem	Pmem(A)=Smem	将数据按累加器 A 寻址写入程序存储器	1	5

附录 F　TMS320C54x 指令系统一览表(按指令字母顺序排列)

TMS320C54x 指令系统按指令字母顺序排列如表 F－1 所列。

表 F－1　TMS320C54x 指令系统一览表(按指令字母顺序排列)

句　法	表达式	说　明	字数	周　期
ABDST　Xmem,Ymem	B=B+|A(32－16)|,A=(Xmem－Ymem)<<16	绝对距离	1	1
ABS　src[,dst]	dst=|src|	累加器取绝对值	1	1
ADD　Smem,src	src=src+Smem	操作数加至累加器	1	1
ADD　Smem,TS,src	src=src+Smem<<TS	操作数移位后加至累加器	1	1
ADD　Smem,16,src[,dst]	dst=src+Smem<<16	操作数左移 16 位加至累加器	1	1
ADD　Smem[,SHIFT],src[,dst]	dst=src+Smem<<SHIFT	操作数移位后加到累加器	2	2
ADD　Xmem,SHFT,src	src=src+Xmem<<SHFT	操作数移位后加到累加器	1	1
ADD　Xmem,Ymem,dst	dst=Xmem<<16+Ymem<<16	两个操作数分别左移 16 位后加到累加器	1	1
ADD　#lk[,SHFT],src[,dst]	dst=src+#1k<<SHFT	长立即数移位后加到累加器	2	2
ADD　#lk,16,src[,dst]	dst=src+#lk<<16	长立即数左移 16 位后加到累加器	2	2
ADD　src,[,SHIFT][,dst]	dst=dst+src<<SHIFT	累加器移位后相加	1	1
ADD　src,ASM[,dst]	dst=dst+src<<ASM	累加器按 ASM 移位后相加	1	1
ADDC　Smem,src	src=src+Smem+C	操作数带进位加至累加器	1	1
ADDM　#lk,Smem	Smem=Smem+#lk	长立即数加至存储器	2	2
ADDS　Smem,src	src=src+uns(Smem)	符号位不扩展的加法	1	1

续表 F-1

句　法	表达式	说　明	字数	周　期
AND　Smem,src	src=src & Smem	操作数和累加器相与	1	1
AND　#lk[,SHFT],src[,dst]	dst=src & #lk<<SHFT	长立即数移位后和累加器相与	2	2
AND　#lk,16,src[,dst]	dst=src & #lk <<16	长立即数左移 16 位后和累加器相与	2	2
AND　src[,SHIFT][,dst]	dst=dst & src<<SHIFT	源累加器移位后和目的累加器相与	1	1
ANDM　#lk, Smem	Smem=Smem & #lk	操作数和长立即数相与	2	2
B[D]　pmad	PC=pmad(15−0)	无条件分支转移	2	4/[2※]
BACC[D]　src	PC=src(15−0)	按累加器规定的地址转移	1	6/[4※]
BANZ[D]　pmad,Sind	if (Sind≠0)　then PC=pmad(15−0)	辅助寄存器不为 0 就转移	2	4‡/2§/[2※]
BC[D]　pmad,cond[,cond[,cond]]	if (cond(s))　then PC=pmad(15−0)	条件分支转移	2	5‡/3§/[3※]
BIT　Xmem,BITC	TC=Xmem(15−BITC)	测试指定位	1	1
BITF　Smem,#lk	TC=(Smem & #lk)	测试由立即数规定的位域	2	2
BITT　Smem	TC=Smem(15−T(3−0))	测试由 T 寄存器指定的位	1	1
CALA[D]　src	−−SP=PC,　PC=src(15−0)	按累加器规定的地址调用子程序	1	6/[4※]
CALL[D]　pmad	−−SP=PC,　PC=pmad(15−0)	无条件调用子程序	2	4/[2§]
CC[D]　pmad,cond[,cond[,cond]]	if (cond(s)) then−−SP=PC,PC=pmad(15−0)	有条件调用子程序	2	5‡/3§/[3※]
CMPL　src[,dst]	dst=$\overline{src}$	累加器取反	1	1
CMPM　Smem,#lk	TC=(Smem==#lk)	存储单元与长立即数比较	2	2
CMPR　CC,ARx	Compare ARx with AR0	辅助寄存器 ARx 与 AR0 比较	1	1
CMPS　src,Smem	if　src(31−16)>src(15−0) then Smem=src(31−16) if　src(31−16)≤src(15−0) then Smem=src(15−0)	比较选择并存储最大值	1	1

续表 F-1

句法	表达式	说明	字数	周期
DADD Lmem,src[,dst]	if C16=0 dst=Lmem+src if C16=1 dst(39-16)=Lmem(31-16)+src(31-16) dst(15-0)=Lmem(15-0)+src(15-0)	双精度/双16位数加到累加器	1	1
DADST Lmem,dst	if C16=0 dst=Lmem+(T<<16+T) if C16=1 dst(39-16)=Lmem(31-16)+T dst(15-0)=Lmem(15-0)-T	双精度/双16位数与T寄存器值相加/减	1	1
DELAY Smem	(Smem+1)=Smem	存储器单元延迟	1	1
DLD Lmem,dst	dst=Lmem	双精度/双16位长字加载累加器	1	1
DRSUB Lmem,src	if C16=0 src=Lmem-src if C16=1 src(39-16)=Lmem(31-16)-src(31-16) src(15-0)=Lmem(15-0)-src(15-0)	双精度/双16位数中减去累加器值	1	1
DSADT Lmem,dst	if C16=0 dst=Lmem-(T<<16+T) if C16=1 dst(39-16)=Lmem(31-16)-T dst(15-0)=Lmem(15-0)+T	长操作数与T寄存器值相加/减	1	1
DST src,Lmem	Lmem=src	累加器值存到长字单元中	1	2

续表 F-1

句　法	表达式	说　明	字数	周　期
DSUB　Lmem,src	if　C16=0 src=src−Lmem if　C16=1 src(39−16)=src(31−16)−Lmem(31−16) src(15−0)=src(15−0)−Lmem(15−0)	从累加器中减去双精度/双 16 位数	1	1
DSUBT　Lmem,dst	if　C16=0 dst=Lmem−(T<<16+T) if　C16=1 dst(39−16)=Lmem(31−16)−T dst(15−0)=Lmem(15−0)−T	从长操作数中减去 T 寄存器值	1	1
EXP　src	T=number of sign bits(src)−8	求累加器的指数	1	1
FB[D]　extpmad	PC=pmad(15−0)，　XPC=pmad(22−16)	无条件远程分支转移	2	4/[2※]
FBACC[D]　src	PC=src(15−0)，　XPC=src(22−16)	按累加器规定的地址远程分支转移	1	6/[4※]
FCALA[D]　src	−−SP=PC,−−SP=XPC, PC=src(15−0),XPC=src(22−16)	按累加器规定的地址远程调用子程序	1	6/[4※]
FCALL[D]　extpmad	−−SP=PC,−−SP=XPC, PC=pmad(15−0)，　XPC=pmad(22−16)	无条件远程调用子程序	2	4[2※]
FIRS　Xmem,Ymem,pmad	B=B+A * pmad，　A=(Xmem+Ymem)<<16	对称 FIR 滤波	2	3
FRAME　K	SP=SP+K，　−128≤k≤127	堆栈指针偏移一个立即数值	1	1
FRET[D]	XPC=SP++，　PC=SP++	远程返回	1	6/[4※]
FRETE[D]	XPC=SP++，　PC=SP++,INTM=0	开中断,从远程中断返回	1	6/[4※]
IDLE　K	idle(K)，　1≤k≤3	保持空转状态,直到中断发生	1	4

续表 F-1

句 法	表达式	说 明	字数	周 期
INTR K	--SP=PC, PC=IPTR(15-7)+K<<2, INTM=1	不可屏蔽的软件中断 关闭其他可屏蔽中断	1	3
LD Smem,dst	dst=Smem	将操作数加载到累加器	1	1
LD Smem,TS,dst	dst=Smem<<TS	操作数按 TREG(5～0)移位后加载到累加器	1	1
LD Smem,16,dst	dst=Smem<<16	操作数左移 16 位后加载累加器	1	1
LD Smem[,SHIFT],dst	dst=Smem<<SHIFT	操作数移位后加载累加器	2	2
LD Xmem,SHFT,dst	dst=Xmem<<SHFT	操作数移位后加载累加器	1	1
LD #K,dst	dst=#K	短立即数加载累加器	1	1
LD #lk[,SHFT],dst	dst=#lk<<SHFT	长立即数移位后加载累加器	2	2
LD #lk,16,dst	dst=#lk<<16	长立即数左移 16 位后加载累加器	2	2
LD src,ASM[,dst]	dst=src<<ASM	源累加器按 ASM 移位后加载目的累加器	1	1
LD src[,SHIFT][,dst]	dst=src<<SHIFT	源累加器移位后加载目的累加器	1	1
LD Smem,T	T=Smem	操作数加载 T 寄存器	1	1
LD Smem,DP	DP=Smem(8-0)	9 位操作数加载 DP	1	3
LD #k9,DP	DP=#k9	9 位立即数加载 ARP	1	1
LD #k5,ASM	ASM=#k5	5 位立即数加载 ASM	1	1
LD #k3,ARP	ARP=#k3	3 位立即数加载 ARP	1	1
LD Smem,ASM	ASM=Smem(4-0)	5 位操作数加载 ASM	1	1
LD Xmem,dst ‖MAC Ymem,dst_	dst=Xmem<<16 ‖dst_=dst_+T*Ymem	加载累加器并行乘法累加运算	1	1

续表 F-1

句 法	表达式	说 明	字数	周 期
LD Xmem,dst ‖MACR Ymem,dst_	dst=Xmem<<16 ‖dst_=rnd(dst_+T * Ymem)	加载累加器并行乘法累加运算(带舍入)	1	1
LD Xmem,dst ‖MAS Ymem,dst_	dst=Xmem<<16 ‖dst_=dst_−T * Ymem	加载累加器并行乘法减法运算	1	1
LD Xmem,dst ‖MASR Ymem,dst_	dst=Xmem<<16 ‖dst_=rnd(dst_−T * Ymem)	加载累加器并行乘法减法运算(带舍入)	1	1
LDM MMR,dst	dst=MMR	将 MMR 加载到累加器	1	1
LDR Smem,dst	dst(31−16)=rnd(Smem)	操作数舍入加载累加器高位	1	1
LDU Smem,dst	dst=uns(Smem)	无符号操作数加载累加器	1	1
LMS Xmem,Ymem	B=B+Xmem * Ymem, A=(A+Xmem<<16)+2^{15}	求最小均方值	1	1
LTD Smem	T=Smem,(Smem+1)=Smem	操作数加载 T 寄存器并延迟	1	1
MAC Smem,src	src=src+T * Smem	操作数与 T 寄存器值相乘后加到累加器	1	1
MAC Xmem,Ymem,src[,dst]	dst=src+Xmem * Ymem, T=Xmem	两个操作数相乘后加到累加器	1	1
MAC #lk,src[,dst]	dst=src+T * #lk	长立即数与 T 寄存器值相乘后加到累加器	2	2
MAC Smem,#lk,src[,dst]	dst=src+Smem * #lk, T=Smem	长立即数与操作数相乘后加到累加器	2	2
MACR Smem,src	dst=rnd(src+T * Smem)	操作数与 T 寄存器值相乘后加到累加器(带舍入)	1	1
MACR Xmem,Ymem,src[,dst]	dst=rnd(src+Xmem * Ymem), T=Xmem	两个操作数相乘后加到累加器(带舍入)	1	1
MACA Smem[,B]	B=B+Smem * A(32−16), T=Smem	操作数与累加器 A 高位相乘后加到累加器 B	1	1

续表 F-1

句　法	表达式	说　明	字数	周　期
MACA T,src[,dst]	dst=src+T * A(32-16)	T 寄存器值与累加器 A 高位相乘	1	1
MACAR Smem[,B]	B=rnd(B+Smem * A(32-16)), T=Smem	T 寄存器值与累加器 A 高位相乘后加到累加器 B(带舍入)	1	1
MACAR T,src[,dst]	dst=rnd(src+T * A(32-16))	累加器 A 高位与 T 寄存器值相乘后与源累加器相加(带舍入)	1	1
MACD Smem,Pmad,src	src=src+Smem * pmad, T=Smem, (Smem+1)=Smem	操作数与程序存储器值相乘后累加并延迟	2	3
MACP Smem,pmad,src	src=src+Smem * pmad, T=Smem	操作数与程序存储器值相乘后加到累加器	2	3
MACSU Xmem,Ymem,src	src=src+uns(Xmem) * Ymem, T=Xmem	无符号数与有符号数相乘后加到累加器	1	1
MAR Smem	if CMPT=0,then modify ARx, ARP is unchanged if CMPT=1 and ARx≠AR0,then modify ARx, ARP=x if CMPT=1 and ARx=AR0,then modify AR(ARP), ARP is unchanged	修改辅助寄存器	1	1
MAS Smem,src	src=src-T * Smem	从累加器中减去 T 寄存器值与操作数的乘积	1	1
MAS Xmem,Ymem,src[,dst]	dst=src-Xmem * Ymem, T=Xmem	从源累加器中减去两操作数的乘积	1	1
MASA Smem[,B]	B=B-Smem * A(32-16), T=Smem	从累加器 B 中减去操作数与累加器 A 高位的乘积	1	1
MASA T,src[,dst]	dst=src-T * A(32-16)	从源累加器中减去 T 寄存器值与累加器 A 高位的乘积	1	1

续表 F-1

句　法	表达式	说　明	字数	周　期
MASAR　T,src[,dst]	dst=rnd(src−T * A(32−16))	从源累加器中减去 T 寄存器值与累加器 A 高位的乘积(带舍入)	1	1
MASR　Smem,src	src=rnd(src−T * Smem)	从累加器中减去 T 寄存器值与操作数的乘积(带舍入)	1	1
MASR　Xmem,Ymem,src[,dst]	dst=rnd(src−Xmem * Ymem),　T=Xmem	从累加器中减去两操作数的乘积(带舍入)	1	1
MAX　dst	dst=max(A,B)	求累加器(A,B)最大值	1	1
MIN　dst	dst=min(A,B)	求累加器(A,B)最小值	1	1
MPY　Smem,dst	dst=T * Smem	T 寄存器值与操作数相乘	1	1
MPY　Xmem,Ymem,dst	dst=Xmem * Ymem,　T=Xmem	两个操作数相乘	1	1
MPY　Smem,#lk,dst	dst=Smem * #lk,　T=Smem	长立即数与操作数相乘	2	2
MPY　#lk,dst	dst=T * #lk	长立即数与 T 寄存器值相乘	2	2
MPYA　dst	dst=T * A(32−16)	T 寄存值与累加器 A 高位相乘	1	1
MPYA　Smem	B=Smem * A(32−16),　T=Smem	操作数与累加器 A 高位相乘	1	1
MPYR　Smem,dst	dst=rnd(T * Smem)	T 寄存器值与操作数相乘(带舍入)	1	1
MPYU　Smem,dst	dst=uns(T) * uns(Smem)	无符号数乘法	1	1
MVDD　Xmem,Ymem	Ymem=Xmem	数据存储器内部传送数据	1	1
MVDK　Smem,dmad	dmad=Smem	数据存储器内部指定地址传送数据	2	2
MVDM　dmad,MMR	MMR=dmad	数据存储器向 MMR 传送数据	2	2
MVDP　Smem,pmad	pmad=Smem	数据存储器向程序存储器传送数据	2	4
MVKD　dmad,Smem	Smem=dmad	数据存储器内部指定地址传送数据	2	2
MVMD　MMR,dmad	dmad=MMR	MMR 向指定地址传送数据	2	2
MVMM　MMRx,MMRy	MMRy=MMRx	MMRx 向 MMRy 传送数据	1	1

续表 F-1

句　法	表达式	说　明	字数	周　期
MVPD　pmad,Smem	Smem=pmad	程序存储器向数据存储器传送数据	2	3
NEG　src[,dst]	dst=-src	累加器变负	1	1
NOP	no operation	空操作	1	1
NORM　src[,dst]	dst=src<<TS,　dst=norm(src,TS)	归一化	1	1
OR　Smem,src	src=src|Smem	操作数和累加器相或	1	1
OR　#lk[,SHFT],src[,dst]	dst=src|#lk<<SHFT	长立即数移位后和累加器相或	2	2
OR　#lk,16,src[,dst]	dst=src|#lk<<16	长立即数左移16位后和累加器相或	2	2
OR　src[,SHIFT][,dst]	dst=dst|src<<SHIFT	源累加器移位后和目的累加器相或	1	1
ORM　#lk,Smem	Smem=Smem|#lk	操作数和长立即数相或	2	2
POLY　Smem	B=Smem<<16,　A=rnd(A*T+B)	求多项式的值	1	1
POPD　Smem	Smem=SP++	将数据从栈顶弹出至数据存储器	1	1
POPM　MMR	MMR=SP++	将数据从栈顶弹出至 MMR	1	1
PORTR　PA,Smem	Smem=PA	从PA口读入数据	2	2
PORTW　Smem,PA	PA=Smem	向PA口输出数据	2	2
PSHD　Smem	--SP=Smem	将数据压入堆栈	1	1
PSHM　MMR	--SP=MMR	将 MMR 压入堆栈	1	1
RC[D]　cond[,cond[,cond]]	if (cond(s))　then PC=SP++	条件返回	1	5‡3§/[3※]
READA　Smem	Smem=Pmem(A)	按累加器A寻址读程序存储器并存入数据存储器	1	5
RESET	software reset	软件复位	1	3

续表 F-1

句 法	表达式	说 明	字数	周 期
RET[D]	PC=SP++	返回	1	5/[3※]
RETE[D]	PC=SP++， INTM=0	开中断,从中断返回	1	5/[3※]
RETF[D]	PC=RTN,SP++， INTM=0	开中断,从中断快速返回	1	3/[1※]
RND src[,dst]	dst=src+2^{15}	累加器舍入运算	1	1
ROL src	Rotate left with carry in	累加器经进位位循环左移	1	1
ROLTC src	Rotate left with TC in	累加器经 TC 位循环左移	1	1
ROR src	Rotate right with carry in	累加器经进位位循环右移	1	1
RPT Smem	Repeat single， RC=Smem	重复执行下条指令(Smem)+1 次	1	1
RPT #K	Repeat single， RC=#K	重复执行下条指令 k+1 次	1	1
RPT #lk	Repeat single， RC=#lk	重复执行下条指令#lk+1 次	2	2
RPTB[D] Pmad	Repeat block， RSA=PC+2[4#]， REA=pmad−1	块重复指令	2	4/[2※]
RPTZ dst,#lk	Repeat single， RC=#lk， dst=0	重复执行下条指令,累加器清 0	2	2
RSBX N,SBIT	STN(SBIT)=0	状态寄存器位复位	1	1
SACCD src,Xmem, cond	if(cond) Xmem=src<<(ASM−16)	有条件存储累加器值	1	1
SAT src	saturate(src)	累加器饱和运算	1	1
SFTA src,SHIFT[,dst]	dst=src<<SHIFT{arithmetic shift}	累加器算术移位	1	1
SFTC src	if src(31)=src(30) then src=src<<1	累加器条件移位	1	1
SFTL src,SHIFT[,dst]	dst=src<<SHIFT{logical shift}	累加器逻辑移位	1	1
SQDST Xmem,Ymem	B=B+A(32−16) * A(32−16)， A=(Xmem−Ymem)<<16	求距离的平方	1	1
SQUR Smem,dst	dst=Smem * Smem， T=Smem	操作数的平方	1	1

续表 F-1

句法	表达式	说明	字数	周期
SQUR A,dst	dst=A(32−16) * A(32−16)	累加器 A 的高位平方	1	1
SQURA Smem,src	src=src+Smem * Smem, T=Smem	操作数平方并累加	1	1
SQURS Smem,src	src=src−Smem * Smem, T=Smem	从累加器中减去操作数的平方	1	1
SRCCD Xmem,cond	if(cond) Xmem=BRC	有条件存储块重复计数器	1	1
SSBX N,SBIT	STN(SBIT)=1	状态寄存器位置位	1	1
ST T,Smem	Smem=T	存储 T 寄存器值	1	1
ST TRN,Smem	Smem=TRN	存储 TRN 寄存器值	1	1
ST #lk,Smem	Smem=#lk	存储长立即数	2	2
ST src,Ymem ‖ADD Xmem,dst	Ymem=src<<(ASM−16) ‖dst=dst_+Xmem<<16	存储累加器值并行加法运算	1	1
ST src,Ymem ‖LD Xmem,dst	Ymem=src<<(ASM−16) ‖dst=Xmem<<16	存储累加器并行加载累加器	1	1
ST src,Ymem ‖LD Xmem,T	Ymem=src<<(ASM−16) ‖T=Xmem	存储累加器并行加载 T 寄存器	1	1
ST src,Ymem ‖MAC Xmem,dst	Ymem=src<<(ASM−16) ‖dst=dst+T * Xmem	存储累加器并行乘法累加运算	1	1
ST src,Ymem ‖MACR Xmem,dst	Ymem=src<<(ASM−16) ‖dst=rnd(dst+T * Xmem)	存储累加器并行乘法累加运算(带舍入)	1	1
ST src,Ymem ‖MAS Xmem,dst	Ymem=src<<(ASM−16) ‖dst=dst−T * Xmem	存储器累加器并行乘法减法运算	1	1
ST src,Ymem ‖MASR Xmem,dst	Ymem=src<<(ASM−16) ‖dst=rnd(dst−T * Xmem)	存储累加器并行乘法减法运算(带舍入)	1	1
ST src,Ymem ‖MPY Xmem,dst	Ymem=src<<(ASM−16) ‖dst=T * Xmem	存储累加器并行乘法运算	1	1

续表 F-1

句法	表达式	说明	字数	周期
ST src,Ymem ‖SUB Xmem,dst	Ymem=src<<(ASM−16) ‖dst=(Xmem<<16)−dst	存储累加器值并行减法运算	1	1
STH src,Smem	Smem=src(31−16)	存储累加器高位	1	1
STH src,ASM,Smem	Smem=src(31−16)<<(ASM)	累加器高位按 ASM 移位后存储	1	1
STH src,SHFT,Xmem	Xmem=src(31−16)<<(SHFT)	累加器高位移位后存储	1	1
STH src[,SHIFT],Smem	Smem=src(31−16)<<(SHIFT)	累加器高位移位后存储	2	2
STL src,Smem	Smem=src(15−0)	存储累加器低位	1	1
STL src,ASM,Smem	Smem=src(15−0)<<ASM	累加器低位按 ASM 移位后存储	1	1
STL src,SHFT,Xmem	Xmem=src(15−0)<<SHFT	累加器低位移位后存储	1	1
STL src[,SHIFT],Smem	Smem=src(15−0)<<SHIFT	累加器低位移位后存储	2	2
STLM src,MMR	MMR=src(15−0)	累加器低位存到 MMR	1	1
STM #lk, MMR	MMR=#lk	长立即数存到 MMR	2	2
STRCD Xmem,cond	if(cond) Xmem=T	有条件存储 T 寄存器值	1	1
SUB Smem,src	src=src−Smem	从累加器中减去操作数	1	1
SUB Smem,TS,src	src=src−Smem<<TS	从累加器中减去移位后的操作数	1	1
SUB Smem,16,src[,dst]	dst=src−Smem<<16	从累加器中减去左移 16 位后的操作数	1	1
SUB Smem[,SHIFT],src[,dst]	dst=src−Smem<<SHIFT	操作数移位后与累加器相减	2	2
SUB Xmem,SHFT,Src	src=src−Xmem<<SHFT	操作数移位后与累加器相减	1	1
SUB Xmem,Ymem,dst	dst=Xmem<<16−Ymem<<16	两个操作数分别左移 16 位后相减	1	1

续表 F-1

句　法	表达式	说　明	字数	周　期
SUB　#lk[,SHFT],src[,dst]	dst=src－#1k<<SHFT	长立即数移位后与累加器相减	2	2
SUB　#lk,16,src[,dst]	dst=src－#1k<<16	长立即数左移 16 位后与累加器相减	2	2
SUB　src[,SHIFT][,dst]	dst=dst－src<<SHIFT	源累加器移位后与目的累加器相减	1	1
SUB　src,ASM[,dst]	dst=dst－src<<ASM	源累加器按 ASM 移位后与目的累加器相减	1	1
SUBB　Smem,src	src=src－Smem－$\overline{C}$	从累加器中带借位减操作数	1	1

SUBC　Smem,src	if(src－Smem<<15)≥0
	src=(src－Smem<<15)<<1+1
	ELse
	src=src<<1
		有条件减法	1	1

SUBS　Smem,src	src=src－uns(Smem)	符号位不扩展的减法	1	1
TRAP　K	－－SP=PC,　PC=IPTR(15－7)+K<<2	不可屏蔽的软件中断,不影响 INTM 位	1	3
WRITA　Smem	Pmem(A)=Smem	将数据按累加器 A 寻址写入程序存储器	1	5
XC　n,cond[,cond[,cond]]	if(cond(s))then execute the next n instructions;n =1 or 2	有条件执行	1	1
XOR　Smem,src	src=src∧Smem	操作数和累加器相异或	1	1
XOR　#lk,[,SHFT,],src[,dst]	dst=src∧#lk<<SHFT	长立即数移位后和累加器相异或	2	2
XOR　#lk,16,src[,dst]	dst=src∧#lk<<16	长立即数左移 16 位后和累加器相异或	2	2
XOR　src[,SHIFT][,dst]	dst=dst∧src<<SHIFT	源累加器移位后和目的累加器相异或	1	1
XORM　#lk,Smem	Smem=Smem∧#lk	操作数和长立即数相异或	2	2

‡　条件“真”,§　条件“假”,※　延迟指令。

附录 G

TMS320C54x 汇编命令一览表

TMS320C54x 汇编命令如表 G-1～表 G-8 所列

表 G-1　段定义的汇编命令

助记符和句法	说　明
. bss symbol, size in sords[, blocking][, alignment]	在. bss(未初始化数据)段为所给符号预留空间
. data	汇编到. data(已初始化数据)段
. sect "section name"	汇编到段名所指的已初始化段
. text	汇编到. text(可执行代码)段
symbol **. usect** "section name", size in words[, blocking][, alignment falg]	在所给段名的未初始化段预留空间

表 G-2　常数(数据和存储器)初始化的汇编命令

助记符和句法	说　明
. bes size in bits	在当前段预留位长度空间 注意:标号指向预留空间的上一个可寻址字的地址
. byte $value_1$[, …, $value_n$]	在当前段初始一个或多个相连接的字节
. field value[, size in bits]	初始化一个可变长度域
. float value[, …, $value_n$]	初始化一个或多个 32 位 IEEE 单精度浮点常数
. int $value_1$[, …, $value_n$]	初始化一个或多个 16 位整数
. log $value_1$[, …, $value_n$]	初始化一个或多个 32 位整数
. space size in bits;	在当前段预留位长度空间 注意:标号指向预留空间的起始地址
. string "$string_1$"[, …, "$string_n$"]	初始化一个或多个文本字符串
. pstring "$string_1$"[, …, "$sring_n$"]	初始化一个或多个已封装的文本字符串
. xfloat $value_1$[, …, $value_n$]	初始化一个或多个 32 位整型 IEEE 单精度浮点常数，但不进行字边界对齐

续表 G-2

助记符和句法	说　明
.xlong $value_1$[,…,$value_n$]	初始化一个或多个 32 位整数,但不进行长字边界对齐
.word $value_1$[,…,$value_n$]	初始化一个或多个 16 位整数

表 G-3　调整段程序计数器(SPC)的汇编命令

助记符和句法	说　明
.align [size in words]	按照参数所指定的字边界将段程序计数器(SPC)值进行边界对齐,参数必须是 2 的幂次或默认页边界

表 G-4　对输出列表文件格式化的汇编命令

助记符和句法	说　明
.drlist	允许列出所有的指令行(默认情况)
.drnolist	禁止列出某些指令行

表 G-5　引用其他文件的汇编命令

助记符和句法	说　明
.copy ["]filename["]	从另一个文件中复制源程序及说明
.def $symbol_1$[,…,$symbol_n$]	说明一个或多个在当前模块中定义,并可在其他模块中引用的符号
.global $symbol_1$[,…,$symbol_n$]	说明一个或多个可在全局引用的符号
.include ["]filename["]	包含另一文件的源程序及说明
.mlib ["]filename["]	定义宏库
.ref $symbol_1$[,…,$symbol_n$]	说明一个或多个在当前模块中使用、但可能在另一模块中定义的符号

表 G-6　控制条件汇编的命令

助记符和句法	说　明
.break [well-defined expression]	如果条件成立,则结束汇编。.break 结构是任选的
.else well-defined expression	如果条件不成立,则汇编代码块。.else 结构是任选的
.elseif well-defined expression	如果.if 条件不成立,.elseif 条件成立,则汇编代码块。.elseif 结构是任选的
.endif	.if 代码块结束
.endloop	.loop 代码块结束

续表 G-6

助记符和句法	说　明
. if well-defined expresion	如果条件成立，则汇编代码块
. loop [well-defined expression]	开始循环汇编一个代码块

表 G-7　在汇编时定义符号的命令

助记符和句法	说　明
. asg ["]character string["], substitution symbol	将一个字符串赋给一个替换符
. endstruct	结束对结构的定义
. equ	使一个符号与一个值相等
. eval well-defined expression, substitution symbol	完成对数值替换符的算术运算
. label symbol	在一个段中定义一个加载时可重新定位的标号
. set	使一个符号与一个值相等
. struct	开始定义结构
. tag	将结构的属性赋给一标号

表 G-8　其他汇编命令

助记符和句法	说　明
. algebraic	指出文件包含代数式汇编源程序
. emsg string	向输出设备发送用户定义的出错信息
. end	程序结束
. mmregs	将存储器映像寄存器加到符号表中
. mmsg string	向输出设备发送用户定义的信息
. newblock	未定义局部标号
. sblock ["]section name["] [,…,"section name"]	为合块指定段
. version [value]	为正在构建的处理器命令指定设备
. wmsg string	向输出设备发送用户定义的警告信息

附录 H

FFT 正弦、余弦系数表

数据文件 coeff.inc 给出了 1024 复数点 FFT 的正弦、余弦系数各 512 个。利用此系数表可以完成 8～1024 点 FFT 运算。Coeff.inc 数据文件清单如下：

```
        ***********************************
        ***         File Name : coeff.inc         ***
        ***         FFT    N<=1 024               ***
        ***         Table of sin and cos coeff.   ***
        ***********************************
sine1:      .sect    "sine1"
            .word    0,201,402,603
            .word    804,1005,1206,1407
            .word    1607,1808,2009,2210
            .word    2410,2611,2811,3011
            .word    3211,3411,3611,3811
            .word    4011,4210,4409,4609
            .word    4808,5006,5205,5403
            .word    5602,5800,5997,6195
            .word    6392,6589,6786,6983
            .word    7179,7375,7571,7766
            .word    7961,8156,8351,8545
            .word    8739,8933,9126,9319
            .word    9512,9704,9896,10087
            .word    10278,10469,10659,10849
            .word    11039,11228,11416,11605
            .word    11793,11980,12167,12353
            .word    12539,12725,12910,13094
            .word    13278,13462,13645,13828
            .word    14010,14191,14372,14552
            .word    14732,14912,15090,15269
            .word    15446,15623,15800,15976
            .word    16151,16325,16499,16673
            .word    16846,17018,17189,17360
            .word    17530,17700,17869,18037
            .word    18204,18371,18537,18703
```

```
.word  18868,19032,19195,19358
.word  19519,19681,19841,20001
.word  20159,20318,20475,20631
.word  20787,20942,21097,21250
.word  21403,21555,21706,21856
.word  22005,22154,22301,22448
.word  22594,22740,22884,23027
.word  23170,23312,23453,23593
.word  23732,23870,24007,24144
.word  24279,24414,24547,24680
.word  24812,24943,25073,25201
.word  25330,25457,25583,25708
.word  25832,25955,26077,26199
.word  26319,26438,26557,26674
.word  26790,26905,27020,27133
.word  27245,27356,27466,27576
.word  27684,27791,27897,28002
.word  28106,28208,28310,28411
.word  28511,28609,28707,28803
.word  28898,28993,29086,29178
.word  29269,29359,29447,29535
.word  29621,29707,29791,29874
.word  29956,30037,30117,30196
.word  30273,30350,30425,30499
.word  30572,30644,30714,30784
.word  30852,30919,30985,31050
.word  31114,31176,31237,31298
.word  31357,31414,31471,31526
.word  31581,31634,31685,31736
.word  31785,31834,31881,31927
.word  31971,32015,32057,32098
.word  32138,32176,32214,32250
.word  32285,32319,32351,32383
.word  32413,32442,32469,32496
.word  32521,32545,32568,32589
.word  32610,32629,32647,32663
.word  32679,32693,32706,32718
.word  32728,32737,32745,32752
.word  32758,32762,32765,32767
.word  32767,32767,32765,32762
.word  32758,32752,32745,32737
.word  32728,32718,32706,32693
```

```
.word   32679,32663,32647,32629
.word   32610,32589,32568,32545
.word   32521,32496,32469,32442
.word   32413,32383,32351,32319
.word   32285,32250,32214,32176
.word   32138,32098,32057,32015
.word   31971,31927,31881,31834
.word   31785,31736,31685,31634
.word   31581,31526,31471,31414
.word   31357,31298,31237,31176
.word   31114,31050,30985,30919
.word   30852,30784,30714,30644
.word   30572,30499,30425,30350
.word   30273,30196,30117,30037
.word   29956,29874,29791,29707
.word   29621,29535,29447,29359
.word   29269,29178,29086,28993
.word   28898,28803,28707,28609
.word   28511,28411,28310,28208
.word   28106,28002,27897,27791
.word   27684,27576,27466,27356
.word   27245,27133,27020,26905
.word   26790,26674,26557,26438
.word   26319,26199,26077,25955
.word   25832,25708,25583,25457
.word   25330,25201,25073,24943
.word   24812,24680,24547,24414
.word   24279,24144,24007,23870
.word   23732,23593,23453,23312
.word   23170,23027,22884,22740
.word   22594,22448,22301,22154
.word   22005,21856,21706,21555
.word   21403,21250,21097,20942
.word   20787,20631,20475,20318
.word   20159,20001,19841,19681
.word   19519,19358,19195,19032
.word   18868,18703,18537,18371
.word   18204,18037,17869,17700
.word   17530,17360,17189,17018
.word   16846,16673,16499,16325
.word   16151,15976,15800,15623
.word   15446,15269,15090,14912
```

```
            .word   14732,14552,14372,14191
            .word   14010,13828,13645,13462
            .word   13278,13094,12910,12725
            .word   12539,12353,12167,11980
            .word   11793,11605,11416,11228
            .word   11039,10849,10659,10469
            .word   10278,10087,9896,9704
            .word   9512,9319,9126,8933
            .word   8739,8545,8351,8156
            .word   7961,7766,7571,7375
            .word   7179,6983,6786,6589
            .word   6392,6195,5997,5800
            .word   5602,5403,5205,5006
            .word   4808,4609,4409,4210
            .word   4011,3811,3611,3411
            .word   3211,3011,2811,2611
            .word   2410,2210,2009,1808
            .word   1607,1407,1206,1005
            .word   804,603,402,201

cosine1:    .word   32767,32767,32765,32762
            .word   32758,32752,32745,32737
            .word   32728,32718,32706,32693
            .word   32679,32663,32647,32629
            .word   32610,32589,32568,32545
            .word   32521,32496,32469,32442
            .word   32413,32383,32351,32319
            .word   32285,32250,32214,32176
            .word   32138,32098,32057,32015
            .word   31971,31927,31881,31834
            .word   31785,31736,31685,31634
            .word   31581,31526,31471,31414
            .word   31357,31298,31237,31176
            .word   31114,31050,30985,30919
            .word   30852,30784,30714,30644
            .word   30572,30499,30425,30350
            .word   30273,30196,30117,30037
            .word   29956,29874,29791,29707
            .word   29621,29535,29447,29359
            .word   29269,29178,29086,28993
            .word   28898,28803,28707,28609
            .word   28511,28411,28310,28208
```

```
.word   28106,28002,27897,27791
.word   27684,27576,27466,27356
.word   27245,27133,27020,26905
.word   26790,26674,26557,26438
.word   26319,26199,26077,25955
.word   25832,25708,25583,25457
.word   25330,25201,25073,24943
.word   24812,24680,24547,24414
.word   24279,24144,24007,23870
.word   23732,23593,23453,23312
.word   23170,23027,22884,22740
.word   22594,22448,22301,22154
.word   22005,21856,21706,21555
.word   21403,21250,21097,20942
.word   20787,20631,20475,20318
.word   20159,20001,19841,19681
.word   19519,19358,19195,19032
.word   18868,18703,18537,18371
.word   18204,18037,17869,17700
.word   17530,17360,17189,17018
.word   16846,16673,16499,16325
.word   16151,15976,15800,15623
.word   15446,15269,15090,14912
.word   14732,14552,14372,14191
.word   14010,13828,13645,13462
.word   13278,13094,12910,12725
.word   12539,12353,12167,11980
.word   11793,11605,11416,11228
.word   11039,10849,10659,10469
.word   10278,10087,9896,9704
.word   9512,9319,9126,8933
.word   8739,8545,8351,8156
.word   7961,7766,7571,7375
.word   7179,6983,6786,6589
.word   6392,6195,5997,5800
.word   5602,5403,5205,5006
.word   4808,4609,4409,4210
.word   4011,3811,3611,3411
.word   3211,3011,2811,2611
.word   2410,2210,2009,1808
.word   1607,1407,1206,1005
.word   804,603,402,201
```

```
.word   0,-201,-402,-603
.word   -804,-1005,-1206,-1407
.word   -1607,-1808,-2009,-2210
.word   -2410,-2611,-2811,-3011
.word   -3211,-3411,-3611,-3811
.word   -4011,-4210,-4409,-4609
.word   -4808,-5006,-5205,-5403
.word   -5602,-5800,-5997,-6195
.word   -6392,-6589,-6786,-6983
.word   -7179,-7375,-7571,-7766
.word   -7961,-8156,-8351,-8545
.word   -8739,-8933,-9126,-9319
.word   -9512,-9704,-9896,-10087
.word   -10278,-10469,-10659,-10849
.word   -11039,-11228,-11416,-11605
.word   -11793,-11980,-12167,-12353
.word   -12539,-12725,-12910,-13094
.word   -13278,-13462,-13645,-13828
.word   -14010,-14191,-14372,-14552
.word   -14732,-14912,-15090,-15269
.word   -15446,-15623,-15800,-15976
.word   -16151,-16325,-16499,-16673
.word   -16846,-17018,-17189,-17360
.word   -17530,-17700,-17869,-18037
.word   -18204,-18371,-18537,-18703
.word   -18868,-19032,-19195,-19358
.word   -19519,-19681,-19841,-20001
.word   -20159,-20318,-20475,-20631
.word   -20787,-20942,-21097,-21250
.word   -21403,-21555,-21706,-21856
.word   -22005,-22154,-22301,-22448
.word   -22594,-22740,-22884,-23027
.word   -23170,-23312,-23453,-23593
.word   -23732,-23870,-24007,-24144
.word   -24279,-24414,-24547,-24680
.word   -24812,-24943,-25073,-25201
.word   -25330,-25457,-25583,-25708
.word   -25832,-25955,-26077,-26199
.word   -26319,-26438,-26557,-26674
.word   -26790,-26905,-27020,-27133
.word   -27245,-27356,-27466,-27576
.word   -27684,-27791,-27897,-28002
```

```
          .word    -28106,-28208,-28310,-28411
          .word    -28511,-28609,-28707,-28803
          .word    -28898,-28993,-29086,-29178
          .word    -29269,-29359,-29447,-29535
          .word    -29621,-29707,-29791,-29874
          .word    -29956,-30037,-30117,-30196
          .word    -30273,-30350,-30425,-30499
          .word    -30572,-30644,-30714,-30784
          .word    -30852,-30919,-30985,-31050
          .word    -31114,-31176,-31237,-31298
          .word    -31357,-31414,-31471,-31526
          .word    -31581,-31634,-31685,-31736
          .word    -31785,-31834,-31881,-31927
          .word    -31971,-32015,-32057,-32098
          .word    -32138,-32176,-32214,-32250
          .word    -32285,-32319,-32351,-32383
          .word    -32413,-32442,-32469,-32496
          .word    -32521,-32545,-32568,-32589
          .word    -32610,-32629,-32647,-32663
          .word    -32679,-32693,-32706,-32718
          .word    -32728,-32737,-32745,-32752
          .word    -32758,-32762,-32765,-32767
TSIZE:    .set     $-sine1
```

参考文献

[1] Texas Instruments Inc. TMS320C54x DSP Reference Set, Volume 1: CPU and Peripherals (literature number SPRU131). 1997.

[2] Texas Instruments Inc. TMS320C54x DSP Reference Set, Volume 2: Mnemonic Instruction Set(literature number SPRU172). 1996.

[3] Texas Instruments Inc. TMS320C54x Assembly Language Tools User's Guide (literature number SPRU 102). 1997.

[4] Texas Instruments Inc. TMS320C54x DSP Reference Set, Volume 4: Applications Guide (literature number SPRU173). 1996.

[5] Texas Instruments Inc. TMS320C54x Simulator, Getting Started (literature number SPRU137). 1996.

[6] Texas Instruments Inc. TMS320C54x Simulator, Addendum to the TMS320C5xx C Source Debugger User's Guide. 1996.

[7] Texas Instruments Inc. TMS320C54x ,TMS320LC54x ,TMS 320 VC54x ,Fixed-Point Digital Signal Processors(literature number SPRS 039B). 1998.

[8] 戴明桢.数字信号处理的硬件实现[M].北京：航空工业出版社,1998.

[9] Texas Instruments Inc. TMS320C54x, DSP Reference Set, Volume 5: Enhanced Peripherals (literature number SPRU302). 1999:2-83.

[10] 张伟雄,陈亮,徐光辉. DSP集成开发与应用实例[M]. 北京:电子工业出版社,2002.